新しいゲノムの教科書

DNAから探る最新・生命科学入門

中井謙太　著

ブルーバックス

カバー装幀／芦澤泰偉・児崎雅淑
本文図版／千田和幸・松本京久・さくら工芸社
本文デザイン／齋藤ひさの

はしがき

DNAという言葉は、今日では小学生でも知っているし、新聞やテレビ、ネットニュースなどでも、DNAが関係する話題、たとえばPCR検査やゲノム編集、が取り上げられない日のほうがむしろまれかもしれない。しかし、筆者がDNAの構造の秘密を知って感動したのは大学生になってからのことだったし、昨今の中高生は、DNAが生命の設計図であることの概略を学校で習っていたとしても、それが具体的にどんな形で私たちの体の構造を記載しているのかや、上述のようなニュースで取り上げられる話題とどのように結びつくのかを想像するのは難しいのではないかと思う。

そこで本書では、なるべく少ない予備知識（中高生程度の原子、分子の基礎知識など）をもった読者を対象に、今日のDNAに基づく生命科学の大枠を、そこに書き込まれた生命情報という観点から、できるだけ順を追って説明してみたい。もちろん限られた長さの小冊子の中に、幅広い分野で発展中の生命科学の話題をできるだけ多く取り込んで概観しようという欲張った試みなので、今回は生命科学の中でも古典的な分子生物学の内容に絞らざるを得なかった。しかし、この本を通読して、内容の大枠がわかれば、後はネットなどを使って興味をもった話題を自分でより深く掘り下げていけるようになることを期待している。

本書の流れとしては、まず第1章でゲノム情報の重要性を説明し、第2章ではその情報が遺伝子という単位の集まりとして表現されていることや、一つ一つの遺伝子の働きについて説明する。第3章では、主に遺伝子を含むゲノムＤＮＡの全体像を、基本的生命機能との関連も含めて紹介する。第4章では、ゲノムの塩基配列の違いにはよらずに細胞分裂後も継承される情報について紹介し、それらの情報を記載する仕組みを利用して単一のゲノム情報からどのようにして多様な細胞が生み出されるのか、さらにその仕組みが、ＤＮＡの核内での状態とどう関係しているのか、などについて説明する。第5章では、ＤＮＡやＲＮＡに関する主な実験法の原理を紹介する。

現代に生きる私達は、様々な科学の成果の恩恵を受けているが、一方で科学は使い方を誤れば、私達にとって大きな危険性を持ち得る存在であることも、いわば常識になっている。生命科学も、たとえば私達の健康寿命を延ばすのに大きく役立っていることは間違いないが、クローン人間の問題とか受精卵を遺伝子操作して知性を向上させる可能性とか、少し前はＳＦ小説の世界の話だった内容が、いまやまじめに議論されなければならない時代になってきている。

本書では、生命科学のもつ具体的な危険性や倫理的な問題についてはごく簡単にしか触れてはいないが、通読すれば、科学者だけでは結論が出せず、社会全体で合意をとっていく必要がある倫理的な問題について、自分なりに考えてみる上での基礎ができるはずである。

今日では一部の大学で、文系理系を問わず、すべての学生に生物学の履修を必須にしようという試みがなされていると聞く。本書がそのような学生諸君のために、あるいは最新の生命科学をじっくり学んでみたいと思うすべての皆様のためにも、とっつきやすい参考書として少しでもお役に立てば幸いである。

もくじ………新しいゲノムの教科書

はしがき 3

第1章 生命の情報 〜なぜDNAという分子が重要なのか 13

1・1 生命の単位としての「細胞」 14
生命現象を演出する「細胞膜」
1・2 原核細胞と真核細胞 18
1・3 細胞の多様性と分化 21
1・4 クローン生物とはなにか 25
1・5 ES細胞、iPS細胞と再生医療 28

1・6 すべての細胞に同じ「ゲノム情報」 30
ゲノム、DNA、クロマチンと染色体の関係／独自のDNAをもつミトコンドリアと葉緑体
1・7 DNAの構造 36
塩基の並びが決める遺伝情報

第2章 遺伝子とはなにか 43

2・1 遺伝子という概念の変遷 44

2・2 RNAとセントラル・ドグマ 47

RNAとDNAの違い／DNA→RNA→タンパク質という情報の流れ

2・3 転写 —— RNA合成 51

転写は遺伝子発現の主要ステップ

2・4 mRNAを成熟させるRNAプロセシング 57

キャップ構造とポリアデニル化／RNAスプライシングの不思議／選択的スプライシングの意義とは

2・5 タンパク質の基本構造 64

タンパク質の折りたたみと分子シャペロン／タンパク質の形づくりにかかわる相互作用

2・6 タンパク質の多様性 71

マルチドメインタンパク質／マイクロタンパク質／膜に局在するタンパク質／コラーゲンなど、人体を支える構造タンパク質／タンパク質の立体構造予測

2・7 翻訳 —— タンパク質の生合成 76

翻訳開始コドンと終止コドン／タンパク質に翻訳される領域の推定

2・8 翻訳後のタンパク質の成熟 84

細胞内シグナル伝達の鍵となるリン酸化／不良品の目印!? ユビキチン化／選別、輸送、切断され

ながら成熟するタンパク質
2・9 非コードRNA遺伝子 91
2・10 DNAの複製 95
岡崎フラグメントによるパラドックス回避／テロメア短縮と老化

第3章 ゲノムDNAの全体像 101

3・1 ヒトゲノム計画 102
3・2 いろいろな生物のゲノム 107
生命維持に必要な最低限の遺伝子とは
3・3 すべての生命に必要な代謝システム 114
細胞呼吸とはなにか
3・4 ヒトゲノムDNAの中身をのぞいてみると 121
ヒトゲノムの大部分は無用なのか？
3・5 トランスポゾンとはなにか 128
コピー＆ペーストか、カット＆ペーストか／トランスポゾンの功罪
3・6 ウイルスとゲノム 133

様々なウイルスゲノムのタイプと特徴／逆転写酵素をもつレトロウイルス

3・7 遺伝情報システムとしてのゲノム 139

遺伝子ネットワークと進化／ゲノミクスからオーミクスへ

3・8 ゲノムの不安定化とDNA修復 146

DNA損傷に対抗する3つの防御ライン／様々な修復システム

3・9 ヒトゲノムの個人差と多様性 151

第4章 クロマチンとエピゲノム ～ゲノムに追記される情報 157

4・1 DNAのヌクレオソーム構造とクロマチン構造 158

核内でのDNAの状態／なぜDNAは絡まず、うまく収納されているのか／「開いた」クロマチン構造

4・2 細胞記憶を担うエピジェネティクス 165

子孫には受け継がれないエピジェネティック情報／三毛猫はエピジェネティクスで説明できる

4・3 エピゲノムの片腕——DNAメチル化 170

4・4 もう一方の片腕——ヒストンコード 172

クロマチンのリモデリング

4・5 遺伝子のスイッチ 176
転写開始点を指示するプロモーター配列／基本転写因子の働き
4・6 転写を増やす働きをするエンハンサー 182
エンハンサーの活性化状態を知るには
4・7 エンハンサーの謎 189
4・8 インスレーターの二つの機能 192
明確な特徴が見えないエンハンサー配列／スーパーエンハンサーの働き
エンハンサーの遮断作用／ヘテロクロマチンに対するバリア効果
4・9 核構造と相分離 197
膜で区画されない構造体／相分離は生命の謎を解く鍵なのか

第5章 生命科学を大きく発展させるDNA解析技術 203

5・1 DNAを扱う基本操作 204
制限酵素――細菌の生体防御システムを応用／電気泳動は分子の「ふるい」／ハイブリダイゼーション――核酸の相補性を利用
5・2 遺伝子のクローニング 211
様々なベクターによる遺伝子組換えと規制／遺伝

子組換えの応用と規制
5・3 すっかりおなじみになったPCR 221
応用範囲の広いPCR
5・4 DNA塩基配列決定法の基本 226
サンガー法――ジデオキシヌクレオチドを利用／ショットガン法――もっと長い配列を読む
5・5 「次世代」のDNA塩基配列決定法 234
イルミナ社のスタンダードな方法／一度に長い配列が読めるナノポアシークエンサー
5・6 遺伝子の発現解析法 241
トランスクリプトーム解析――遺伝子の使い分けを網羅／DNAチップとは／スタンダードになったRNAシークエンシング法／共発現遺伝子から機能を推定する／単一細胞RNAシークエンシング法
5・7 クロマチン構造の解析法 252
ChIP（チップ）シークエンシング法／オープンクロマチン領域を知る方法／クロマチンが空間的に近接している場所を知る方法
5・8 DNA解析に変革をもたらすゲノム編集技術 261
ゲノム編集とはなにか／元々は細菌の生体防御システム／現在のスタンダードCRISPR／Cas9法／ゲノム編集のメリットとデメリット
5・9 新次元のゲノム情報をもたらすメタゲノム解析 268
培養困難な微生物やウイルスの存在も推定／個人ゲノム情報と常在菌のメタゲノム情報の組み合わせ
あとがき 273
さくいん 286

第1章

生命の情報
～なぜＤＮＡという分子が重要なのか

1・1 生命の単位としての「細胞」

本章の主な目的は、「なぜDNAという分子が重要か？」を説明することにある。そのために、まず細胞のあらましをはじめ、その説明の前提になる事柄を説明したいと思う。このあたりの内容をすでにご存知の読者は、適当に読み飛ばしていただきたい。

「生命とは何か？」というのは、生物学における根本的な問いであり、本書の隠れたテーマでもあるが、これがなかなか一筋縄では答えられないところがある。つまり、地球上のあらゆる生命が備える共通の性質を指摘することは比較的たやすいが、逆に、すべての生命にとって、それらの性質を備えていることが本当に必須なのかどうか（生命の必要条件）はわからない。

一つには、私たちが知っている生命はすべて地球上のもので、もとは共通の祖先から生まれてきた（進化してきた）ものとしか考えられないので、生命の他の形を想像しにくいからである。一方、この地球上の生命でさえ、これから本書で紹介していく諸々の重要な性質には、ほとんどすべての場合に例外が存在し、物理学の法則のようにはクリアに言い切りにくいという問題もある。

これから何度もそのような例外について述べることになるが、生命がもつこの融通無碍《むげ》な性質は、どこか生命現象の本質と通じているようにも思われる。ともあれ、私達が知る生命は、すべて細胞というものからできている。生命の単位が細胞であることを実感しやすいのは、私達のような多細胞生物を見たときであるが、ここではまず細胞の基本構造について述べる。

細胞は、英語でセル（cell）といって、これは小さい部屋という意味である。すなわち、細胞は、通常、光学顕微鏡で確認できる程度の大きさの、膜で包まれた区画ともいうべきもので、中には生命維持に必要ないろいろな物質が水中に存在している。細胞表面の膜（細胞膜、または形質膜）の主成分はリン脂質とよばれる脂肪の一種で、これにタンパク質や（動物では）コレステロールなどが混じったものである。

生命現象を演出する「細胞膜」

リン脂質とは、おおざっぱにいうと、リン酸と2本の炭化水素の長い鎖が松葉のような形で結合したものである（図1-1a）。リン酸は極性といって、電気的に不均一な構造をしているため、同じく電気的に不均一な水となじみやすい（親水性）。一方、炭化水素の部分は、電気的に偏りがなく、同じく偏りのない油とはなじみやすいが、水をはじく性質がある（疎水性）。サラダドレッシングなどで日常経験するように、水と油は放っておくとすぐに分離する（相分離）。すなわち、リン脂質は、一つの分子の中に、水となじみやすい親水性の部分と、油となじみやすい疎水性の部分を同時にもっていることになる。

この性質は石鹼などももっていて、両親媒性という。石鹼で手を洗うと、水洗いだけだと落ちにくい油汚れが取れやすくなるのは、この性質による。さらに、細胞では内外に水が詰まってい

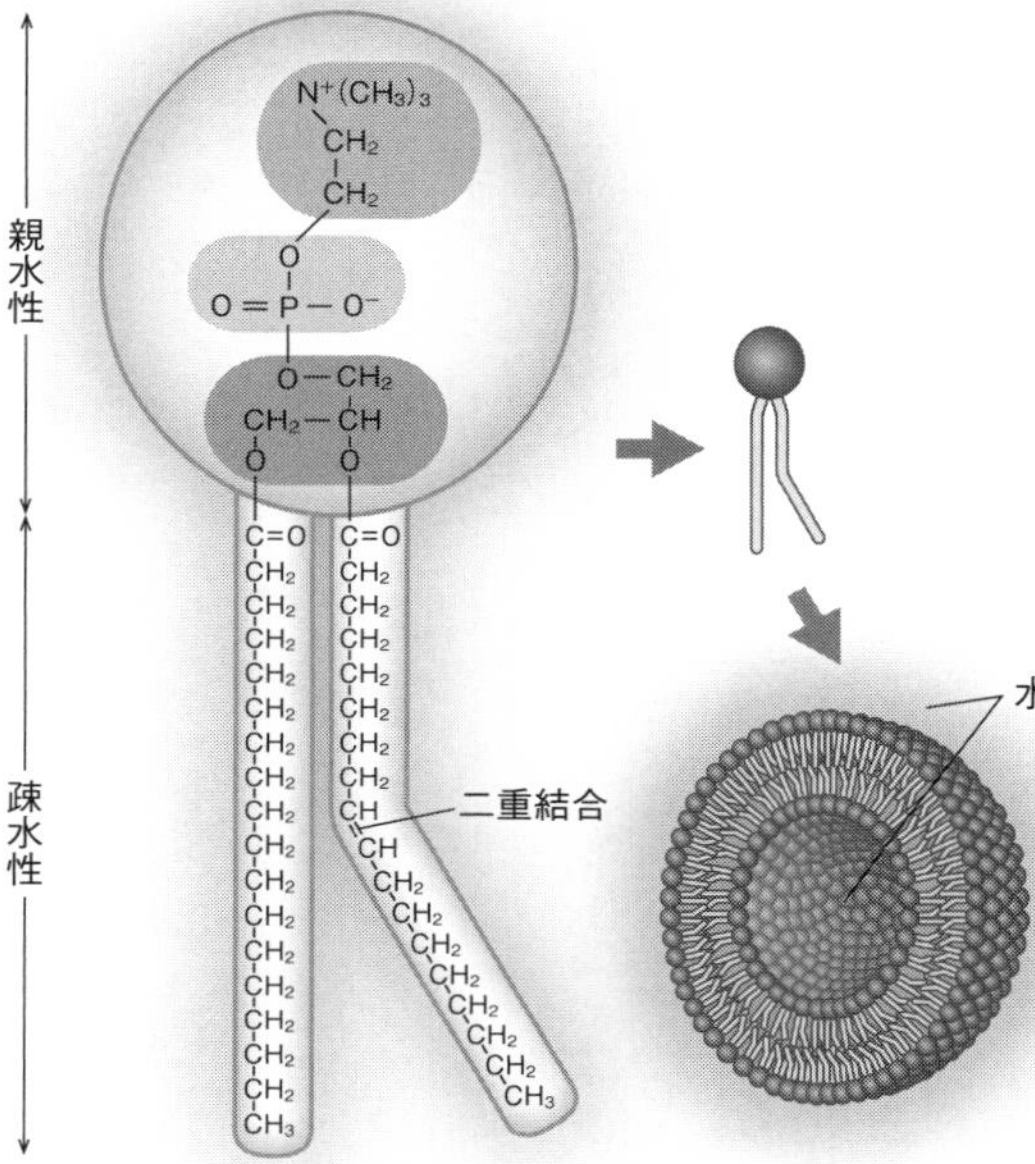

図1-1a　リン脂質の構造と脂質二重層

Alberts 他、Molecular Biology of the Cell 5/e（Garland 2008）を改変

るため、この両親媒性の分子が二重に並んで、親水性の部分を表面の水と接する側に、疎水性の部分を内側の水と接しない側に配向させている（図1－1a）。これを脂質二重層という。つまり、リン脂質を主成分とする細胞膜で包まれた細胞とは、言ってみれば、シャボン玉のような構造をしていることになる（ただし、シャボン玉では内外が空気のため、分子の配向が逆である）。

　細胞はシャボン玉ほどには不安定なものではないが、その膜表面はリン脂質のリン酸部分が海面のように絶えず流動していて、そこに膜成分であるタンパク質（膜タンパク質）が漂っているようなイメージであろうか。

そして、シャボン玉のように膜で包まれた水中に、さまざまな生命現象を演出する分子が溶け込んでいるのである。細胞膜がシャボン玉のような構造をしていることがわかれば、細胞が比較的容易に二つに分裂したり、あるいは小さな膜で包まれた粒（小胞という）を分泌《ぶんぴつ》したりすることができるということが理解しやすいと思う（図１‐１ｂ）。

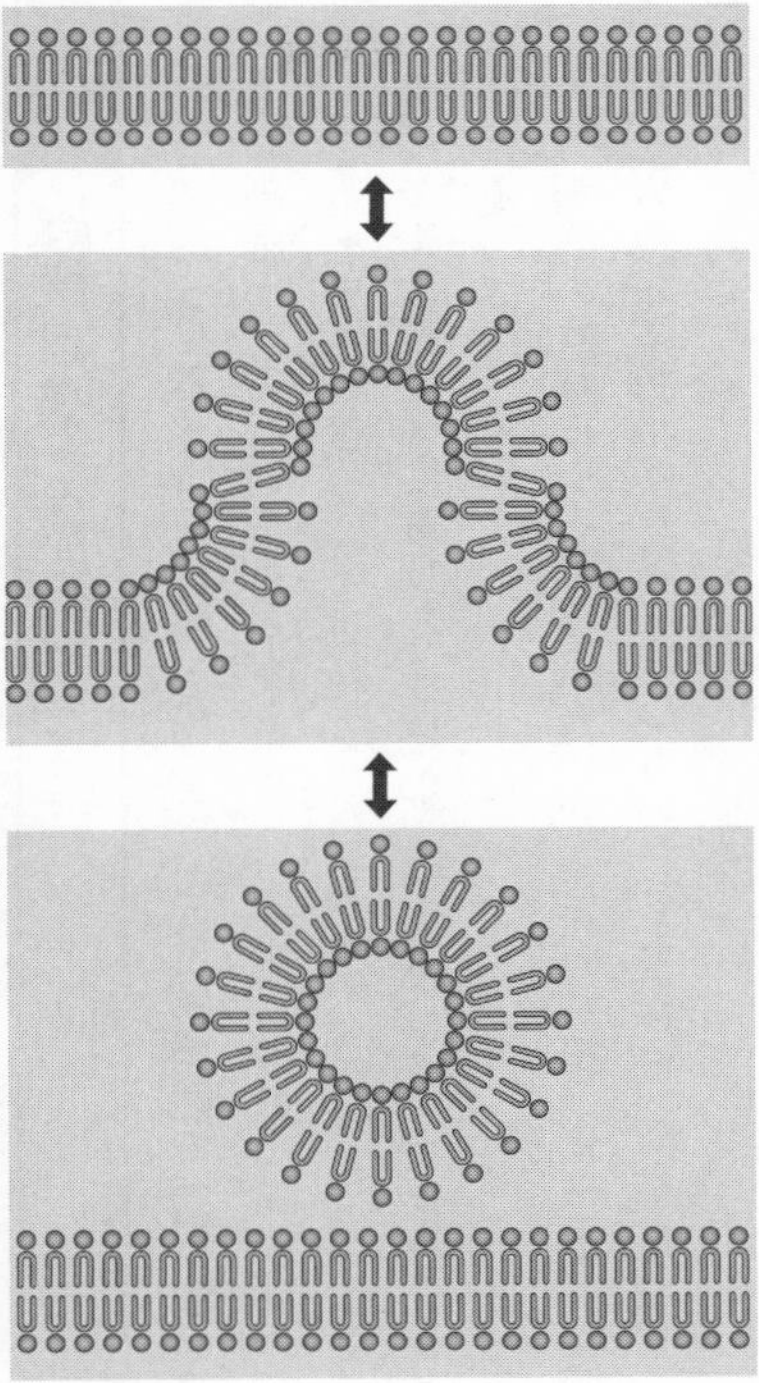

図１-1b　細胞膜の分裂と融合

1・2 原核細胞と真核細胞

玉ねぎの薄皮を適当な染色液で染めて、光学顕微鏡で観察すれば、まさに小部屋のように、たくさんの細胞が並んでいることがわかる。また、それぞれの細胞には、核という構造が一つずつあることもわかる。実は、この核も生体膜で区切られた領域であり、細胞の中には、核以外にも、様々な生体膜で区切られた構造（細胞小器官やオルガネラなどとよばれる）があることが知られている（図1-2a）。

個々の細胞小器官については追々紹介していくが、地球上の細胞には、この膜で包まれた核構造（やその他の細胞小器官）をもつものともたないものがあって、核をもつものを真核細胞（真核生物）、もたないものを原核細胞（原核生物）とよぶ。

玉ねぎや私達をはじめ、いわゆる動植物は、皆、真核生物であり、（動植物という言葉の定義にもよるが）多数の細胞からなる多細胞生物である。一方、原核生物は、大腸菌や乳酸菌などの細菌類を含み、すべて単細胞生物である。

それでは、真核生物はすべて多細胞生物かというと、そうではなく、パン酵母（出芽酵母）やアメーバと総称される原生生物などは真核生物であるが、単細胞である。もちろん、原核生物も真核生物も、その基本的な生命の仕組みは共通しているが、違っているところも多い。本書では特に断らない限りは、真核生物、特にヒト（生物種としての人類を指すときにはカタカナで記す

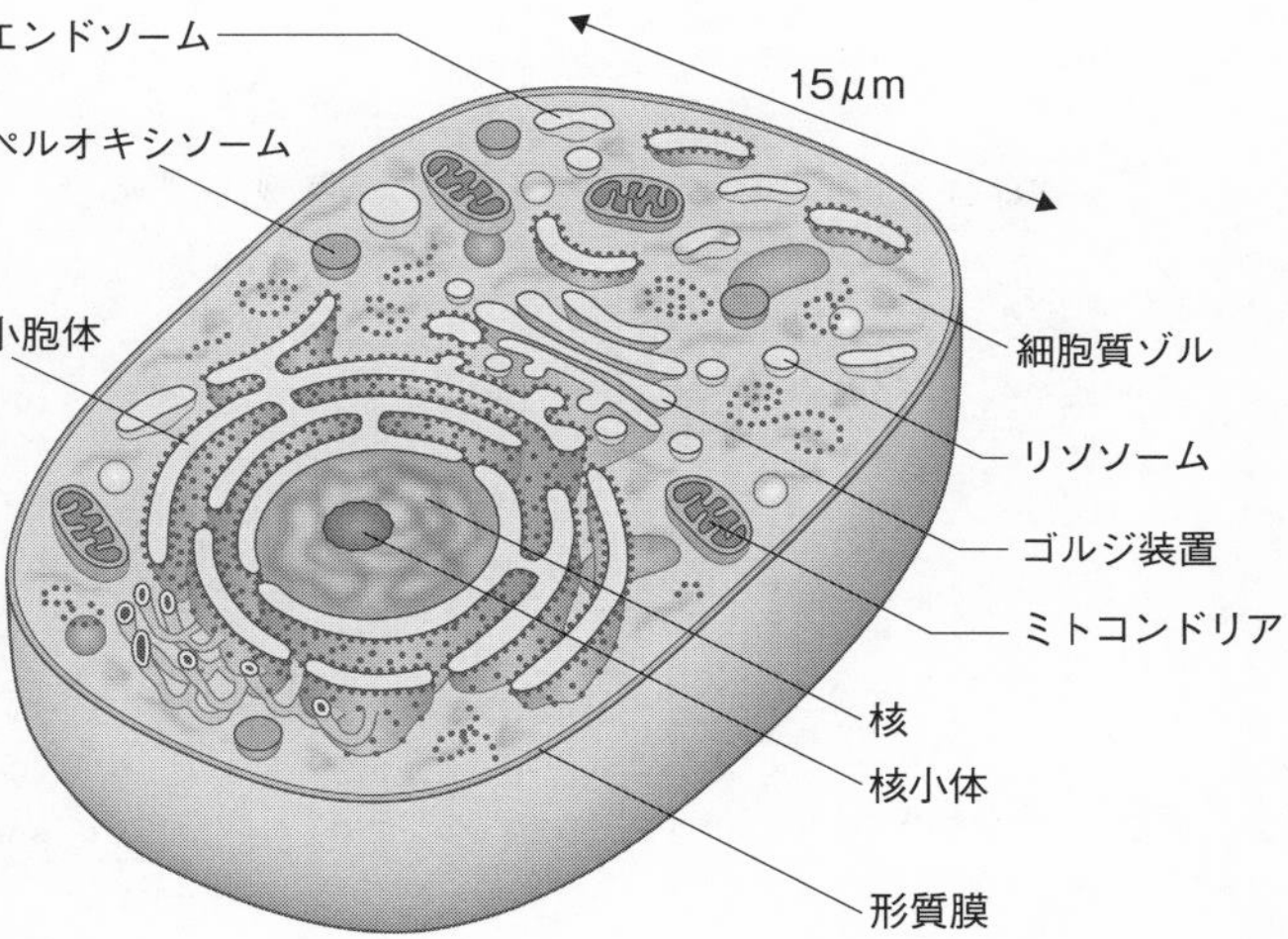

図１-２a　**典型的な動物細胞の細胞小器官**

ことになっている）を主な対象とする。

　生命の起源についてはまだわからないことが多いが、その初期の段階で、どんどん分裂していくことのできる生命の祖先としての細胞が出現したものと考えられる。そして、その細胞は、単純さからいって、内部に核をもたない原核細胞だったはずである。それらの細胞集団が、それぞれの置かれた環境に適応していくことで、異なる種《しゅ》に枝分かれしていったものと考えられる（種分化）。

　種の概念は生物学において非常に基本的であるが、実はその定義は簡単ではない。ここでは、同一の形態をもち、交配によって子孫を残していく集団であるとしておく。種の厳密な定義はさておき、生命の祖先細胞から芽吹いた生命の大樹

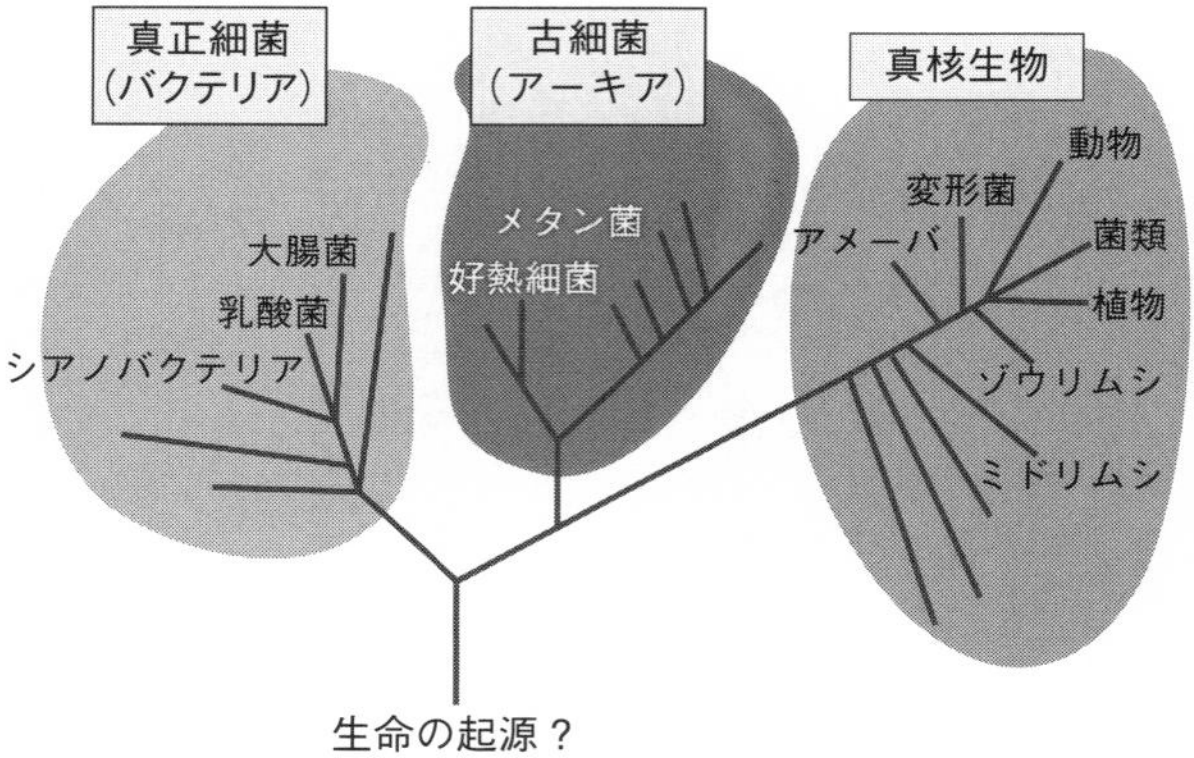

図1-2b　生物界の3つのドメイン

が最初に原核細胞と真核細胞の枝に分かれていったものと考えられる。

実は、地球上の生物（種）の分類を丹念に行うと、大きく3つのグループに分かれるという考え方が広く受け入れられている（3ドメイン説）。この考え方によると、原核生物は、大腸菌などの真正細菌と、古細菌と呼ばれるグループに大別される。

古細菌は、他の生物が生育困難であるような極限環境にも生育するものがあり、メタン菌や超好熱菌、高度好塩菌などが有名であるが、真正細菌と比べると、いろいろな点で真核生物と似た性質をもっている。そのため、最初に真正細菌が、古細菌と真核生物の共通祖先と枝分かれして、その後、古細菌と真核生物が枝分かれしたのではないかと言われている（図1－2b）。その意味で、地球上の生物を原核生物と真核生物に二分するよりは、三つの系統を区別したほうが、よりモダンで正確な分類になる。

近年、これまで詳しい分析が難しかった様々な環境における微生物集団をＤＮＡ情報に基づき、まとめて分析するメタゲノム解析という手法が急速に発展しており、これによって、現在の生命の系統分類に対する描像も大きく影響される可能性がある（第５-９節）。さらに、２０２２年、カリブのマングローブ林海中で発見された真正細菌は、例外的に大きく（２㎝にも達するので肉眼で観察できる）、さらに遺伝物質（ＤＮＡ）が膜に包まれていることが発見され、真核生物と原核生物の間をつなぐ存在かもしれないと言われている。生物進化に関しては、まだまだわからないことが多く、今後の発展が期待される。

1・3 細胞の多様性と分化

細胞が生命の単位であると言われる大きな理由として、私達の体があまねく細胞からできていることがあげられる。たとえば、脳や血管、筋肉、各種の臓器、などはいろいろな細胞からできているし、血液やリンパ液には白血球やリンパ球などの細胞が含まれている。光を通す眼の水晶体や角膜も透明な細胞からできているし、体毛や爪は、それらの根元の細胞が絶えず作り続けている。骨や歯の中にも、生きた細胞が埋め込まれており、その生育のために、内部には細胞でできた毛細血管が張り巡らされている。

骨中には、絶えず新しく骨を作り続ける骨芽細胞が存在するのと同時に、骨を溶かして、血管を通すなどの骨の再形成を行う破骨細胞という細胞もあり、両者のバランスが悪くなると、骨粗鬆症とよばれる病気になったりする。骨に限らず、私達の体は絶えず更新され続けており、その中でバランスがとられている（新陳代謝）。この点は、ロボットなどと比べて大きく異なる生命現象の著しい特徴であると言える。

私達の体が何種類の細胞からできているのかは、難しい問題である。というのは、細胞の種類をどのように定義すべきなのかが、自明ではないからである。ずっと以前は、顕微鏡で見て、同じに見える細胞は同じ種類としていたが、徐々に遺伝子に基づく定義に移行してきている（遺伝子についての説明をまだしていないのに、遺伝子をここで持ち出したことをお許しいただきたい）。つまり、これこれの遺伝子とこれこれの遺伝子がこの種類の細胞で特徴的に使われているということをもって、その細胞の種類を定義しようというものである。

しかし、一つ一つの細胞において、どのような遺伝子が使われているかを調べられるようになってきたのは、ごく最近のことである（第５－６節）。一説によれば、私たちの体はおよそ２７０種類の細胞が全部で37兆個くらい集まってできていると言われている。

要するに、私達の体は、非常に多くの特殊化した細胞が寄り集まってできており、それぞれの特殊化した細胞が、高度な生命現象を分担している。しかし、いくら特殊化しているといっても、それぞれはまぎれもなく細胞なのであって、その中で行われている生命維持のための営み

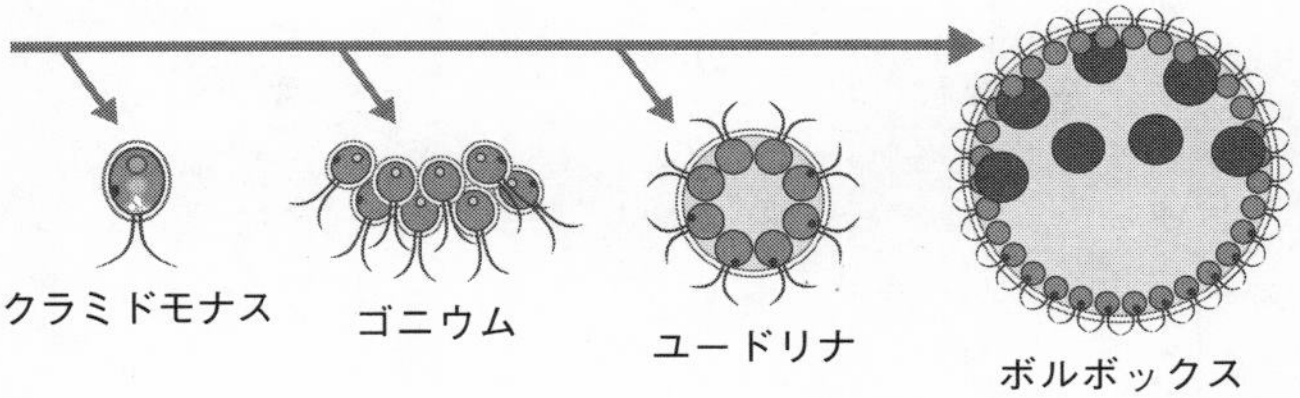

図１-3a　群体から多細胞生物へ

は、大腸菌などの単細胞生物のそれとだいたい同じである（これについては、第3-2節で説明する）。

単細胞生物であった私達の祖先は、最初いくつかが寄り集まって存在することで、互いに栄養素を分け合うなど、何らかのメリットを享受したのだろう。現在でも、ボルボックスなどの藻類の一部が、ほとんど分化しないまま寄り集まったような多細胞体制を維持しており、群体とよばれる。このような原始的な細胞集団から、個々の細胞が徐々に特殊化して、機能分担を行うようになったのが、私達のような多細胞生物の起源であったと考えられる（図1-3a）。

一方、よく知られているように、私達の体は元々1個の受精卵からできたものである。母親の胎内で、受精卵が分裂を開始したものを胚《はい》とよぶが、最初は胚の構成細胞の形は同じで、どれも同じような性質をもっている。

しかし、分裂を重ねるにつれて、まず胚体外組織という、胚を将来包み込んでその生育を維持する働きをする細胞ができ、次に胚本体の中で、将来頭になる部分やその反対の尻になる部分など、体を

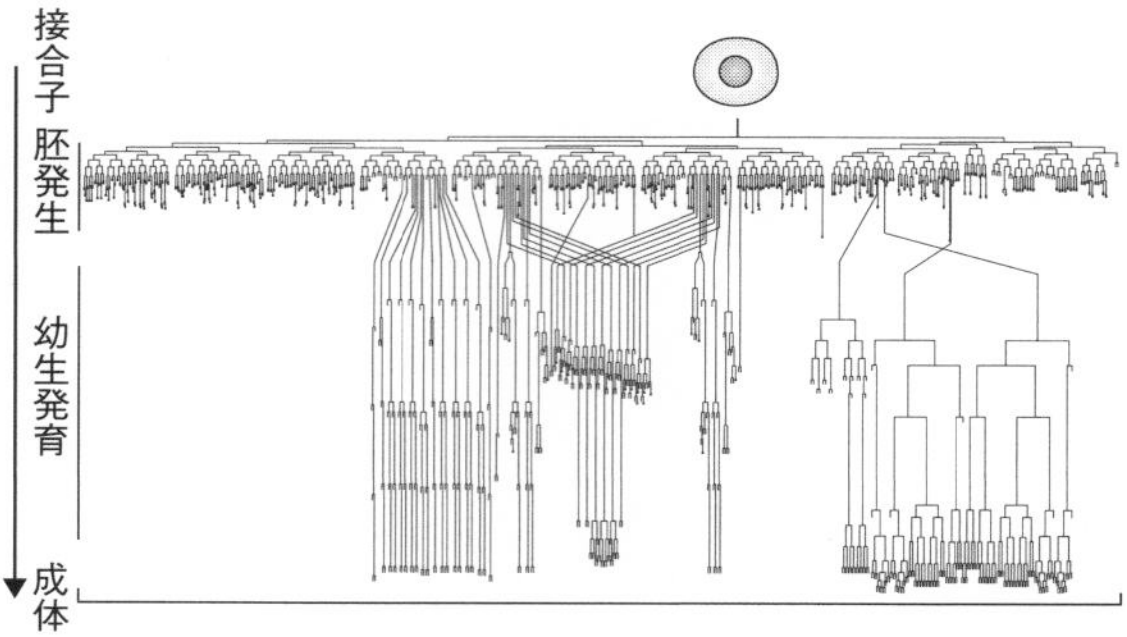

図1-3b　線虫の細胞系譜

原図は Sulston 他、Dev. Biol. 1983.

構成する軸方向が決まっていくにつれ、軸に対して、それぞれの位置にある細胞の性質が独自性をもつようになる。これは、最初はどんな細胞にでもなる能力のあった細胞が、それぞれその運命を決定していく過程であり、細胞分化（あるいは単に分化）という。

また、受精卵から成体（成熟した個体）に至るまでの体づくりの過程を発生という。発生の過程は受精卵の中にプログラムされているので、その過程は基本的にどの個体でも同じはずである。実際、いくつかの小さくて観察しやすい生物（たとえば、体全体が約1000個の細胞からできている線虫など）では、研究者が根気よく発生の過程を顕微鏡で追跡した結果、全細胞の運命決定の道筋が記録されている（細胞系譜という。図1-3b。もっとも、すべての生物種において、全細胞の運命が完全にプログラムされているわけではなく、種間で個体差の程度にはばらつきがある）。

1・4 クローン生物とはなにか

前節で述べたように、私たちの体は、1個の受精卵が分裂してできたものである。情報というものが成長の途中で勝手に生成したりしない限り、受精卵が体内のあらゆる細胞の情報をもっていることは明らかである。

では、分化して、徐々に機能的に特殊化していった細胞（体細胞。生殖細胞以外の細胞のこと）はどうだろうか。分化していく過程で不要になった情報は捨てられていくのだろうか？　この問いは、分化した細胞をもとの未分化状態に戻すこと（脱分化という）は可能かという問題とほぼ等価であるが、その問いに対する答えはイエスで、分化した細胞は脱分化させることができる。

特に植物においては、この脱分化は比較的容易であり、任意の体細胞を分離し、植物ホルモンや培地などの条件を適切に設定すれば、カルスという未分化細胞の塊をつくることができ、そこからまた植物全体を再生できることが、１９３０年代から知られていた（図１-４ａ）。このことは、分化してできた一つ一つの体細胞も、もとの受精卵と同じように体全体の情報を保持していることを意味する。

なお、このようにしてできた新しい個体は、もとの細胞を採取した個体と遺伝的にはまったく同じコピーであり、クローン生物とよばれる（第５-２節で述べる遺伝子のクローニング、またはクローン化は、コピーという意味では同じであるが、具体的内容は別物である）。

一方、植物とは異なり、動物ではクローンづくりは難しく、特に哺乳類ではなかなか成功していなかった。そのため、クローン人間の話題はもっぱらSF小説や映画の題材であったが、分化した体細胞の核を未受精卵の核と入れ替える核移植という方法を使って、ようやく実現された（図1－4a）。

特に1997年に発表されたクローン羊は世界的なニュースになった。さらに、分化した体細胞に4種類の遺伝子を導入することで、細胞を初期化（リプログラミング）し、もとの受精卵のような分化万能性（ほとんどどんな細胞にも分化する能力）を回復させることに、2006年、山中伸弥らが成功したことは、読者の皆さんもご存知かもしれない（山中は2012年、核移植でカエル細胞の初期化を実現したガードンと共に、ノーベル賞を受賞した）。

繰り返しになるが、受精卵は成熟個体の全細胞種の情報をもっているが、逆に成熟個体における個々の体細胞も基本的には受精卵と同じ情報をもっている。動物、特に哺乳類の場合は、情報そのものは分化によって失われはしないものの、不要な情報が読み取られにくくなるような変化が起こっていることが想像される。

そして、核移植の実験から推定できるように、その情報は核の中にあり、未受精卵の核に入れると、その変化を取り除くことができるらしい。さらにはその変化にはいくつかの遺伝子の働きが関与しているらしいということになる。

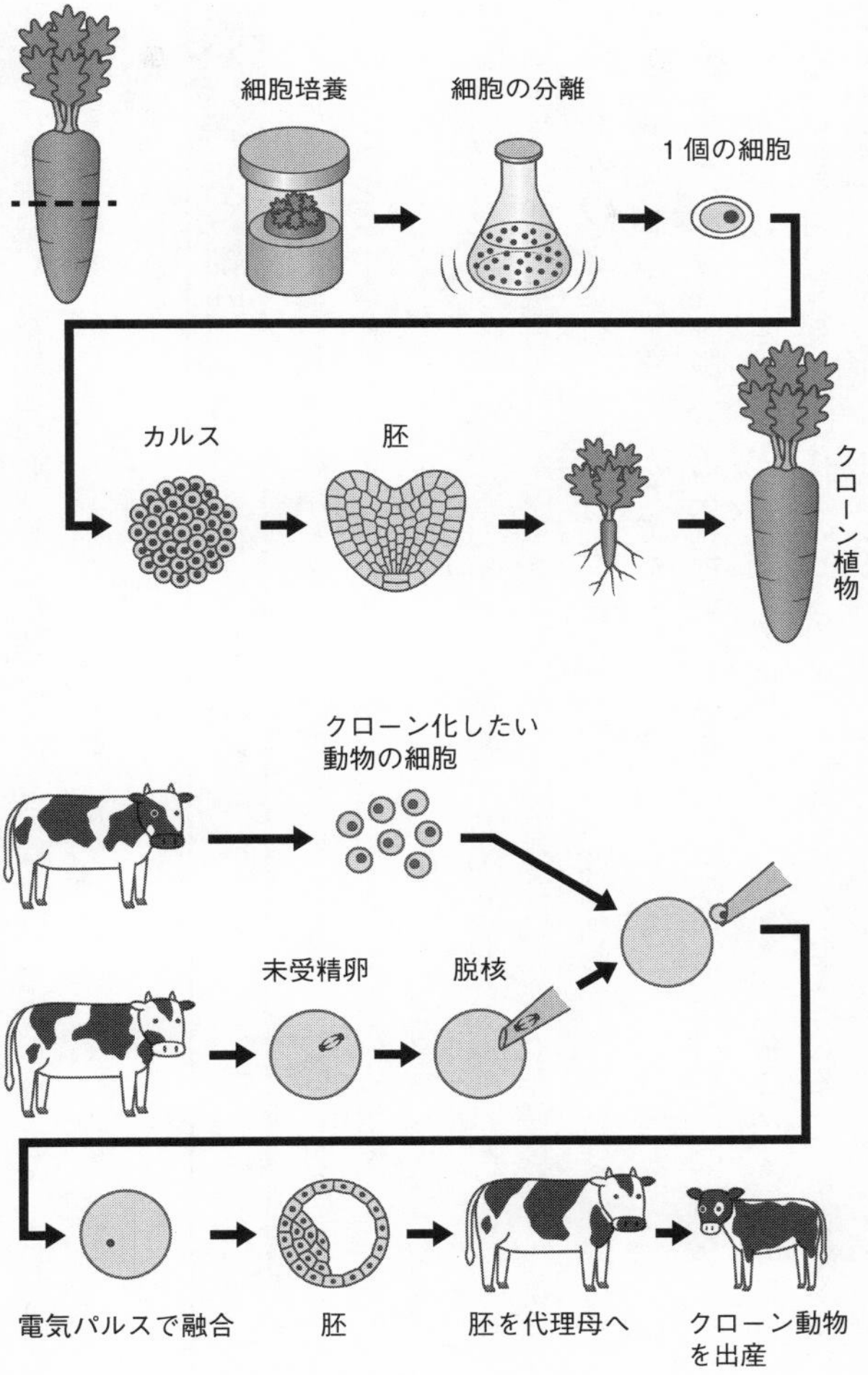

図１-4a　クローン植物の作製とクローン動物の作製

Molecular Biology of the Cell（Garland 2008）を改変

私達の一生のうちで、おそらく（大掛かりな）脱分化は起こることがないだろうから、私達のすべての体細胞が受精卵と同じ情報を保持しているのは無駄なように思える。これはまさしく、私達多細胞生物が単細胞生物から進化してきた歴史的事情を反映しているのであろう。

1・5 ES細胞、iPS細胞と再生医療

ここで少し、上記の現象の応用である再生医療について紹介しておく。再生医療とは、怪我や病気で損傷を受けた体の部分を、再生能力を使って回復させようという治療方法である。再生能力というのは、トカゲの尻尾が切れてもまた生えてくる能力が典型的であるが、人間でも、小さな傷口は清潔にしていればそのうち治るし、肝臓は大半が失われても、自然に回復することが知られている。一般に、最終段階の末端まで分化した細胞は通常もはや分裂しないと考えられており、再生が起こるのは、これとは別の組織幹細胞（体性幹細胞）とよばれる細胞が分裂を続けて、分化した細胞を供給するからである。

そこでこの体性幹細胞に適当な処理をして分化誘導した細胞を損傷部位に加えてやることで、その回復を助けようというのが、現在一般的に行われている再生医療である。この場合、他人由来の幹細胞を用いると、心臓移植のときのような拒絶反応が心配されるが、現在試みられているような範囲であれば、大きな問題はないようである。ただし、一般に体性幹細胞には様々な種類

が存在するが、それぞれの体性幹細胞から誘導できる細胞の種類は限られているので、このやり方は適切な幹細胞が存在する部位にしか適用できないことになる。

一方、現在研究が進められている方法として、ＥＳ細胞（胚性幹細胞）やｉＰＳ細胞（人工多能性幹細胞）を用いる方法があるが、これらはどちらも、基本的にはどんな細胞にも分化する能力（分化万能性、分化多能性ともいう）をもっている。したがって、原理的には体のほとんどどんな部位の治療にも使える可能性があるし、ミニ心臓など、数種類の細胞から構成される細胞組織まで作り出すことが期待できる。

ＥＳ細胞は、受精卵が分裂してできた胚盤胞の中で、多分化能力をもっている部分（内部細胞塊）の細胞を取り出したものである。この部分はさらに発生が進むと、胎児に成長していくので、たとえ不妊治療などの過程で廃棄される細胞を使ったとしても、生命の芽を破壊するという倫理的な問題がつきまとう。そのため、ＥＳ細胞を用いる研究には非常に厳しい審査が求められている。

これに対して、ｉＰＳ細胞は、上述のように山中らが最初に開発した方法で、体細胞を初期化して作製するので、こちらには倫理的なハードルは少ない（私たちの体で、細胞は日々数千個死んでいる。ただし、ｉＰＳ細胞から精子と卵子をそれぞれ分化させて、受精させれば、不妊治療の研究には役立つかもしれないが、倫理的な問題が発生するであろう）。しかし、実用化への道のりを考えると、ＥＳ細胞は長い研究成果の積み重ねもあり、その研究は今も重要性を失ってはいない。

もっとも現状では、ＥＳ細胞やｉＰＳ細胞から移植手術に使えるような臓器を再生させることは難しい。オルガノイドと呼ばれる数㎜程度の大きさのミニ臓器を作るのがせいぜいと言って良い。しかし、特定の疾患がある患者のｉＰＳ細胞由来のオルガノイドを用いて、疾患の原因を詳しく調べたり、治療法を開発したりするなど、これらの技術はすでに医学研究に盛んに用いられている。

なお、ＥＳ細胞にせよ、ｉＰＳ細胞にせよ、適用の仕方によっては、やはり上述のような拒絶反応を引き起こす危険性がある。そのため、ＨＬＡ型という白血球のタイプ別にｉＰＳ細胞を用意した細胞バンクを構築する努力がなされている。このＨＬＡ型が移植を受ける患者と（ほぼ）一致する細胞を治療に用いることができれば、拒絶反応の危険性を大きく減らすことができるはずである。

このように、再生医療は、従来の化学薬品などによる治療とは大きく異なるアプローチに基づくもので、従来の医療の限界を超える可能性を秘めている。

1・6 すべての細胞に同じ「ゲノム情報」

受精卵は成熟個体のすべての細胞の情報を保持しており、その情報は細胞が分裂するたびにコ

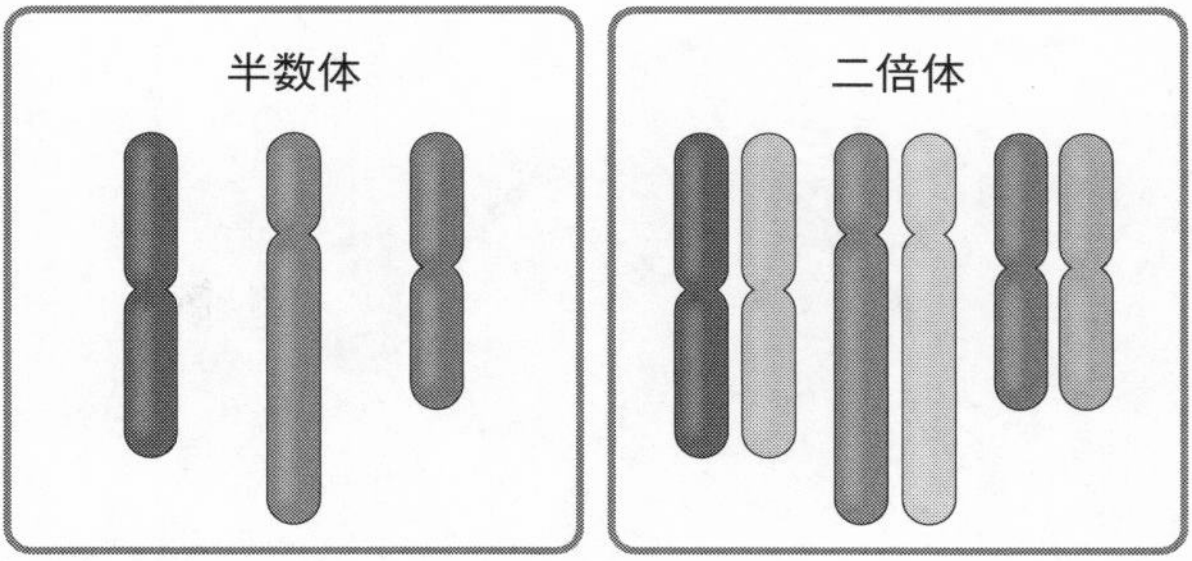

図１-6a　半数体と二倍体
二倍体のペアはそれぞれ父と母に由来する。

ピーされていくので、基本的にはすべての体細胞が（核の中に）もとの受精卵と同じ全情報をもっている。また、単に個々に分化した細胞の情報をもっているというよりは、未分化状態の細胞が分裂を重ねて、体づくりを行っていく指示書（プログラム）という形でもっているので、それをうまく起動できさえすれば、任意の細胞から、複雑な多細胞の個体を再生できることになる。この情報のことを、ゲノム情報、あるいは単にゲノムという。

すなわち、ゲノムとは、（厳密な定義は難しいが）ある生物がもっていて、その生物をその生物たらしめる全遺伝情報の一揃えと定義される。遺伝情報という言葉をはじめて使ったが、要するに細胞が分裂するたびに、あるいは生殖によって、親から子に伝えられる情報という意味である。

一揃えとわざわざ断ったのは、実は私達ヒトは二倍体とよばれ、その体細胞にはそれぞれ2セットのゲノムが

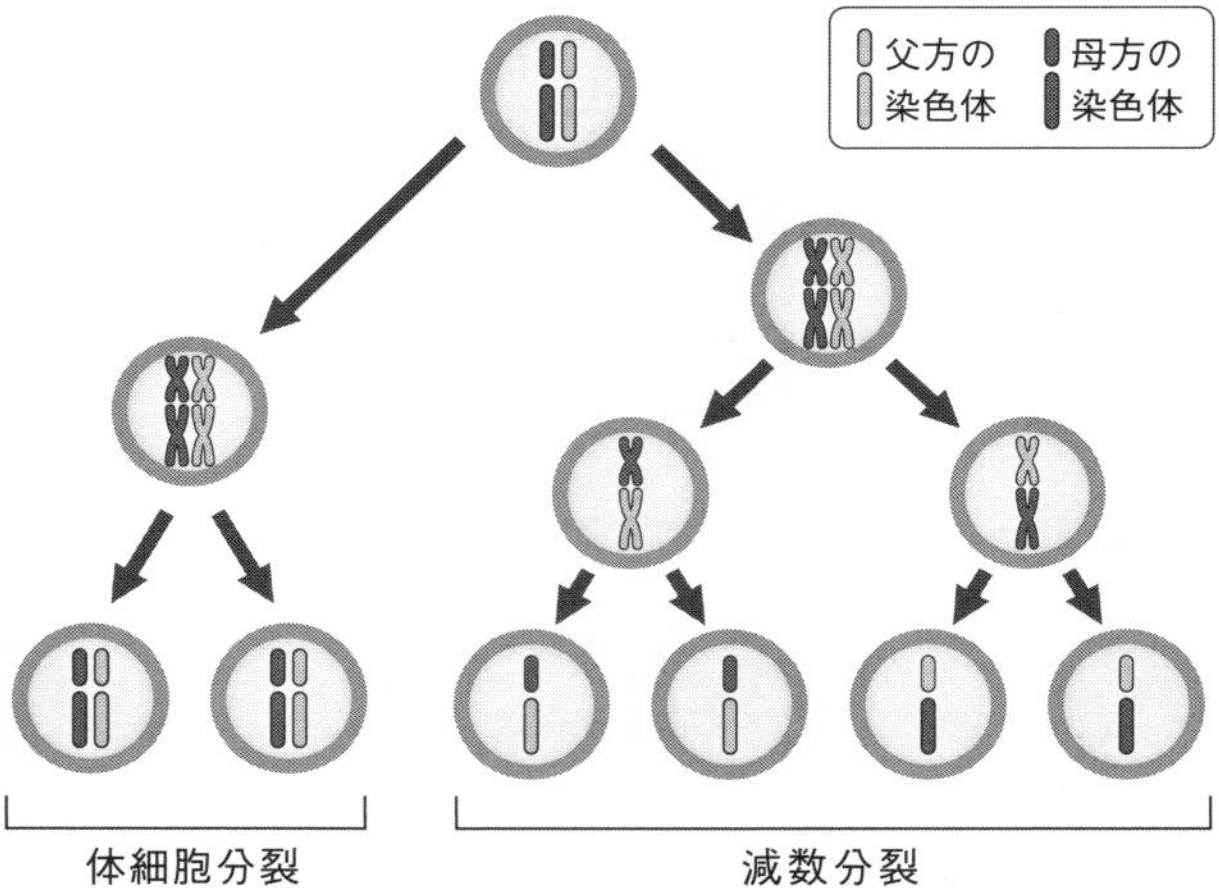

図 1-6b　体細胞分裂と減数分裂

備わっているからである（後述のミトコンドリアゲノムは除く）。すなわち、受精卵は父親由来のゲノムを精子から、母親由来のゲノムを卵子から、1セットずつもらうので、これが分裂してできる体細胞は合計2セットのゲノムをもつことになる（図1-6a）。

精子や卵子という生殖細胞といえども、もとは受精卵が分裂してできたものであるが、生殖細胞を形成する細胞分裂は減数分裂という通常の体細胞分裂とは異なる特別な方法で行われる。減数分裂のときには、父親由来の遺伝情報と母親由来の遺伝情報が混ざり合った1セットのゲノムをもった生殖細胞が作られる。以下で述べるように、ゲノムは核内で複数の染色体に分かれた形で存在しているので、生殖細胞において、染色体数が体細胞の半分になる（図１－６ｂ）。

これを単数体（ハプロイド、半数体）とよび、生殖細胞・体細胞両者の染色体数を、それぞれn、2nと書いて区別する。植物の世界では、コムギのように異なる祖先由来の３種類のゲノムをもつ6倍体の生物も存在するが、その場合でも、体細胞と生殖細胞の染色体数の関係は同じで、それぞれ2n、ｎと表記されるので注意が必要である。

ゲノム、ＤＮＡ、クロマチンと染色体の関係

このようにゲノムとは、ある意味で抽象的な概念であるが、その実体は、次節で説明するように（核内）ＤＮＡという高分子物質である。第４章で詳しく説明するが、核内でＤＮＡは特殊なタンパク質と結合していて、クロマチン、さらには染色体とよばれる形で存在している。染色体という名は、細胞分裂期に凝縮した形態が色素に染まり、光学顕微鏡で観察できることからついた。

ヒトの体細胞には、23対の染色体が存在する。つまりヒトのゲノムは23本の染色体から構成されるが、それぞれの染色体は、結合タンパク質を除くと、切れ目のないＤＮＡ分子でできている。23本の染色体のうちの22本は、（顕微鏡で観察したときの大きさをもとに）１番から22番まで、通し番号で名付けられている。

残りの１本は性染色体という特殊なもので、女性の細胞はＸ染色体という両親由来の染色体１

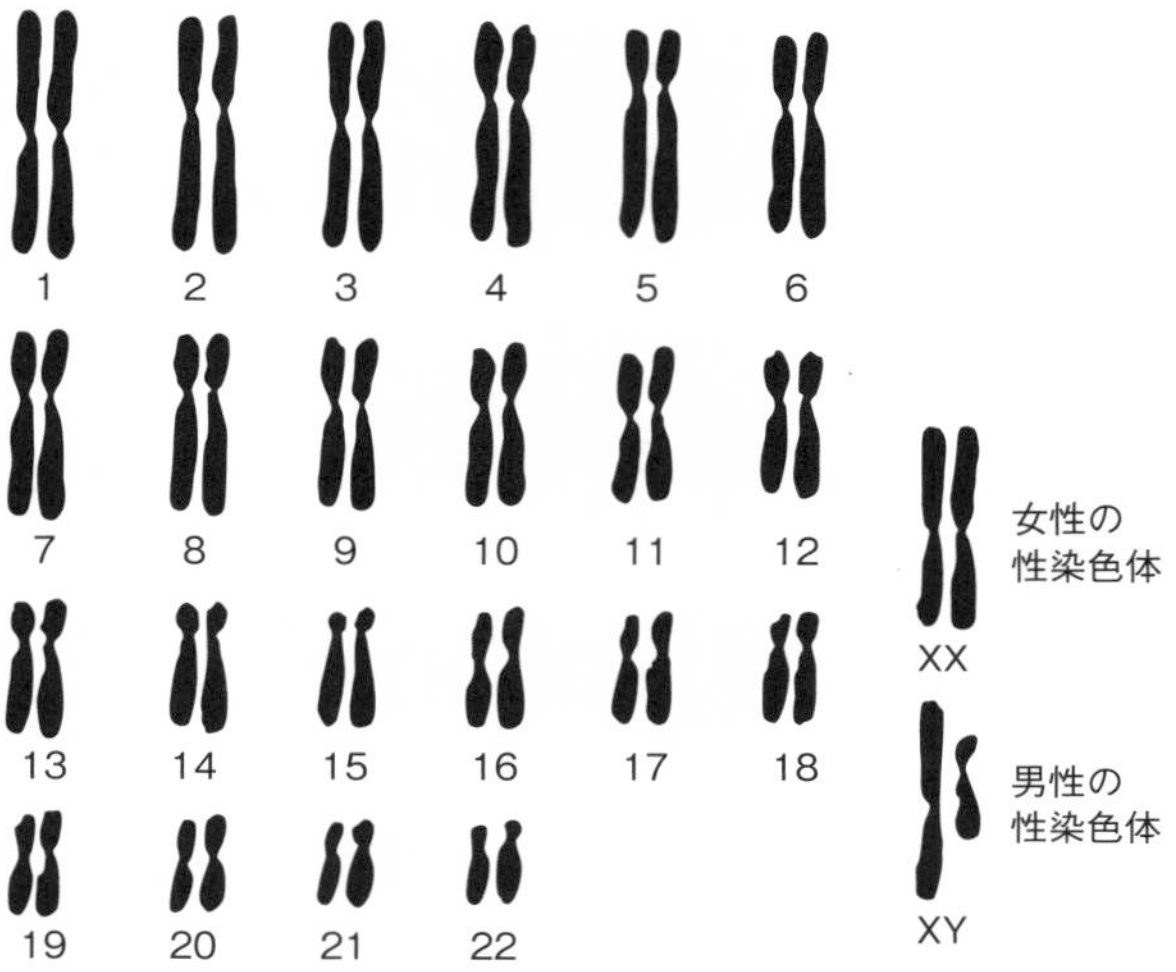

図1-6c　ヒトの常染色体と性染色体
短腕と長腕が切れているように見えても、実際にはつながっている。

対をもつが、男性の細胞はX染色体1本とY染色体という別の染色体1本という、異種染色体の対をもつ（図1-6c）。性染色体と区別するため、残りの22対の染色体を常染色体とよぶ。

Y染色体はとても小さくて、その中にはほとんど遺伝子がないので、男性の細胞では、1本きりのX染色体がフルに活躍する。一方、女性の細胞ではX染色体が2本あるので、どちらか一方の染色体上の遺伝子だけが働き、もう一方は働かなくなるX染色体の不活性化という仕組みがある。常染色体にはこのような仕組みはなく、特殊な例を除いて、1対の染色体（相同染色体という）上にある遺伝子は、どちらも区別なく使われる。

独自のＤＮＡをもつミトコンドリアと葉緑体

ゲノムという用語を説明するときに、やや先走るが、もう一点断っておきたいことがある。第１－２節で、真核生物の細胞内には、核以外にも何種類もの生体膜に包まれた構造体があって、細胞小器官とよばれることを紹介した。その代表的なものの一つに、ミトコンドリアがある。また、植物細胞には、ミトコンドリアに加えて、葉緑体とよばれる独自の細胞小器官がある。

それらの機能や起源については後述するが（第３－３節）、実はミトコンドリアや葉緑体は、核内のものと比べると圧倒的に短いものの、独自のＤＮＡをもっている。通常、ヒトゲノムという場合は、核内ＤＮＡがもつ情報を指すが、たとえばミトコンドリアのもつＤＮＡもミトコンドリアゲノムというよび方をし、ヒトのもつ遺伝情報の総体という観点からは、両者を合わせたものがヒトゲノムとよばれるのにふさわしい。ミトコンドリアは受精のときに（精子と比べて圧倒的に大きい）卵子から受け継がれるので、基本的には母親のみから遺伝すると考えられている。

ミトコンドリアゲノムも私達の生存に重要な働きをしているが、これはたとえば上述の核移植実験では移植の対象にはなっていない。したがって、この実験では、移植を受けた卵細胞のもつミトコンドリア情報をもったクローン生物が生まれることになる。なお、ミトコンドリアは自発的に分裂し、細胞内に多数存在するので、細胞分裂時には、自然にそれぞれの細胞に受け継がれていく。

1・7 DNAの構造

親から子に情報が受け継がれていく(遺伝する)のはなぜか、その情報はどのようにして保持されているのかということは、長らく生物学における大きな謎であった。それが、1953年にワトソンとクリックが、フランクリンやウィルキンスらの得たX線結晶構造解析データをもとにDNAという物質の立体構造モデルを提唱したことで、遺伝情報の本体がDNAの分子構造として担われていることが誰の目にも明らかになった。

その頃から、様々な生命現象を、それらを担う分子の構造や働き(機能)から説明しようという、いわゆる分子生物学のアプローチが生物学の表舞台に華々しく登場し、その後紆余曲折を経ながらも、いまや生命科学全般の不可欠の基盤となっている。本書の主題もまさにこの内容を説明することにある。

DNAは、デオキシリボ核酸の略称で、ヌクレオチド(より正確にはデオキシリボヌクレオチド)というユニットが鎖のようにつながったものが2本からみあった、いわゆる右巻きの二重らせん構造をしている(図1-7a、7b)。

右巻きというのは、らせんを縦においたとき、手前側に見える部分が、左下と右上をつないでいるように見える巻き方を意味する。ちなみにこのDNAの標準構造はB型といわれる。他にも特殊な条件下でA型とZ型という構造をとることもできるが、Z型は左巻きの構造である。

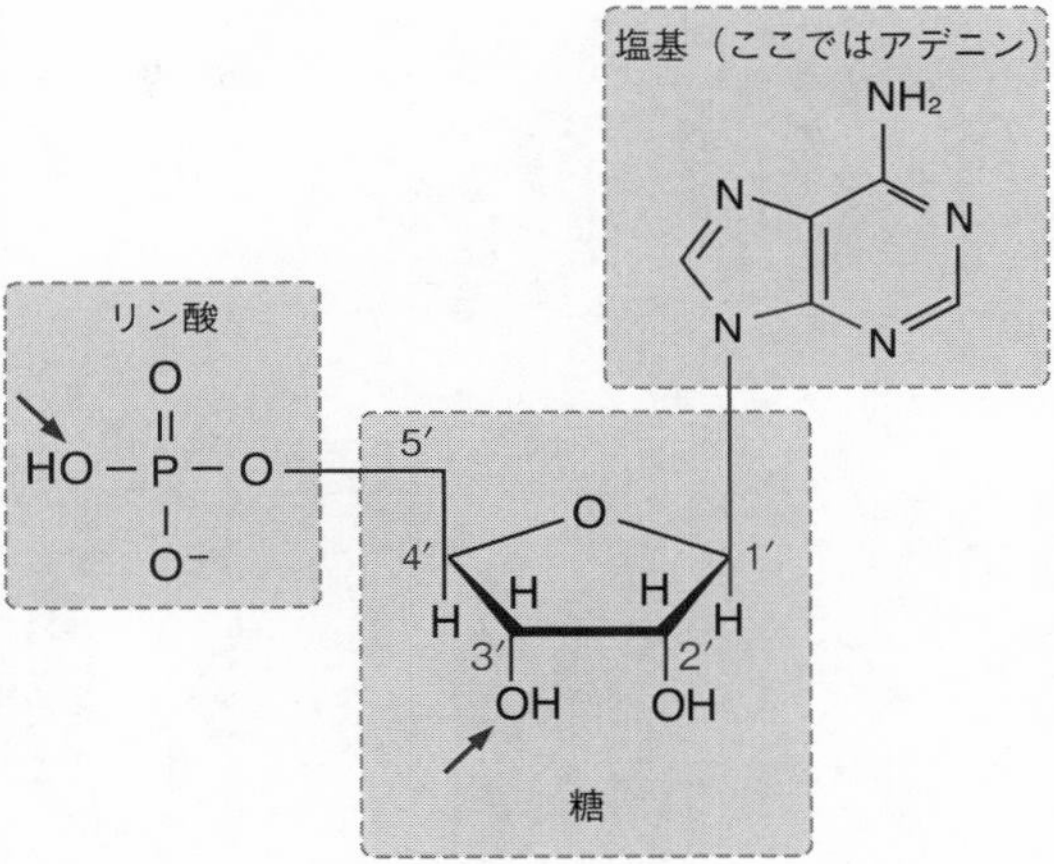

図1-7a　（デオキシリボ）ヌクレオチド
慣例により、炭素原子Cは表記されていない。DNAでは二つの矢印の場所でこのユニットが連なっていく。リン酸部分は生体内で負電荷を帯びている。

塩基の並びが決める遺伝情報

ヌクレオチドは、デオキシリボースという糖とリン酸とある種の塩基（酸・塩基反応の塩基である）が結合したものである（図1-7a）。これが二重らせん構造をとるときには、糖とリン酸が鎖の背骨となり、そこから塩基が内部に突き出すような形をしている（図1-7b）。

細胞内では、この塩基にはアデニン、チミン、グアニン、シトシン（それぞれ、A、T、G、Cと表記される）、という4種類があり、アデニンとグアニン、シトシンとチミンはそれぞれ化学的な基本骨格が同じで、プリン塩基、ピリミジン塩基というグループに属する。

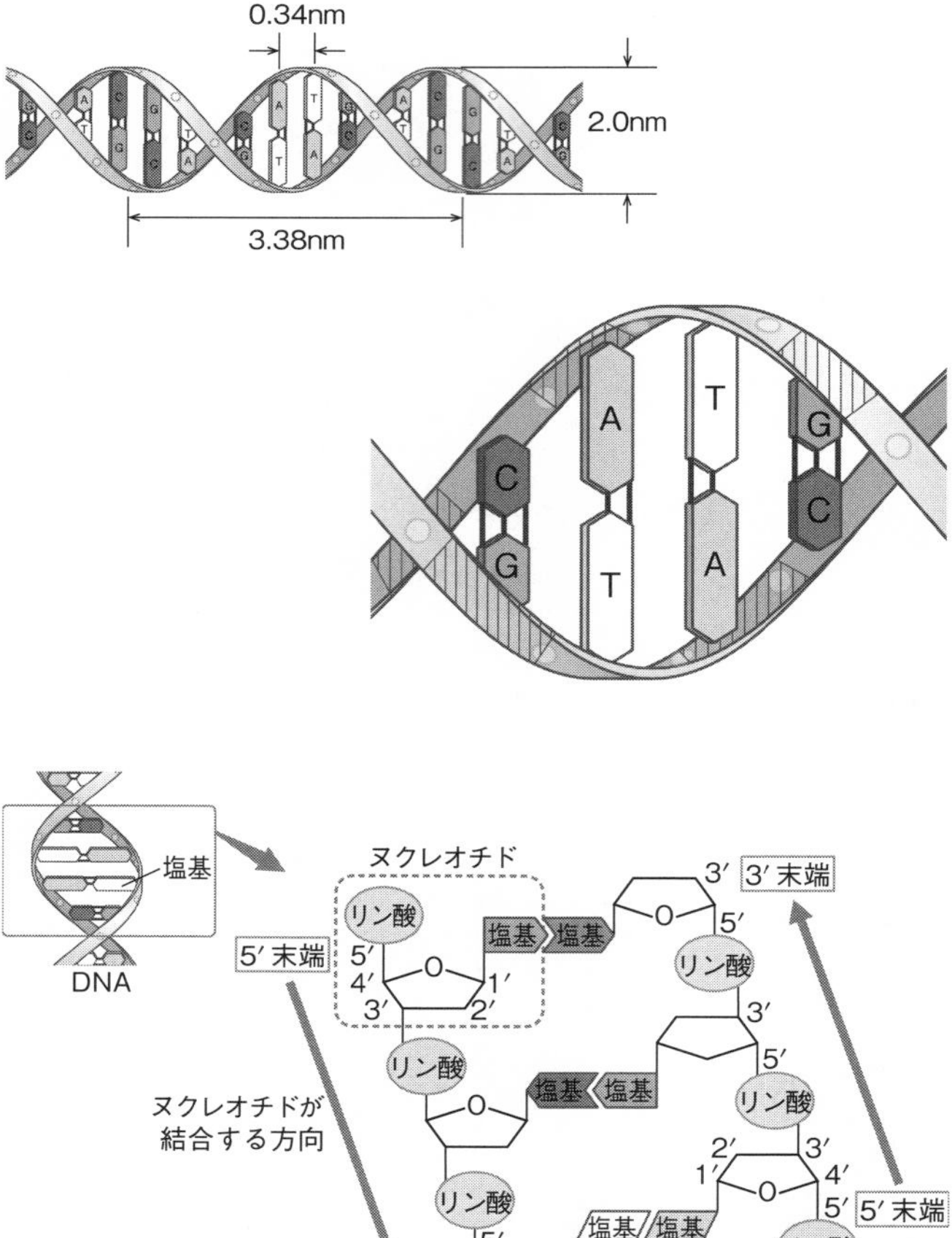

図1-7b　**DNAのB型二重らせん構造**

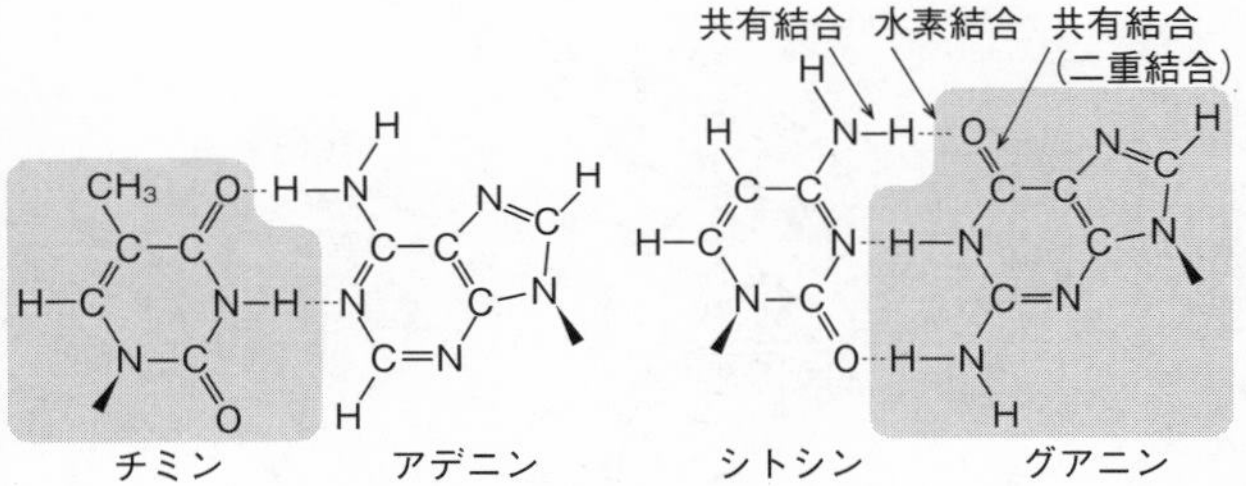

図１-7c　2種類の塩基対合
アデニンとチミン対は２個の水素結合で、グアニンとシトシン対は３個の水素結合で対合している。

アデニンはチミンと、グアニンはシトシンと、それぞれ水素結合という比較的弱い結合をして、安定化する（図1－7c）。ここで、アデニンとチミンのA：Tペアは2個の水素結合で結合し、グアニンとシトシンのG：Cペアは3個の水素結合で結合していることに注意してほしい。その結果、G：CペアのほうがA：Tペアより安定になる。

さて、安定な二重らせん構造を作るためには、一方の鎖の塩基に対してペアとして対合《ついごう》するもう一方の鎖の塩基は一意的に決定される。一方の鎖に対して、もう一方の鎖はもとの鎖と相補的な関係にあるので、相補鎖とよばれる。

2本の鎖がこのような関係にあるため、それらをほどいて、それぞれの1本の鎖を鋳型とすれば、もう一方の新しい相補鎖を一意的に合成することができる。すなわち、1本の二本鎖DNAを2本にコピーすることができることになる（図1－7d）。DNAにおいて、糖とリン酸の背骨の構造は共通であるが、一方の鎖の内部に4種類の塩基をどのように配置するかには自由度があるので、この4種類の塩基の並び

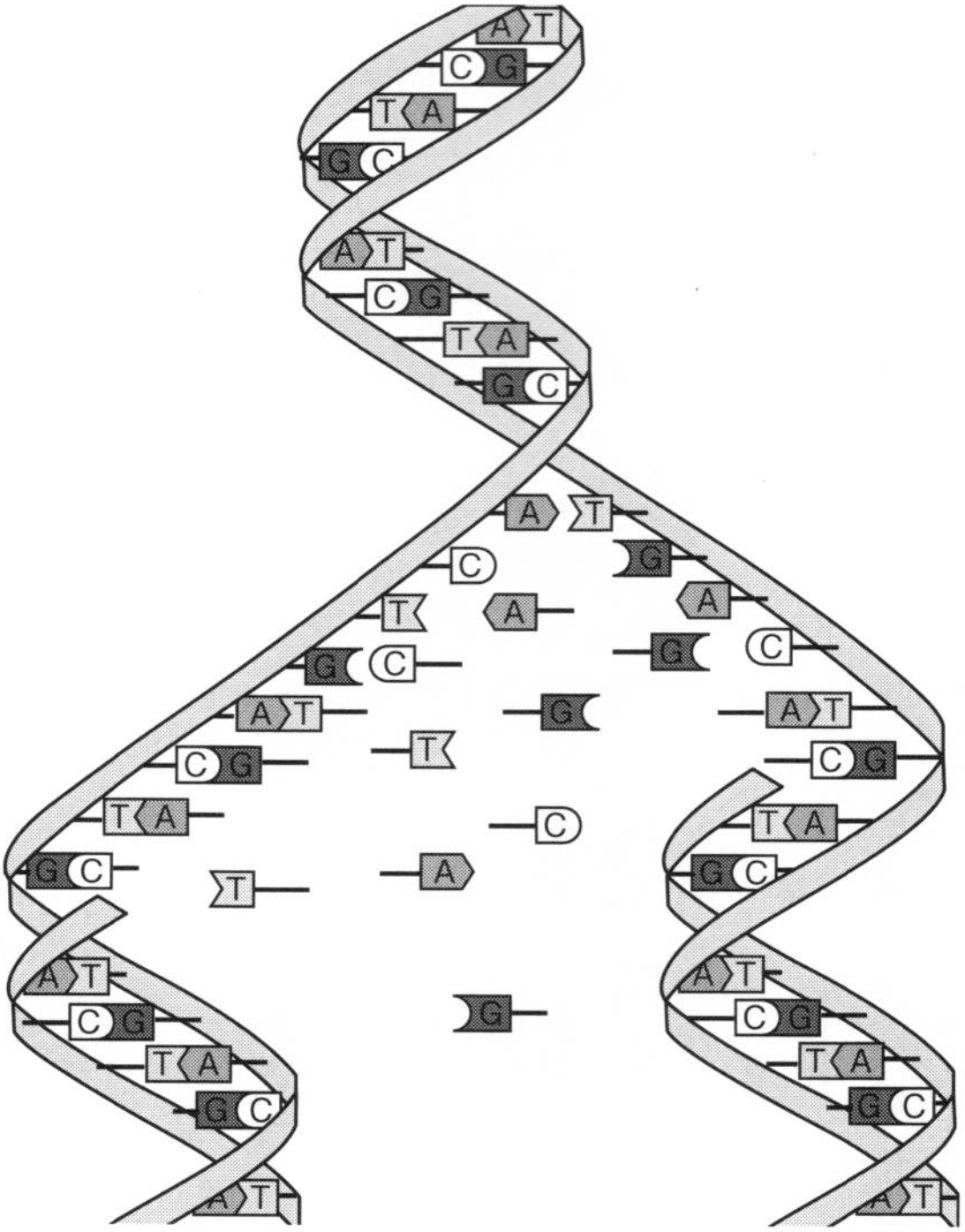

図1-7d　DNA情報の複製

を情報として保持し、伝えていくことができる。

言い換えれば、遺伝情報とは、DNAの分子構造として表現された4種類の塩基の並び順（これをDNA配列、DNAシークエンス〈またはシーケンス〉、塩基配列、またはヌクレオチド配列という）に他ならないことになる。実際、後述するように、ヒトゲノムの情報は、約

32億文字の塩基配列として表現される（23本の染色体に対応した、23本の文字列に対応する）。

なお、ＤＮＡの鎖には方向性がある。ヌクレオチドを構成する糖は、1個の酸素原子に4個の炭素原子が環状に結合した五員環に、もう一つ炭素が結合した構造をしていて、それぞれの炭素に番号（とダッシュ記号。英語ではprimeという）がついている（図1−7a）。塩基が結合しているのが1′の炭素で、順に数えて五員環の外の炭素が5′とよばれ、ここにリン酸が結合したものが、（デオキシリボ）ヌクレオチドである。

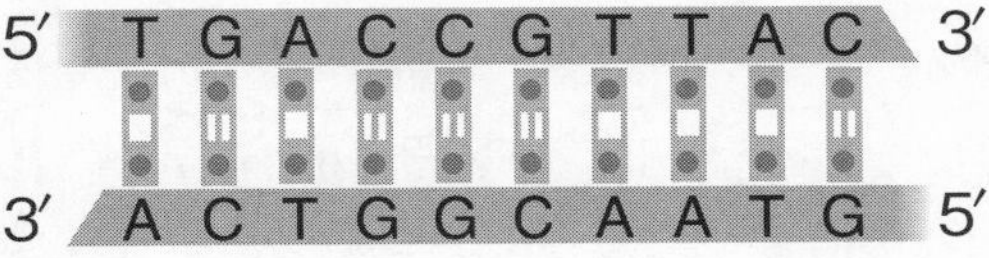

図1-7e　二本鎖における5′/3′端と塩基の並びの表記

　そして、他のヌクレオチドとは、3′炭素の位置にリン酸を介して結合する。したがって、一本鎖のＤＮＡの片方の端には（リン酸を無視すると）5′炭素があるので5′端（5′末端とも）とよばれ、もう一方の端には3′炭素があるので3′端（3′末端とも）とよばれる。そして、二本鎖の場合は、この方向性が互い違いに交差することになる（図1−7b）。

　このようにＤＮＡの鎖には向きがあるので、内部の塩基の並びにも向きが存在する。便宜上、塩基の並びは5′側を左に書く約束になっている。そうすれば、文章のように文字列の表記が一意に定まることになる（図1−7e）。つまり、塩基の並びをＡＴＧＧと表記する場合、これはＤＮＡの一方の鎖に塩基が5′から3′の方向にＡ、Ｔ、Ｇ、Ｇの順に並んでいることを意味する。

　そのペアになっている鎖にはもちろんＡに対してはＴが、Ｔに対してはＡが存在しているはずだが、その向きは逆になるので、塩基配列としては、ＣＣＡＴと表記すべき配列になる。もちろん、一方の配列情報があれば、他方は明らかなので、特に理由がない限りは、片方の鎖の配列だけを記しておけば十分である。

第2章

遺伝子とはなにか

2・1 遺伝子という概念の変遷

第1章では、私たちの体が多数の分化した細胞からできており、そのすべての情報（ゲノム情報）は、DNA分子の構造（4種類の塩基の配列）として蓄えられていることを説明した。これに続く本章では、その情報が遺伝子という単位の集まりとして表現されていることや、一つ一つの遺伝子の働きについて説明する。

またまた、言い訳がましい書き方で恐縮だが、遺伝子（英語ではgene）という用語の意味するところは、歴史的に変遷を重ね、また今日でも様々な文脈で用いられるので、その定義を簡潔かつ正確に述べることは不可能に近い。

遺伝子は元々、DNAなどの実体が解明される前からいわば仮想的にその存在が想定されたものである。すなわち、1860年代にメンデルによってエンドウの種子の形などの様々な性質（形質）の遺伝の法則を説明するために最初に導入された（メンデルは遺伝子という言葉を使ったわけではないが、同等の概念を提案した）。その後、ショウジョウバエなどを使った遺伝学が、メンデルの研究成果が知られないままに、20世紀初頭頃から盛んになった。そして、仮想的な存在である遺伝子が、染色体上に並んでいることが知られるようになり、遺伝子が一次元的に多数配置された染色体地図が作られた。

また、ビードルとテータムは、アカパンカビの成長に必要な栄養素にかかわる突然変異の遺伝的ふるまいなどを調べることで、一遺伝子一酵素説を提唱した（１９４５年頃）。酵素とは、生体内の化学反応を触媒する分子のことで、通常はタンパク質（第２－５節）でできている。つまり、一遺伝子一酵素説は、一つ一つの遺伝子がそれぞれ別の酵素機能と対応していることを主張している。先のメンデルの例で言えば、エンドウの豆が黄色いという性質は、その対応遺伝子がたとえばある種の色素合成酵素タンパク質の細胞内生産と関係しているなら、うまく説明できる。

一方、遺伝子とＤＮＡの関係はちょうど同じ１９４０年代にアベリー（エイブリーとも表記される）による形質転換の実験によって、最初に明らかにされた。すなわち、ある形質（この場合は表面の外層構造）をもたない細菌に、その形質をもつ別の細菌から抽出したＤＮＡを取り込ませてやると、新たにその形質をもつようになるというものである。

しかし、この研究の意義が広く理解されるようになったのはもう少し後のことで、１９５０年代のＤＮＡの二重らせん構造の発見の頃になる。この頃から、遺伝学という形質の遺伝様式を調べる学問とＤＮＡというその実体に関する知識が融合され、大腸菌やこれに感染するウイルス（第３－６節）である（バクテリオ）ファージなどを用いた、いわゆる分子遺伝学が盛んに研究されるようになった。

このように、遺伝子は、元々は染色体上のある位置（遺伝子座、英語ではlocus）が生物の示す形質と対応づけられたものであったが、実際はＤＮＡ上の点ではなくて、ある局所的な領域であって、そこに書かれた情報がある種の形質を示すために使われる。上述の一遺伝子一酵素説が示唆するように、この領域の情報をもとに、特定のタンパク質が作られ、そのタンパク質の働きによって、形質が外から観察できるようになるのである（実際には、遺伝子が担う機能は、酵素反応だけではなく、多岐にわたるので、一遺伝子一タンパク質説と呼んだほうが、より正確であった）。また、第2－2節で説明するように、より正確にはＤＮＡの部分情報がまずＲＮＡというＤＮＡとよく似た物質にコピーされ、そのＲＮＡをもとにタンパク質が合成される。

本章で順に説明していくが、典型的な遺伝子は、タンパク質の設計図になっている。したがって、その設計図が書かれているＤＮＡ上の始まりから終わりまでが遺伝子に対応すると考えたくなる。あるいは、ＤＮＡ情報をもとにタンパク質を合成する際には、まずＲＮＡに写し取られるので、その写し取られる領域を遺伝子とみなすことも考えられる。ただし、ＲＮＡのコピー開始位置や終結位置にはときに大きな揺らぎがあるので、この考え方は厳密な定義には使いづらい。それでも世間では便宜上、遺伝子をおおざっぱに、ＲＮＡにコピーされるＤＮＡ領域とみなしていることが多いようであるし、本書でもそのような意味で遺伝子という言葉を使うことにする。

実は、遺伝情報には「どんな」タンパク質を合成するかという構造情報だけでなく、「どのような状況で」そのタンパク質を合成するかという制御情報も重要である。第4章で紹介するが、そのような情報は、そのタンパク質の構造情報が書かれている領域からは大きく離れた位置に書かれていることも多く、実際にどこにそのような情報が書かれているのかよくわからないことさえ多い。そのため、本来はそのような領域（制御領域）も遺伝子の一部とみなされてもよいはずだが、それらはゲノムのデータベースなどで遺伝子と記載されている領域には含まれないのが普通である。

2・2 RNAとセントラル・ドグマ

RNAとDNAの違い

ここでまず、先にふれたRNAについて簡単に説明しておこう。RNAはリボ核酸の略称で、いわばDNAの親類にあたる高分子である（前述のようにDNAはデオキシリボ核酸の略称。DNAとRNAをまとめて核酸とよぶ）。

化学的には、ヌクレオチド内の糖（リボース）において2′位置の炭素についていた水素が、RNAでは水酸基（-OH）に置換されているところが異なる（逆にRNAのリボースの酸素がとれて〈デオキシの意味〉、DNAになるとも言える。図2-2a）。つまり、正確にはDNAの構成単位はデオキシリボヌクレオチドであり、RNAの単位こそが（リボ）ヌクレオチドである。また、生体内で用いられている塩基はDNAと同じく4種類であるものの、構造上の要請でチミン（T）のかわりにウラシル（U）が用いられているところにも注意がいる。

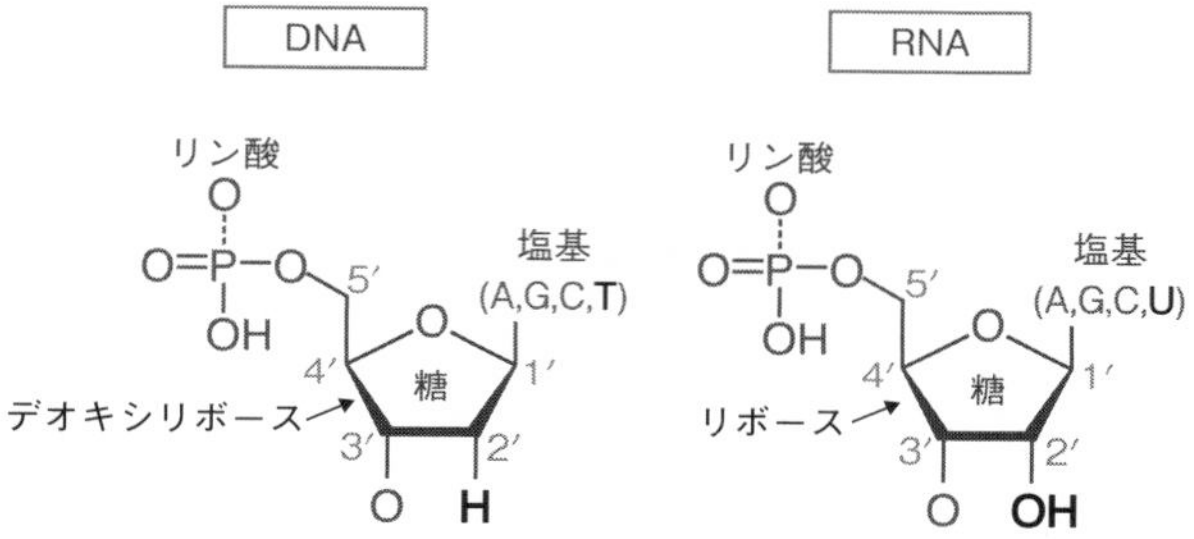

図2-2a　DNAとRNAの構造ユニット

RNAはDNAと異なり、水酸基の部分で加水分解を受けやすく、化学的には比較的不安定である。長いRNA同士で相補的な二本鎖構造をとることは、一時的にはあっても、安定してとることはない（ある種のウイルスは二本鎖RNAゲノムをもつが、短い断片に分かれている。第3−6節）。

ちなみにRNAのとる二重らせん構造は、DNAの標準構造であるB型ではなく、むしろA型構造に近いと言われている。したがって、RNAはDNAのように核内で遺伝情報を安定して保持する用途には向いていない。むしろ、その不安定性から、タンパク質のように、化学反応を触媒することができる。この酵素活性をもつRNAのことをリボザイムとよぶ。つまり、RNAはその性能を度外視すれば、DNAの役割とタンパク質の役割を兼務できるわけで、そのためおよそ40億年前と推定される最初期の生命現象（情報の維持とこれに基づく化学反応）は、RNA分子によって一手に担われていたのではないかというRNA

ワールド仮説が提唱されている。

DNA→RNA→タンパク質という情報の流れ

この仮説の当否はともかく、RNAは私たちの細胞においても、多岐にわたって活躍していることが最近知られるようになってきた（第２－９節）。そのため、今日では「遺伝子がタンパク質の設計図になっている」という言い方さえ、やや不正確な感じを抱かせる。しかし、ここではまず、遺伝情報の流れについての古典的描像として、セントラル・ドグマについて述べる。

セントラル・ドグマ（中心教義と訳されることもある）は、通常、遺伝情報の流れが、DNAからRNAを通して、タンパク質へと一方向的に伝えられることを意味する。その基本は1957年にクリックによって提唱された。クリックが、当時このような大げさな名前をつけたのは、なんらかの原因でタンパク質（形質）レベルの情報が変化しても、その変化はもとの核酸には伝わらないことを強調したかったためらしい。

これは、ある意味では進化におけるラマルクのような考え方、すなわち個々の個体が生存中に得た形質（獲得形質）が子孫に遺伝するという考え方、を否定していることになる。ただし、後に述べるとおり、少なくともDNA→RNA→タンパク質と図式化されたセントラル・ドグマには、後に様々な例外が発見されることになる（もっとも重要なものは、RNAの情報をもとにDNAを合成する逆転写酵素の発見である。第３－６節）。

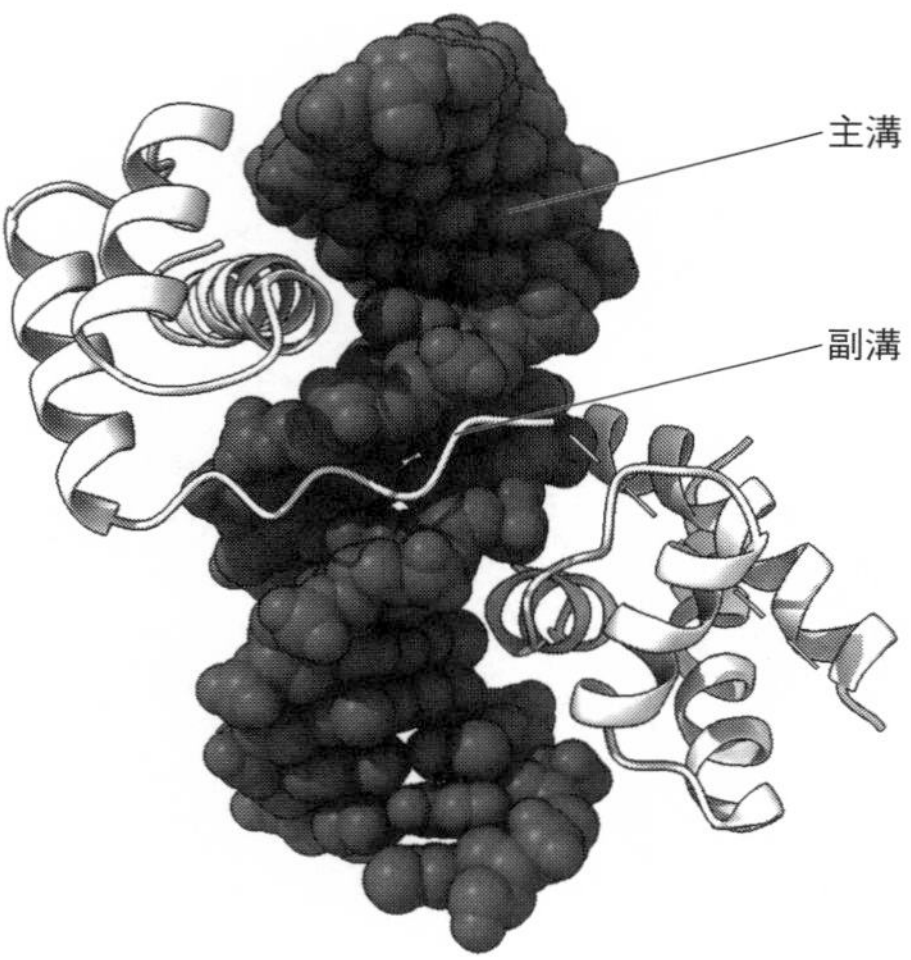

図2-2b　DNAの主溝とタンパク質の鍵と鍵穴の関係

図像提供：長浜バイオ大学・白井剛

さらに、若干例外的な現象ではあるが、エピジェネティクスという現象によって、いわゆる獲得形質が遺伝することもあることが最近知られるようになった（第4－2節）。これらのことは、生命科学においてはすべての概念に例外が存在する可能性があり、何事も教条的・原理主義的にとらえられるべきではないことを示しているのかもしれない。

ともあれ、DNA→RNA→タンパク質という情報の流れは分子生物学の基本であり、例外があるとはいっても、基本的には地球上のすべての生物に対してあてはまるといっても良いものである。

情報の流れのそれぞれのステップには特別な名前がついている。すなわち、DNAの塩基配列をもつRNA分子が合成される反応は転写（トランスクリプション）とよばれ、RNAの情報を元にタンパク質が合成される反応は翻訳（トランスレーション）とよばれる。

以下でこれらの反応についてのあらましを説明するが、その前に一点指摘しておきたいことがある。それは、生物はどのようにして、DNAの塩基配列を「読む」のかについてである。A、T、G、Cの4種類の塩基はそれぞれ異なる立体構造をもっている。それらは二重らせんの内側に位置しているので、ちょっと区別が難しそうだが、二重らせんの溝の部分には、塩基対の一部が露出している（図2-2b）。生体内でこれを認識する主役はタンパク質である。

図に示すように、タンパク質には決まった形（立体構造）があり、簡単にいうと、ある決まった塩基の並びが鍵穴のような役割を果たし、これにぴったり合うタンパク質の構造が鍵の役割を果たすことになる。いろいろな鍵穴に対応する塩基配列に対して、それぞれを認識する鍵となるDNA結合タンパク質が存在する。

特に転写制御にかかわるDNAタンパク質を転写因子とよび、主に第4章で詳しくその働きを紹介する。ここでは、タンパク質が驚くほど精緻な機能を果たしていることと、そのためには鍵として用いられるほど正確な三次元立体構造をもっていることを覚えておいてほしい。

2・3　転写——RNA合成

ゲノムDNAの中で、どの部分がRNAに写し取られるか、すなわちもとのDNAと同等の塩基配列をもつRNA分子が合成されるか、は大体決まっている（本書ではそれがおおよそ遺伝子

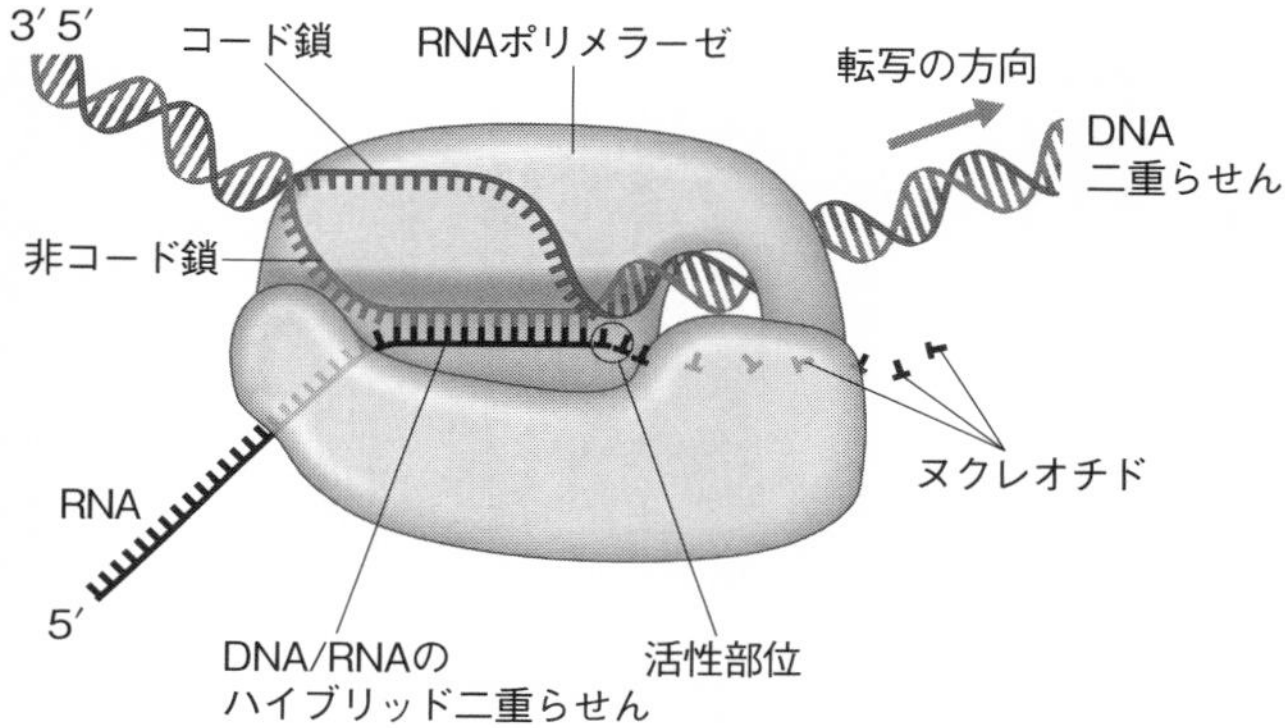

図2-3a　DNAコード鎖／非コード鎖とRNA

領域と対応するとしている)。ここで同等と書いたのは、一つには、上述のようにDNAにおけるチミン塩基(T)は、RNAではウラシル塩基(U)としてコピーされるからである。

もう一つ重要なことは、コピーされる側のDNAが二本鎖であるのに対し、生成されるRNAは一本鎖であるので、当然直接コピーされるのはDNAのうちの一本のもつ配列であることである(図2-3a)。このRNAと同等の配列をもつDNAをコード鎖とか、センス鎖、+(プラス)鎖などとよぶ。ここでいうセンスとは配列として意味(センス)をもつという意味である。一方、コード鎖と対合する相補鎖を、非コード鎖とか、アンチセンス鎖、−(マイナス)鎖などとよぶ(後述するように、コード情報は染色体DNAの全体にわたって一方の鎖に描かれているわけではないので、コード鎖とか非コード鎖とかいう区別は、遺伝子ごとにされる)。

ＲＮＡの合成は、ＲＮＡポリメラーゼ（正確にはＤＮＡ依存ＲＮＡポリメラーゼ）という酵素（実際には、複数タンパク質の複合体）によって行われる。ＲＮＡポリメラーゼは後述する遺伝子の制御シグナルを読み取って、ゲノム上のある位置（転写開始点）からセンス鎖と同等の塩基配列をもつＲＮＡ分子を合成する。

具体的には、ＤＮＡの二重らせんをほどいて、その一方のアンチセンス鎖に相補的なＲＮＡを合成する（このとき、一時的にＤＮＡとＲＮＡが対合したハイブリッド二重らせんができる。図２-３ａ）。したがって、ややこしいが、ＲＮＡポリメラーゼが実際に認識する鎖はセンス鎖ではない。実際の合成の鋳型になるという意味で、アンチセンス鎖を鋳型鎖とよぶこともある。ＲＮＡの合成時、ＲＮＡポリメラーゼは常に同じ向きに鎖を伸ばしていく。

第１-７節でＤＮＡの鎖には方向性があり、端に5′炭素がある側と3′炭素がある側があることを説明したが、もちろん方向性があるのはＲＮＡでも同じであり、ＲＮＡポリメラーゼは常に3′炭素に次のヌクレオチドを付け加えていく。すなわち、生成されるＲＮＡ分子は5′端から3′側へと伸長していくことになる。

センス鎖でいえば、ＤＮＡでも5′から3′の方向に情報が読まれる（コピーされる）と（見かけ上は）解釈できるので、ＤＮＡにおいて、転写開始点などを起点にして、ＲＮＡは下流方向に合成されていくと表現し、5′側を上流とよぶ。さらに起点からの距離を塩基（ＤＮＡの場合は塩基対）の数で表現することも多い。この場合０の位置に対応する塩基はなくて、下流側に＋1，＋2，

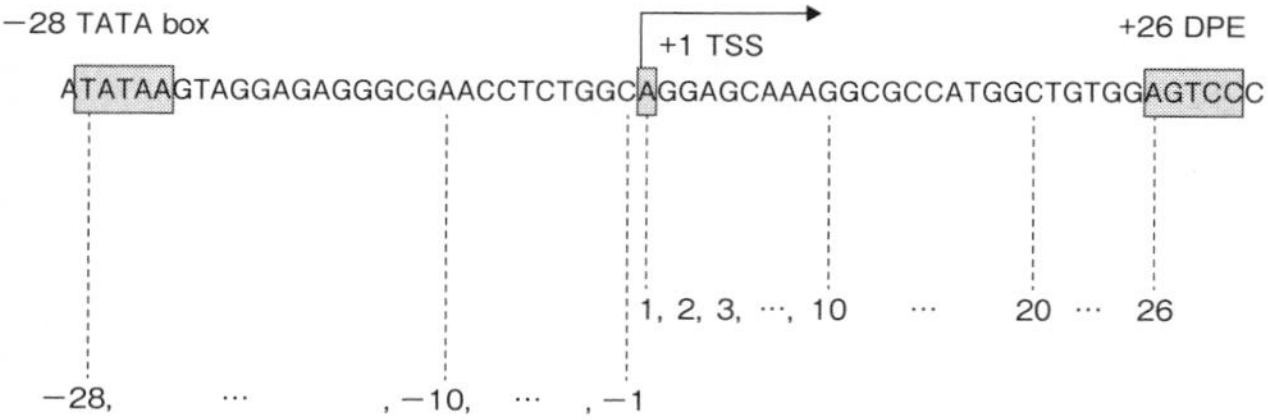

図2-3b　塩基配列の相対位置の表記法

……、上流側に-1, -2, ……などと記す（図2-3b）。単位として、塩基対（base pair）の意味でbpという表記も用いられる。たとえば、転写開始点から30bp上流の位置、というような言い方をする。

転写は遺伝子発現の主要ステップ

遺伝子に書かれている情報が、最終的に活性のあるタンパク質として、生体内で機能する過程を遺伝子発現とよぶ。ゲノム中の遺伝子は必要に応じて発現されなければならない。この制御は、複雑な多細胞生物において特に精密に行われる必要があるが、主に転写開始のステップで行われていると考えられている。そのため、転写が行われたことを遺伝子が発現したと言うことも多い。

多細胞生物ではDNA上の転写制御領域の構造も複雑になる。転写制御の仕組みについては第4章で詳しく説明するが、ここでもごく簡単に概要を紹介しておく。制御領域の構造が比較的単純な大腸菌などのプロモーター領域との類似性から、真核生物の転写開始点とこれを指定する情報を含む領域をおおざっぱにプロモーター領域とよぶ。

それらの塩基配列にはあまり目立った共通の特徴はみられないが、比較的多くの遺伝子において、転写開始点の30塩基ほど上流の位置にTATAボックスとよばれる特徴的な配列パターンがみられる（図2-3b、c）。

TATAボックスの配列は遺伝子ごとに若干の違いがあるし、生物種によって傾向の違いもみられる。これはTATAボックスを認識して結合する転写因子であるTBP（TATA結合タンパク質）が、多少の配列の揺らぎを許容して認識し、また種によってその認識部分に微妙な違いが存在するからである。

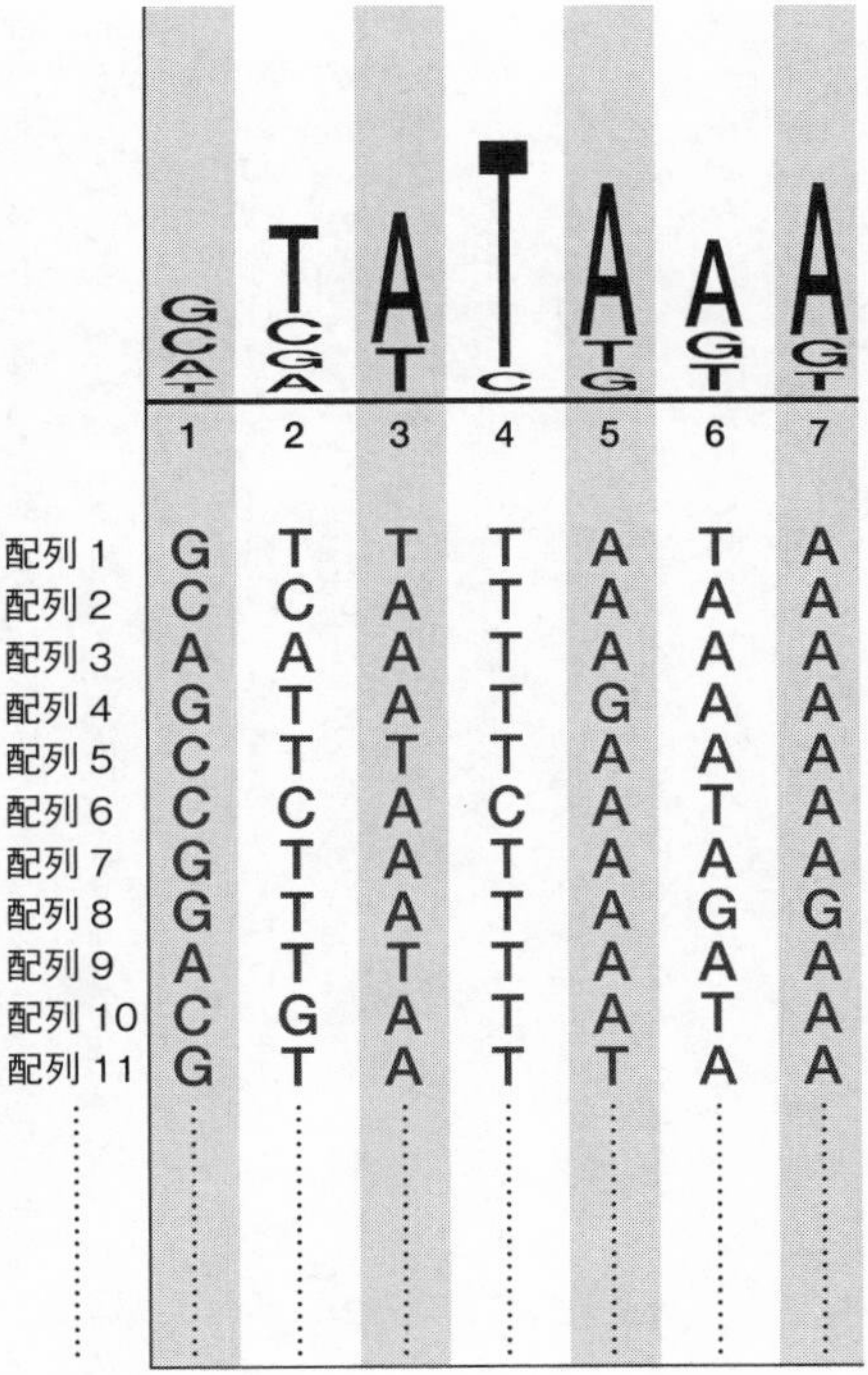

図2-3c　TATA boxの配列ロゴ表示

個々の配列には揺ら

ぎがあってもそれらを並置して見比べてみると、位置によって、揺らぎを許容する度合いに違いがあることがわかる。これを配列ロゴという方法で直感的に表記したものが、図２－３ｃである。

配列ロゴの作り方の詳細は省略するが、揺らぎの許容度の少ない、認識に重要な位置ほど、文字の高さが高くなるように表示している。これを見れば、なぜこのパターンがＴＡＴＡという名前で特徴づけられているかが明白である。

いったん始まった転写は、適当な場所で終わる必要がある（転写終結）。転写の終結機構については、あまりよくわかっていないが、真核生物の転写終結には、ポリＡシグナルとよばれる配列が重要であることは確かである（真正細菌の場合はターミネーターとよばれるまったく別のシグナルの存在が知られている）。

ＴＡＴＡボックスとは異なり、ポリＡシグナルの配列パターンには揺らぎが少なく、ヒトではほとんどの場合、AAUAAAである。ここでＴでなく、Ｕと表記したのは、このシグナルが主に合成されたＲＮＡ上で認識されると考えられているからである。ポリＡという言葉の意味は次の節で説明するが、この配列パターンが合成中のＲＮＡ上でＣＰＳＦなどのタンパク質複合体に認識されると、ＲＮＡがそのシグナルから10～30塩基下流の位置で切断される。ＲＮＡポリメラーゼは切断後もある程度までＲＮＡを合成し続けるが、以後合成されたＲＮＡは細胞内のＲＮＡ分解酵素によって速やかに分解される。

2・4 mRNAを成熟させるRNAプロセシング

タンパク質の情報をコードしている領域を含む一本鎖RNA分子をメッセンジャーRNAと呼ぶ（伝令RNAと訳されることもある。以下ではmRNAと表記する）。真正細菌の場合は、DNAから転写されたRNAがそのままmRNAとして次の翻訳（タンパク質合成）に使われるが、真核生物の場合、転写されたRNAはmRNA前駆体（または一次転写産物）とよばれ、RNAプロセシング（または転写後修飾）とよばれる一連の化学反応を受けて、成熟mRNAになり、核外に輸送されてから、次の翻訳ステップへと進む。

キャップ構造とポリアデニル化

RNAプロセシングには主に三つの反応が含まれる。キャップ構造形成、（生合成RNAの切断と）ポリアデニル化（ポリA付加）、そしてスプライシングである。

キャップ構造とは、mRNAの5′末端がもつ特殊な化学修飾構造で、詳細は省くが、その主要部分では、前駆体の5′末端の5′炭素が3個のリン酸を介して、G塩基と糖（グアノシン）の一種と5′炭素同士でつながっている。名前のとおり、mRNAの5′末端にキャップを被せたように、mRNAが細胞内の分解酵素（エキソヌクレアーゼ）によって分解されるのを防ぐのが主な役目と考えられている。

ポリアデニル化というのは、前述のように合成中のｍＲＮＡ前駆体が切断を受けた後、その3′末端に通常１５０〜２５０個程度のアデニン（Ａ）ヌクレオチドが付加される現象である。この付加反応は専用の酵素が行い、付加される情報はもとの遺伝子領域には書かれていない。転写産物にちょうど尻尾（テール）のようなものが付加されるので、ポリＡテール（あるいは単にポリＡ）とよばれる。テールの長さは、１５０塩基分よりもっと短い場合もあり、ｍＲＮＡの寿命の調節にも使われているらしい。

また、ポリＡの存在などが細胞内でその分子が成熟ｍＲＮＡであることの目印のように機能して、核外への輸送が促される。なお、一つの遺伝子に対して、複数のポリＡ付加部位が用いられることが多く、その中には機能的な使い分けに関わる例も知られているが、複数のポリＡ付加部位のうちのどこまでが機能的に使い分けされているのかはよくわかっていない。

ＲＮＡスプライシングの不思議

ＲＮＡプロセシングの中で、一番驚くべき反応は、ＲＮＡスプライシングである。これはｍＲＮＡ前駆体中の決まった領域が切り落とされ、残った部分がつなぎ合わされて、短いＲＮＡ分子ができるというものである（図２-４ａ）。切り取られる領域をイントロン、成熟ｍＲＮＡとして残される部分をエクソン（エキソンとも）という。一つのｍＲＮＡの中に複数個のイントロン

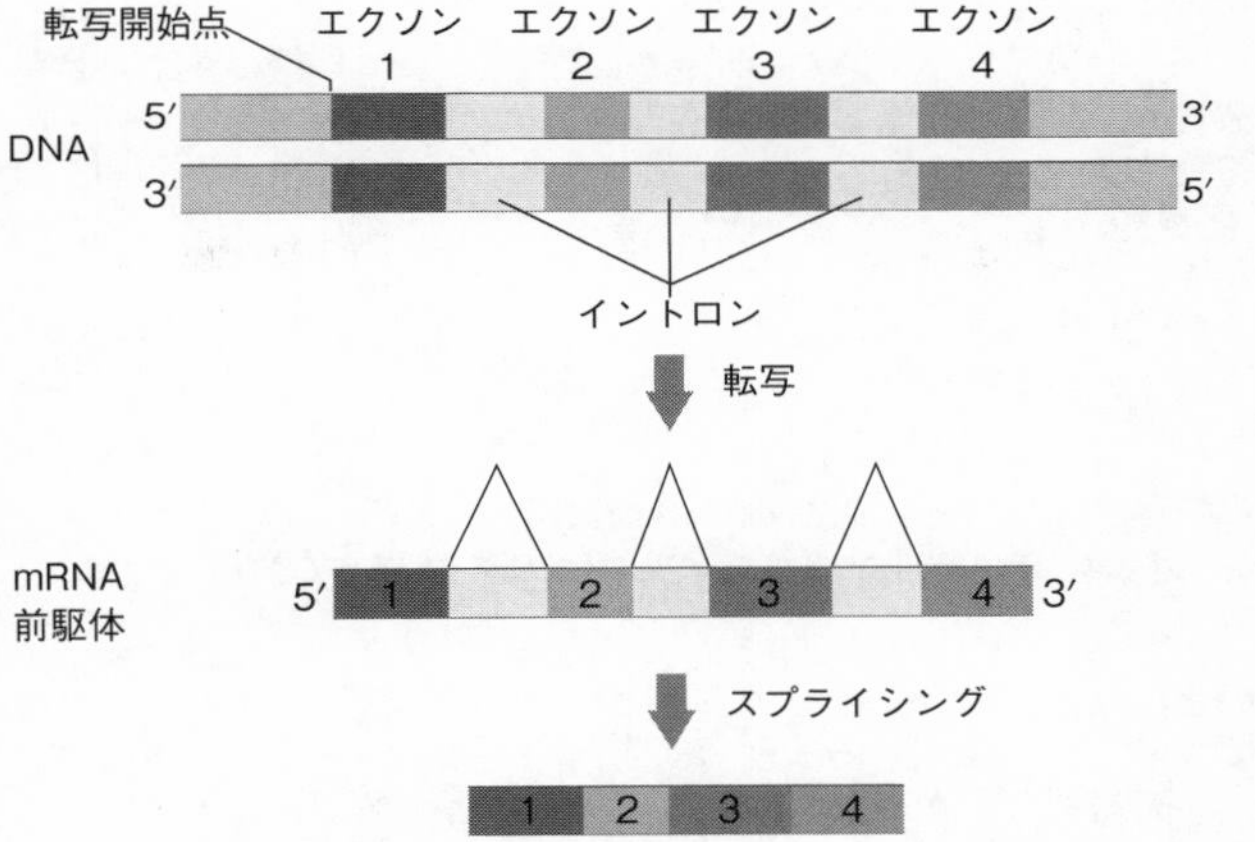

図２-4a　**RNAスプライシング**

が存在するのが普通で、ヒト遺伝子では、平均10個程度のイントロンを含んでいる（筋収縮に関わるチチン〈タイチン〉遺伝子はなんと３６２個のイントロンをもつ！）。

また、両端を除いた内部エクソンの長さは平均１５０塩基長程度と比較的短くて一定しているのに対して、イントロンの長さは非常にバラエティに富んでいて、長いものは3万塩基長を超えるものもある。したがって、最終的にできるｍＲＮＡの長さと比べて、もとの前駆体のほうが数倍（時に数百倍）の長さになるのが普通である。逆に、イントロンを含むため、ヒト遺伝子の平均長は約27キロ塩基対にもなるという。

ではなぜ、わざわざ大変なエネルギーを費やしてイントロン部分を転写し、その後に切り出して捨ててしまうようなことをするの

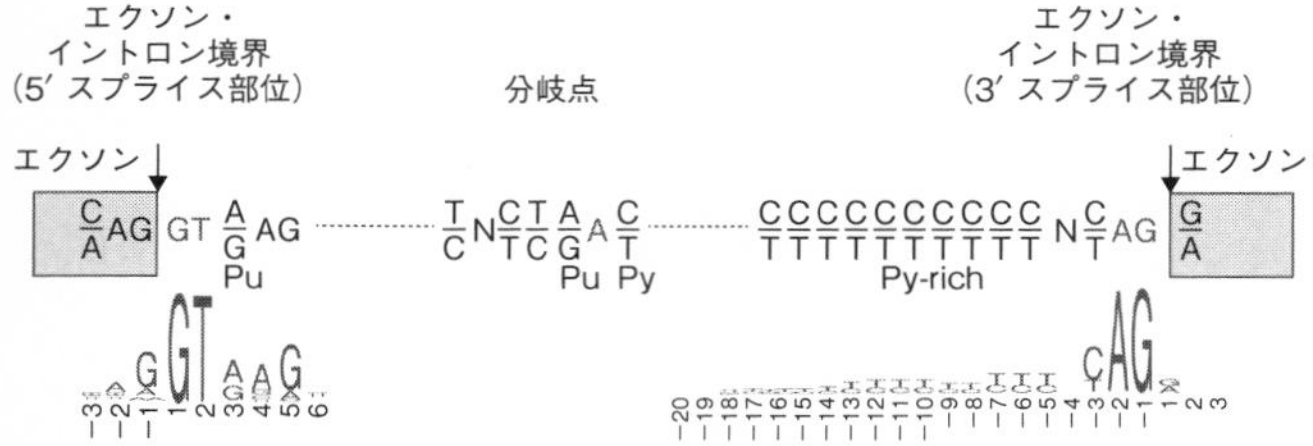

図 2-4b　スプライス部位付近の共通配列

この図では、RNA配列のUではなく、DNA配列のTを使って表記している。

か。それは今でもよくわかっていない。実際、ゲノムサイズを小さくすることで成長速度、ひいては生存確率を高めているらしい真正細菌の遺伝子にはイントロンやスプライシングのようなものはない。

スプライシングを行うのは、スプライソソームとよばれる多数のタンパク質とＲＮＡの複合体である。エクソン・イントロン境界（5′スプライス部位）とイントロン・エクソン境界（3′スプライス部位）にはそれぞれ特徴的な共通配列がみられる（図2-4b。3′スプライス部位の少し上流には分岐点と呼ばれる部位付近にも弱い特徴配列が存在する。分岐点の〈主に〉アデニンには切断されたイントロンの5′部位が結合して、いわゆるラリアット〈投げ縄〉構造をとる）。

特にほとんどすべてのイントロンはＧＵという配列で始まり、ＡＧという配列で終わる。これをＧＵ-ＡＧルールとよぶ。ただし、コンピュータで同じような共通配列を探してみると、境界として使われていない候補部位が他にも多数見つかるので、どのようにして正確なスプライス部位認識を行っている

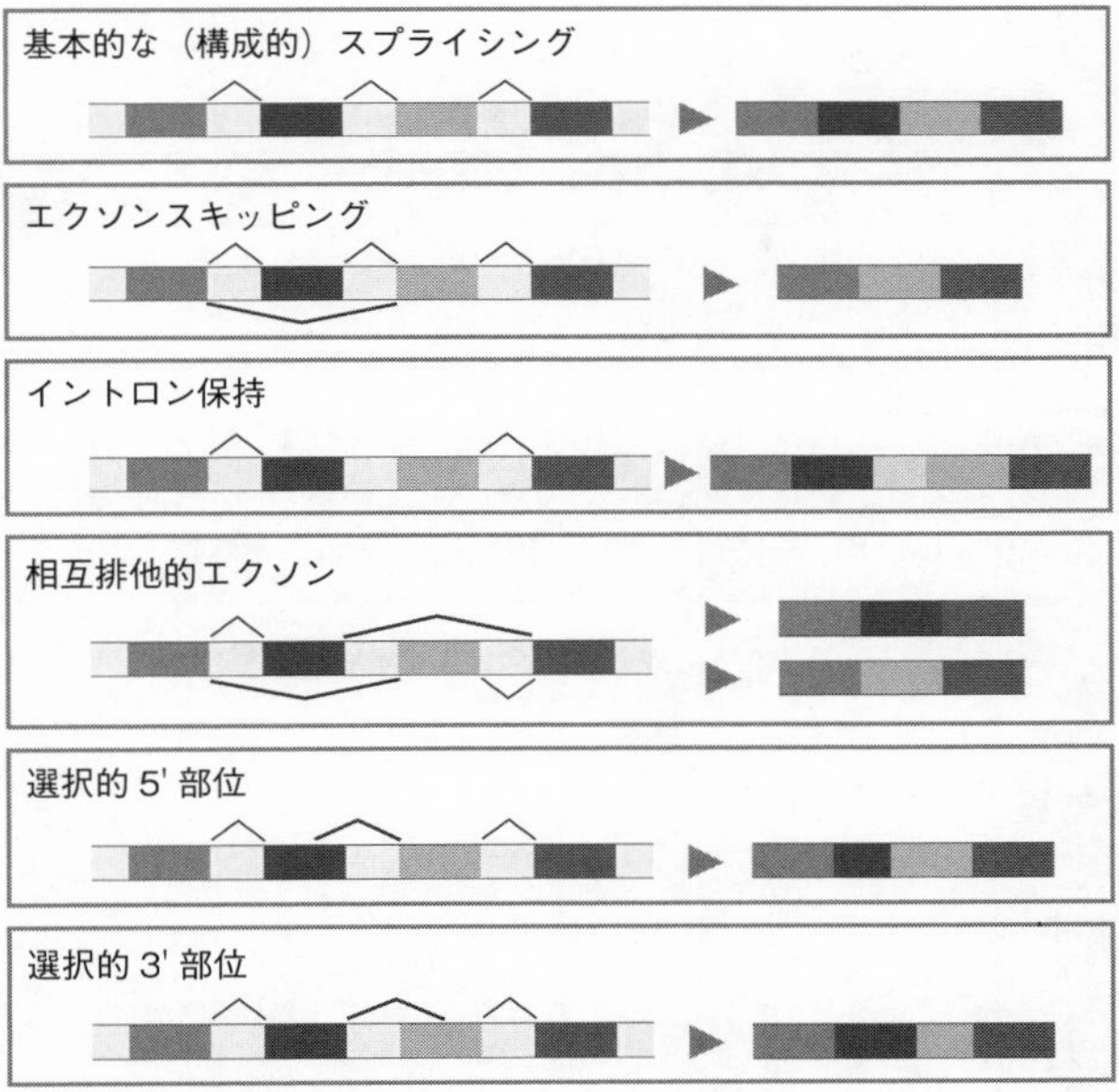

図2-4c　**選択的スプライシング**

のかには謎が残っている。

　実際、ｍＲＮＡ前駆体中でどの部分がスプライス部位として用いられるのかは完全には定まっておらず、一つの前駆体から複数のｍＲＮＡバリアント（配列が若干異なる変種）が生成されるのが普通である。そして、どのバリアントが主に生成されるかは、分化した細胞の種類などによって多くの場合異なっており、これを選択的スプライシングとよぶ（図２－４ｃ）。

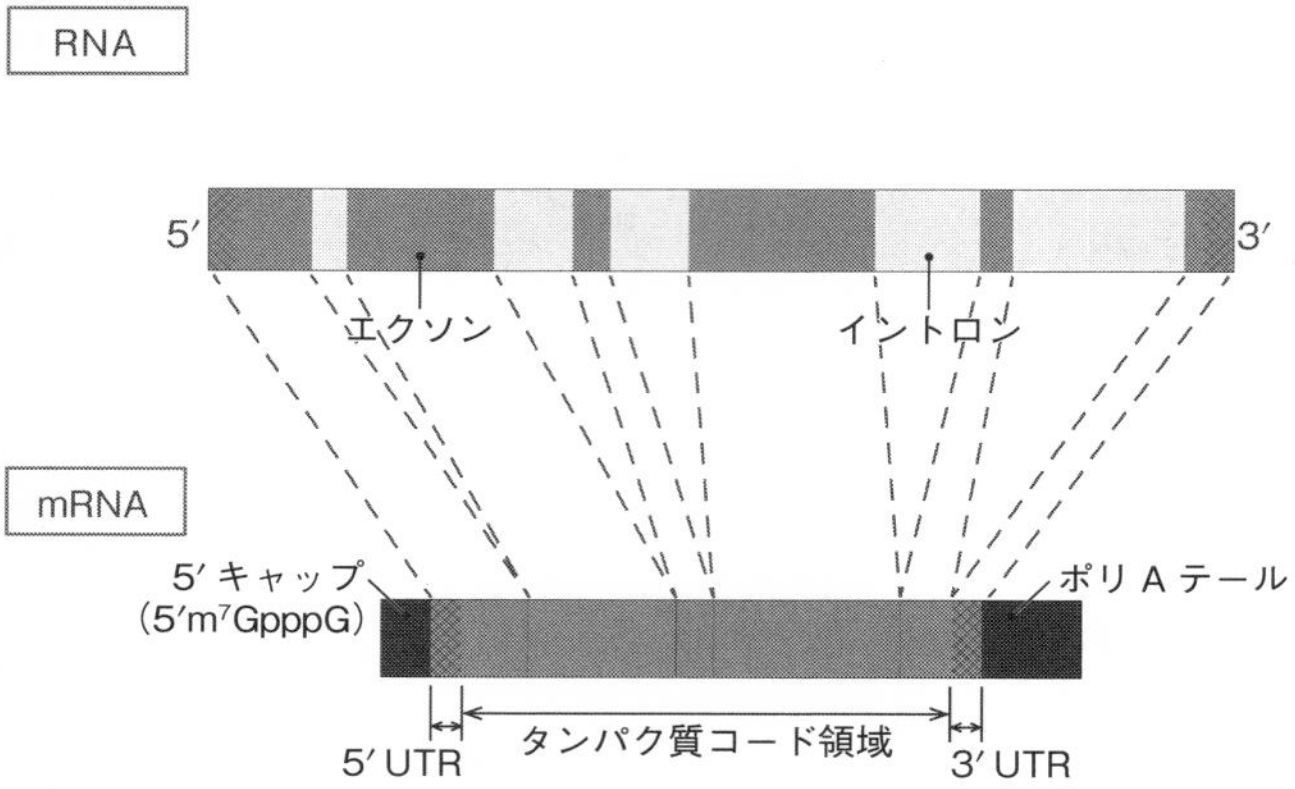

図2-4d　成熟mRNAの成熟

選択的スプライシングの意義とは

選択的スプライシングによって、一つの遺伝子から複数のタンパク質（アイソフォーム、またはバリアント）が生成されたり、ある場合にタンパク質が合成されなかったりする。細胞の種類によって生成されるｍＲＮＡバリアントが異なる場合、これが機能的に使い分けられている例も多数知られている。したがって、ヒトをはじめとする高等真核生物において、ＲＮＡスプライシングが存在する意義はこの選択的スプライシングを可能にするためとも考えられる。

しかし、非常に多数存在するスプライスバリアントのうちのどの程度が機能的な意義をもつのかはよくわかっていない。選択的スプライシングを起こすメカニズムにも謎が多いが、通常はＳＲタンパク質という一群のＲＮＡ結合タンパク質が細胞によって異なる濃度で存在していることが関係しているものと考えられている。

図２‐４ｄに成熟ｍＲＮＡの構造を示した。ｍＲＮＡは、ポリＡテールを除くと、タンパク質の構造情報をもっている領域（コード領域）とその両側の非コード領域に分けられる。５′側の非コード領域は５′ＵＴＲ、３′側は３′ＵＴＲとよばれる。これらの領域にはしばしば翻訳の制御シグナルが含まれている。

この図のように、通常、真核生物のｍＲＮＡには単一のコード領域が含まれる。一方、真正細菌のｍＲＮＡには複数のタンパク質コード領域が含まれていることが珍しくなく、オペロン構造とよばれている。同一オペロン内のタンパク質が機能的に関連していれば、一つの制御シグナルで一度に関連するタンパク質群の合成を制御できるので、効率が良いと考えられている。しかし、実際には同一オペロンに含まれるタンパク質がすべて機能的に関連しているとは限らない。

なお、近年の研究では、真核生物においても、５′ＵＴＲ内にもう一つの短いタンパク質コード領域（ｕＯＲＦ）が含まれていて、後ろのタンパク質の合成の制御にかかわる例がいくつも報告されている。そのため、一つのｍＲＮＡに一つのコード領域という原則も不確かになってきている（第２‐６、２‐７節）。

2・5 タンパク質の基本構造

タンパク質（プロテイン）の生合成（生命活動による合成）について説明する前に、タンパク質について以後の理解に必要な事項を2節に分けてまとめておく。

これまでにも述べてきたとおり、タンパク質は生命活動の実働部隊としての役割を担っており、基本的には一つの遺伝子は一つのタンパク質の合成を指令すると考えられている。タンパク質は、化学的にはポリペプチドという鎖状の高分子である。すなわちアミノ酸と総称されるいろいろな分子ユニットがペプチド結合によって、一本の鎖として数百個程度連結されたものである（図2－5a）。

その意味では、ヌクレオチドが連結された一本鎖RNAと似通っているが、アミノ酸のもつ化学的性質の多様性が4種類のヌクレオチドのそれと比べてずっと大きいために、タンパク質のもつ多様性はRNAとは比較にならないほど大きい。

アミノ酸は中心の炭素（α炭素）のもつ4つの腕に、水素、アミノ基、カルボキシ基がついているところが共通で、残りの腕につく側鎖の違いによって、様々な化学的性質を示す（図2－5b）。

通常、生体内でタンパク質合成に使われるアミノ酸は20種類である。その20種類にはそれぞれ個性があるが、あえておおざっぱに二分するとすれば、疎水性のアミノ酸と親水性のアミノ酸に分けられる（疎水性と親水性については第1－1節で述べた）。親水性のアミノ酸の中には、イオン化して酸または塩基として働くものもある。ペプチド結合によってつながった鎖の一方の端にはアミノ基が、もう一方の端にはカルボキシ基が存在するので、ポリペプチド鎖にも方向性があることがわかる。前者（$-NH_2$）をN末端、後者（$-COOH$）をC末端とよぶ。

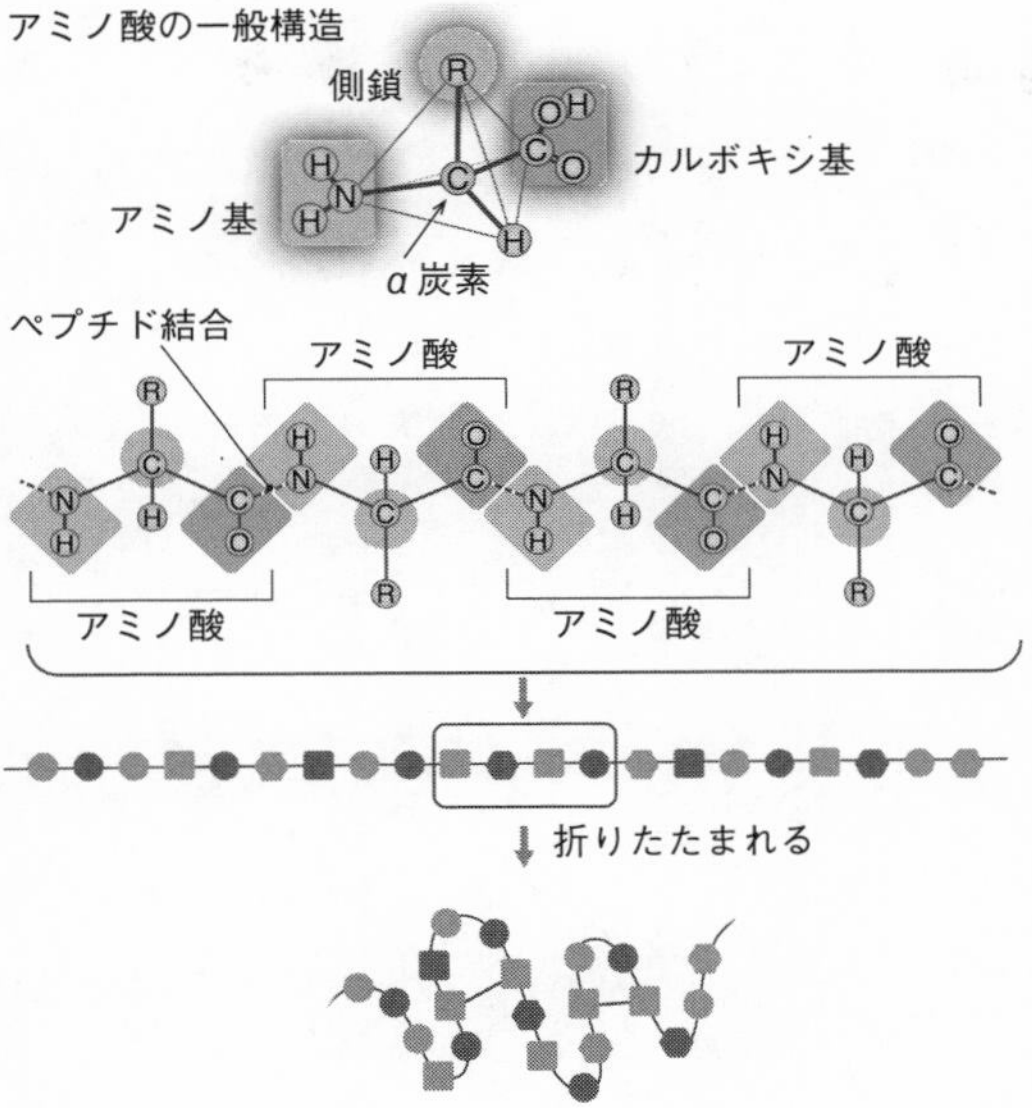

図2-5a　アミノ酸とポリペプチド

タンパク質の折りたたみと分子シャペロン

第2－2節でDNA結合タンパク質が、いわば鍵と鍵穴のような形でDNAの塩基配列パターンを認識することを述べた。また、これまでの記述中にいくつかの酵素が登場したが、酵素には基質特異性というものがあって、化学反応

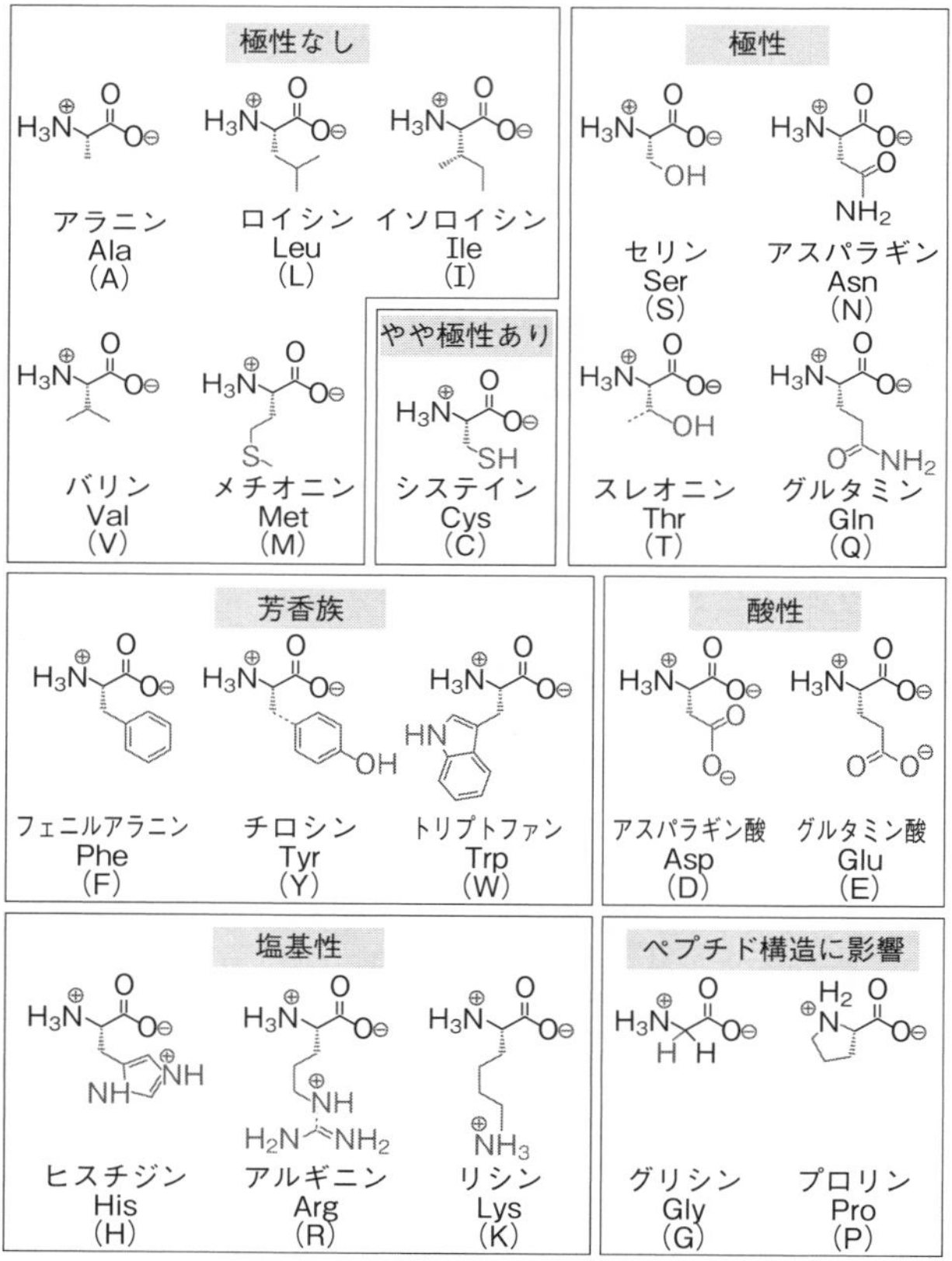

図2-5b　20種類のアミノ酸

実はアミノ酸を親水性と疎水性で二分するのには、定義の仕方や程度の差が大きく、やや無理がある。一応、この表で酸性、塩基性、極性と分類されているアミノ酸は親水性に分類されることが多いが、文献などによって分類が微妙に異なることに注意してほしい。

を触媒する相手が決まっている（見境なく相手に作用すると危険極まりない）が、これはやはり相手の基質の構造を鍵と鍵穴の原理で認識していることによる。

また、巨大なタンパク質複合体もいくつか登場したが、いわばプラモデルの部品を組み合わせるようにして、相補的な形をもったタンパク質の部品（サブユニットという）同士が結合している。これらのことから、タンパク質の立体構造は非常に精密に形作られていることがわかるが、これらはすべて一本（もしくは複数）のポリペプチド鎖が折りたたまれてできている。この折りたたみによる立体構造形成をタンパク質のフォールディングという。

タンパク質のフォールディングは基本的には自発的に起こるものと考えられている。すなわち、ポリペプチド鎖は構成アミノ酸残基（タンパク質に組み込まれた後で残っているアミノ酸部分）の間でいろいろな相互作用をとって安定化するが、そのとき自由エネルギー的に水中でとり得る一番安定な構造をとるものと考えられている。

言い換えると、与えられた条件下でタンパク質のとる三次元立体構造はそのアミノ酸配列で決まることになる。この考えは１９５０年代にアンフィンセンが変性剤（尿素）を加えて失活させた酵素が、変性剤を取り除くとまたその活性を取り戻したという実験から提唱したもので、アンフィンセンの仮説と言われる。タンパク質の機能がその正確な立体構造に起因していることを考えると、これは驚くべきことである。

ただし、実際の細胞内では、分子シャペロンとよばれる一群のタンパク質が存在し、タンパク質のフォールディングや複合体形成を介助していることが知られている（ちなみにシャペロンとは、元々若い女性が社交界にデビューするときの付き添いの女性を指す言葉である）。一部のタンパク質はシャペロンの助けなしではうまくフォールディングできないので、これは上記のアンフィンセンの仮説に対する例外と言える。

さらに細胞内で自然に合成されるタンパク質の多くが実は出来損ないであり、速やかに分解されるという報告もある。しかし、第2-7節で述べるように、遺伝情報として直接指定されているのは、このアミノ酸配列のみなのである。

なお、最近の研究では、必ずしもすべてのタンパク質がはっきりと決まった三次元構造をもっているわけではなく、部分的、もしくは全体的に決まった構造（コンフォメーション）をもたないタンパク質も、特に真核生物には少なからず存在し、なおかつそれらは生体内で重要な役割を果たしていることが明らかにされつつある。そのようなタンパク質を天然変性タンパク質とよぶ（天然変性タンパク質の多くは、全体の構造が不定というわけではなく、天然変性領域と通常の構造の定まった領域をもつ）。天然変性タンパク質の構造は、他のタンパク質と相互作用することで決まった構造をとるようになるものも知られているが、その働き方の仕組みはまだまだ謎に包まれている（第4-9節で述べるように、細胞内の相分離にかかわっているという報告があり、近年ではこれが主な役割かもしれないと言われている）。

タンパク質の形づくりにかかわる相互作用

ポリペプチド鎖が水中で折りたたまれるときには、様々な相互作用が働くが、その中でもっとも基本的と考えられているのは、アミノ酸側鎖のもつ親水性や疎水性である。すなわち、ポリペプチド鎖の中で、親水性のアミノ酸残基部分は、表面に露出して、周囲の水と相互作用しようとする一方で、疎水性の残基部分は、なるべく内部に潜り込もうとする。この他にもクーロン力（静電相互作用）、水素結合、ファンデルワールス力などがかかわるが、側鎖以外の部分同士で相互作用して、局所的に共通した安定構造をつくることもある。

その代表例がαヘリックス（らせん）やβストランドである。これらをタンパク質の二次構造とよぶ。一方、折りたたまれた三次元構造を三次構造、複数のサブユニットが集合してできた複合体構造を四次構造とよぶ。

最初のタンパク質の立体構造は１９５３年にケンドルー（ケンドリューとも）とペルーツ（ペルツとも）らにより、X線結晶構造解析法という方法を使って、ミオグロビンというタンパク質に対して発表された。奇しくもＤＮＡの二重らせん構造モデル発表と同じ年のことであり、共に分子生物学の夜明けを華々しく告げることになった。タンパク質の立体構造決定法としては、その後、ＮＭＲ（核磁気共鳴）法、クライオ電子顕微鏡法なども用いられている。

決定された構造はいろいろな方法で視覚化される（図２－５ｃ）。空間充填モデルは、特に分

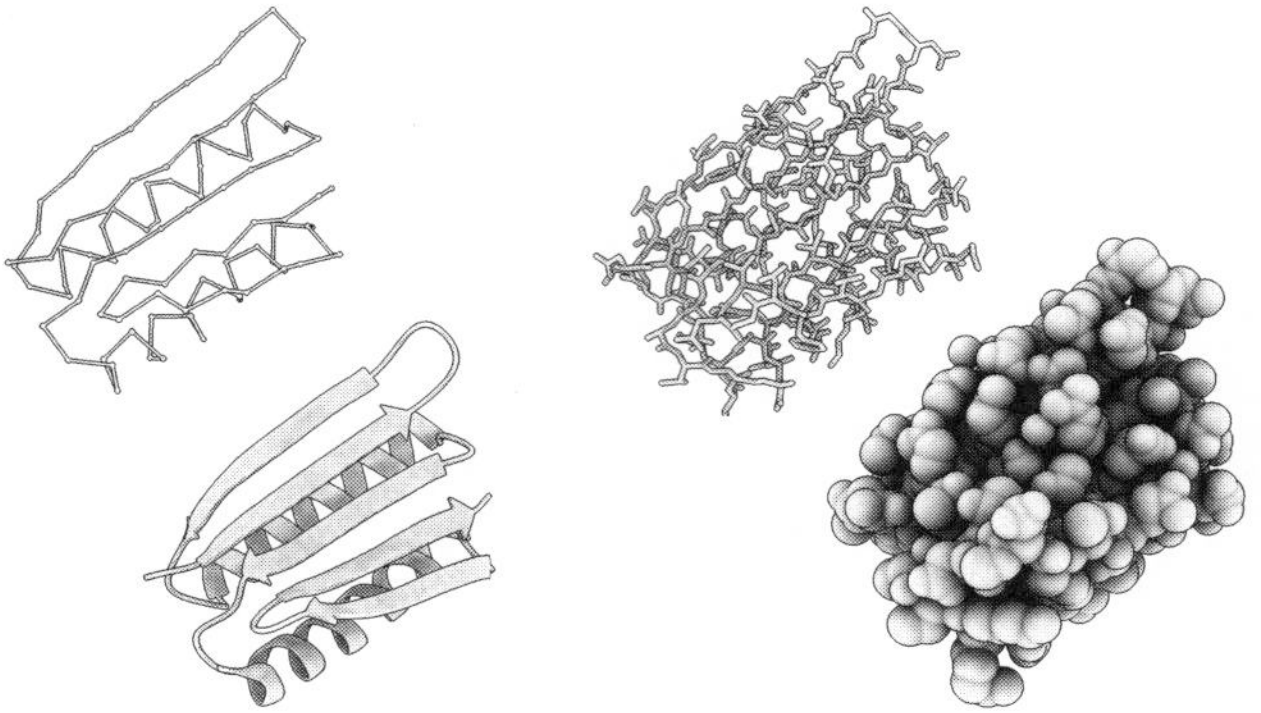

図2-5c　いろいろなタンパク質の構造表示法
主鎖の概略（左上）、リボンモデル（左下）、ワイヤーモデル（右上）、空間充填モデル（右下）
図像提供：長浜バイオ大学・白井剛

子表面の様子を把握するのに適している。主鎖の概略はポリペプチド鎖の折りたたみの様子がわかりやすく、リボンモデルは、二次構造を図式的に表現している。

なお、これまで説明してきたとおり、タンパク質は、共有結合でつながれたポリペプチド鎖がいろいろな（共有結合よりは弱い）内部相互作用によって折りたたまれたものであるが、例外的に鎖の内部に付加的な共有結合が生じることがある。それは、システイン（C）というアミノ酸残基がもつ硫黄原子を含む側鎖が、立体的に近くのシステインの側鎖とジスルフィド結合（SS結合ともいう）によって架橋される場合であり、細胞外に分泌されたタンパク質に多くみられる。分泌タンパク質はまず小胞体内腔に輸送されるが、そこにはタンパク質ジスルフィドイソメラーゼ（PDI）という分子シャペロンが存在して、正しいSS結合形成を助ける働きをしている。機能的にはこのSS架橋によって、タンパク質の安定性が高められる。

2・6 タンパク質の多様性

マルチドメインタンパク質

タンパク質の大きさは様々であるが、真正細菌や古細菌と比べると、真核生物、特にヒトを含む複雑な多細胞生物（高等生物）のタンパク質には巨大なものも多く、大きいものだと数千から数万アミノ酸残基からなるものもある（ヒトのタンパク質の平均サイズは約450残基で、最大のチチンタンパク質は3万4000残基）。そのような巨大タンパク質では、ポリペプチド鎖が一つの球状に折りたたまれるよりは、いくつかのコンパクトに折りたたまれた構造単位の集まりとなっていることが多い。この折りたたみ単位をドメインといい、いくつかのドメインから構成されるタンパク質をマルチドメインタンパク質とよぶ。

ドメインはタンパク質の独立した折りたたみ単位というだけではなく、進化や機能の単位にもなっていることが多い。たとえば、共通のDNA結合ドメイン構造が、複数の転写因子間で共有されている（第4－5節）。

マイクロタンパク質

生体内には比較的小さな（多くは100アミノ酸残基長以下の）タンパク質やペプチドが、たとえばホルモンのような形で働いているが、それらは通常、もっと大きなタンパク質前駆体としてまず合成されて、必要に応じて切断によって生じることが知られていた。

しかし、近年の研究で、第2-4節で紹介したuORFから翻訳されるものなど、マイクロタンパク質とよばれる一群のタンパク質がごく小さなゲノム上のORF（Open Reading Frame：第2-7節）から翻訳されることが明らかになっている。さらにそれらは確かに有用な機能を果たしているらしいことが示され（表現型への影響を考慮したスクリーニングでも、ヒト細胞に500個以上存在するとの報告がある）、後述のmiRNAの発見に続いて、遺伝子概念の修正を迫るものとして、研究者を驚かせている。

膜に局在するタンパク質

タンパク質というと、水中に存在する球状タンパク質をイメージしがちだが、少なくない数のタンパク質は細胞膜（より正確には細胞小器官の膜を含む生体膜）と結合した形で存在する膜タンパク質である。その中には自分自身が膜中に潜り込んでいる（しばしば貫通している）内在性膜タンパク質も含まれており、それらのタンパク質では膜内にある領域は疎水性のアミノ酸残基

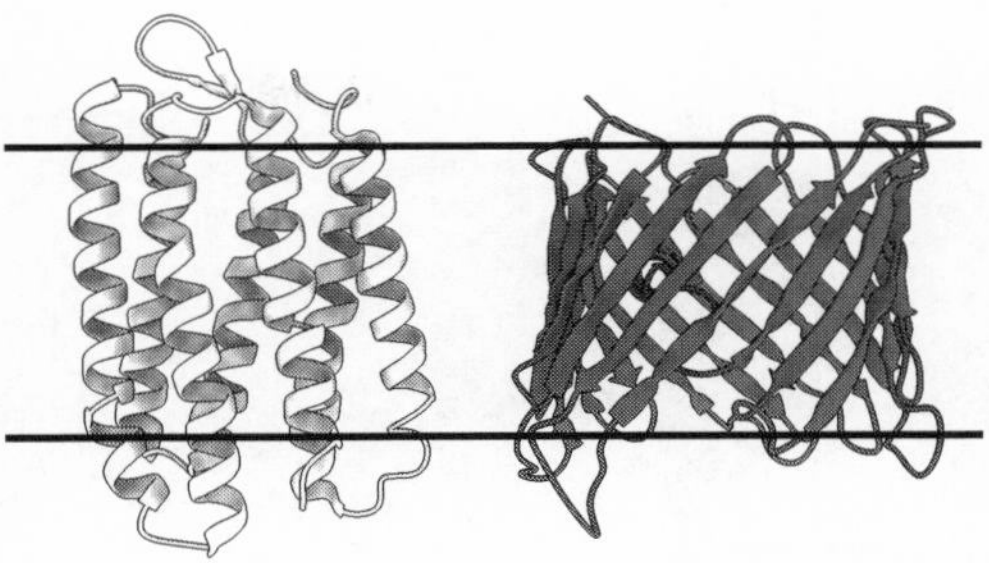

図２-6a　**二種類の内在性膜タンパク質**
左は貫通部位がすべてαヘリックスで、右はβストランドになっている。２本の横線は膜の大体の表面を示す。
図像提供：白井剛

が集まったαヘリックス構造をとっていることが多い（図２-６ａ）。
内在性膜タンパク質は、細胞の外側に存在する低分子と結合して、その情報を細胞の内側に伝える受容体（レセプター）の役目を果たすなど、重要な機能をもっているものも多い。中でも７回膜を貫通するタンパク質のグループは、Ｇタンパク質共役受容体（ＧＰＣＲ）ともよばれ、いろいろな薬剤が作用する標的となっており、医学薬学上、特に重要である。

また、膜に局在するタンパク質の中には、第２-８節で説明する翻訳後修飾反応によって、脂質と共有結合し、その脂質が膜にちょうど碇《いかり》のように突き刺さることによって、タンパク質が膜表面につなぎとめられているものもある（図２-６ｂ）。この脂質（リピッド）をリピッド・アンカーとよぶ。つなぎとめられたタンパク質は、表在性膜タンパク質とよばれ、上述の内在性膜タンパク質とは区別される。

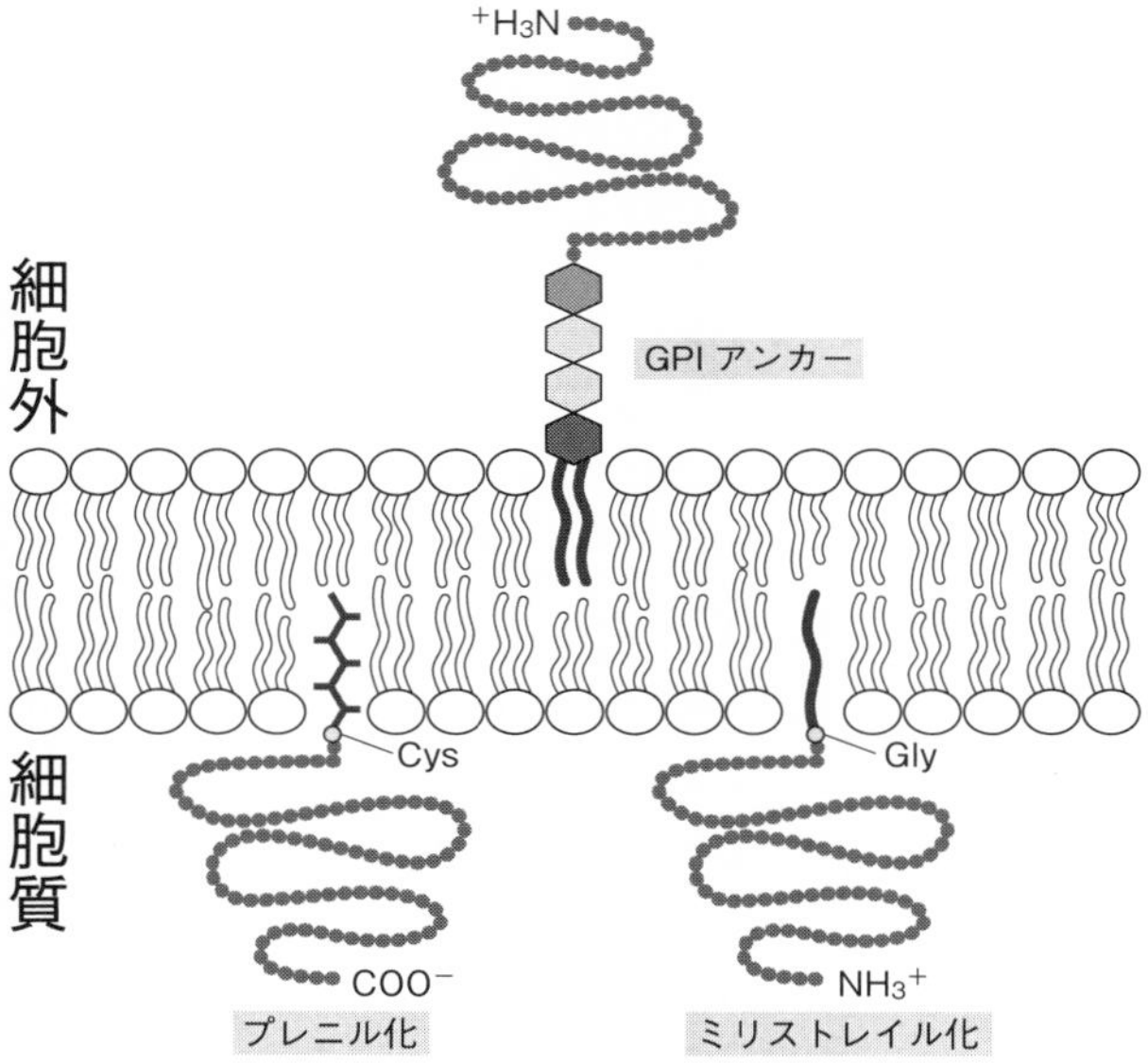

図2-6b　いろいろなリピッド・アンカー

コラーゲンなど、人体を支える構造タンパク質

生体内でタンパク質が果たす様々な機能のうちで、構造タンパク質として様々な構造形成に関わっている点についても簡単に触れておきたい。軟骨や骨、（筋肉と骨をつなぐ）靭帯《じんたい》や腱《けん》などの主要成分であるコラーゲンがその代表で、ヒトの全タンパク質重量の約1／4を占めるという。コラーゲンには様々な種類があるが、主要なものは繊維状のタンパク質で、細胞外に分泌された後で、3本がより合

わさったらせん構造をとり、細胞を周囲から支える細胞間マトリックスの主要成分となる。

一方、細胞内にはその形を保ったり、動的に変化させたりするために細胞骨格とよばれる構造があり、それらはアクチンフィラメント、中間径フィラメント、微小管に大別される。このうち中間径フィラメントはいろいろなタンパク質から形成されるが、中でもケラチンという繊維状タンパク質から形成されるものは、毛や爪、皮膚などの構造の元となる。他方、アクチンフィラメントはアクチン、微小管はチューブリンという球状タンパク質が集合して形成されており、その連なり具合を変化させることによって、細胞の運動や分裂に関わっている（アクチンはその上を滑走するミオシンというモータータンパク質と共に筋肉組織を構成する主要成分であるが、筋肉細胞だけでなく、ほとんどの細胞で使われている：第３－２節）。

タンパク質の立体構造予測

例外があるにせよ、タンパク質の三次構造がそのアミノ酸配列で決まるのであれば、そこに両者をつなぐ何らかの法則性が存在し、原理的には与えられたアミノ酸配列が水中で（あるいは膜中で）とる構造を理論的に予測することができるはずである。この法則を見出せればノーベル賞に値するとも言われ、多くの研究者が１９６０年代から挑戦してきた。

しかし、このタンパク質の立体構造予測問題は簡単には解けない難しい問題であった。研究者の努力の積み重ねで、今日ではある程度の精度で予測を行ったり、人工タンパク質の構造をデザインしたりすることも可能になってきた。特に深層学習という人工知能（ＡＩ）を用いたアルファフォールド2という予測法が２０２１年に発表されて大きな成功を収めており、長年の懸案が解決したという評価もある。しかし深層学習の方法にはある意味でブラックボックス的なところがあり、またその予測には多数の進化的に類縁のアミノ酸配列情報を利用するため、フォールディング原理の本質的な理解には、今後も研究が必要であるものと思われる。

2・7 翻訳――タンパク質の生合成

前述のように、真核生物においては、核内での転写後にプロセシングを経て成熟したｍＲＮＡは、核を形成する膜（核膜）に開いた穴（核膜孔）を通って、核外に輸送される。そこで、リボソームという巨大なタンパク質とＲＮＡの複合体と結合して、いわゆる翻訳反応が開始される。

リボソームは大腸菌の乾燥重量の約１／４を占めるとも言われ、細胞内で果たす役割は非常に大きい。細胞内では、１本のｍＲＮＡに対して、多数のリボソームが数珠つなぎになって結合して、盛んに翻訳を行っている様子がみられる。これをポリソームとよぶ。

リボソームは大小二つのサブユニットで構成されるが、それぞれのサブユニットに1本から3本のＲＮＡ（リボソームＲＮＡ。ｒＲＮＡと総称される。これらは前述のリボザイムとして働く）と真核生物では30から50個ほどのタンパク質（リボソームタンパク質）からなる大変複雑な

図 2-7a　**リボソームのX線結晶構造**

左は低解像度で粗い分子表面を表示している。右はもっと高い解像度のもの。タンパク質は白く、大サブユニットのRNAは灰色、小サブユニットのRNAは濃い灰色で表されている。

図像提供：白井剛

ものである。しかし、研究者たちの粘り強い努力と激しい競争の末に、X線結晶構造解析法によってその三次元立体構造が決定された（古細菌の全体像が２００１年、真核生物は２０１１年）（図２‐７ａ）。

リボソームの機能は、ｍＲＮＡの情報をもとにタンパク質（ポリペプチド鎖）を合成することである。ポリペプチド鎖が合成されれば、第２‐５節で述べたように、（分子シャペロンの助けもあるが）基本的には活性をもつタンパク質が自発的に折りたたまれて生成するものと考えられる。ポリペプチドは、20種類のアミノ酸がペプチド結合してできたものであるから、４種類の塩基の組み合わせで、20種類のアミノ酸を指定すればよいことになる。実際、三連塩基の組み合わせがそれぞれのアミノ酸と対応することが発見され、この組み合わせは遺伝暗号とよばれている。

UUU UUC: Phe UUA UUG: Leu	UCU UCC UCA UCG: Ser	UAU UAC: Tyr UAA UAG: Stop	UGU UGC: Cys UGA: Stop UGG: Trp
CUU CUC CUA CUG: Leu	CCU CCC CCA CCG: Pro	CAU CAC: His CAA CAG: Gln	CGU CGC CGA CGG: Arg
AUU AUC AUA: Ile AUG: Met	ACU ACC ACA ACG: Thr	AAU AAC: Asn AAA AAG: Lys	AGU AGC: Ser AGA AGG: Arg
GUU GUC GUA GUG: Val	GCU GCC GCA GCG: Ala	GAU GAC: Asp GAA GAG: Glu	GGU GGC GGA GGG: Gly

図2-7b　コドン表

また、塩基3つの組み合わせをコドンという。たとえば3つのアデニン（AAA）という組み合わせのコドンはリシン（K）というアミノ酸に対応し、AAUならアスパラギン（N）と対応する。図2-7bにこの対応を示した。この対応はコドン表といって、生物種などによって若干の違いはあるが、基本的には地球上のすべての生物が、この遺伝暗号の仕組みを共有している。

この表について、3点指摘しておきたい。まず、$4^3=64$通りの組み合わせが、20種類のアミノ酸の他に、3つはstopと表示された終止コドン（またはアミノ酸を指定していないことからナンセンスコドンともよばれる）と対応していることである。終止コドンは、ここでアミノ酸配列の記載が終わりであることを示す。

第二に、64通りを21通りに対応づけるので、複数のコドンの組み合わせ（同義語コドンという）が同一のアミノ酸に対応することが多くあるが、そのバランスは一様とは程遠いことである。たとえば、メチオニン（M）とトリプトファン（W）は、それぞれAUG、UGGと対応し、コドンが1種類しかないが、アルギニン（R）、ロイシン（L）、セリン（S）には6種類の同義語コドンが対応している。

第三に、複数の対応コドンをもつ場合、そのバリエーションの違いは3文字目に起因していることが多いことである。この点については後述する。

翻訳開始コドンと終止コドン

さて、真核生物のmRNAは基本的に1本のポリペプチド鎖をコードしていると述べた。そこでは順に三連塩基のコドンが一つのアミノ酸と対応し、終止コドンでそれが終わる。それでは、始まりはどうなっているかというと、基本的にはキャップ構造のある5′末端から順に下流を探していって、最初にぶつかるAUGが翻訳開始コドンとして認識されることが多い。

真核生物では、開始コドンの周りにコザック配列とよばれる弱いコンセンサス配列（プロモーターのTATAのように、多少の揺らぎのある機能部位の間でみられるほぼ共通な配列パターン）がみられる。一方、真正細菌では、一つのmRNA上に複数のコード領域が存在し得るので

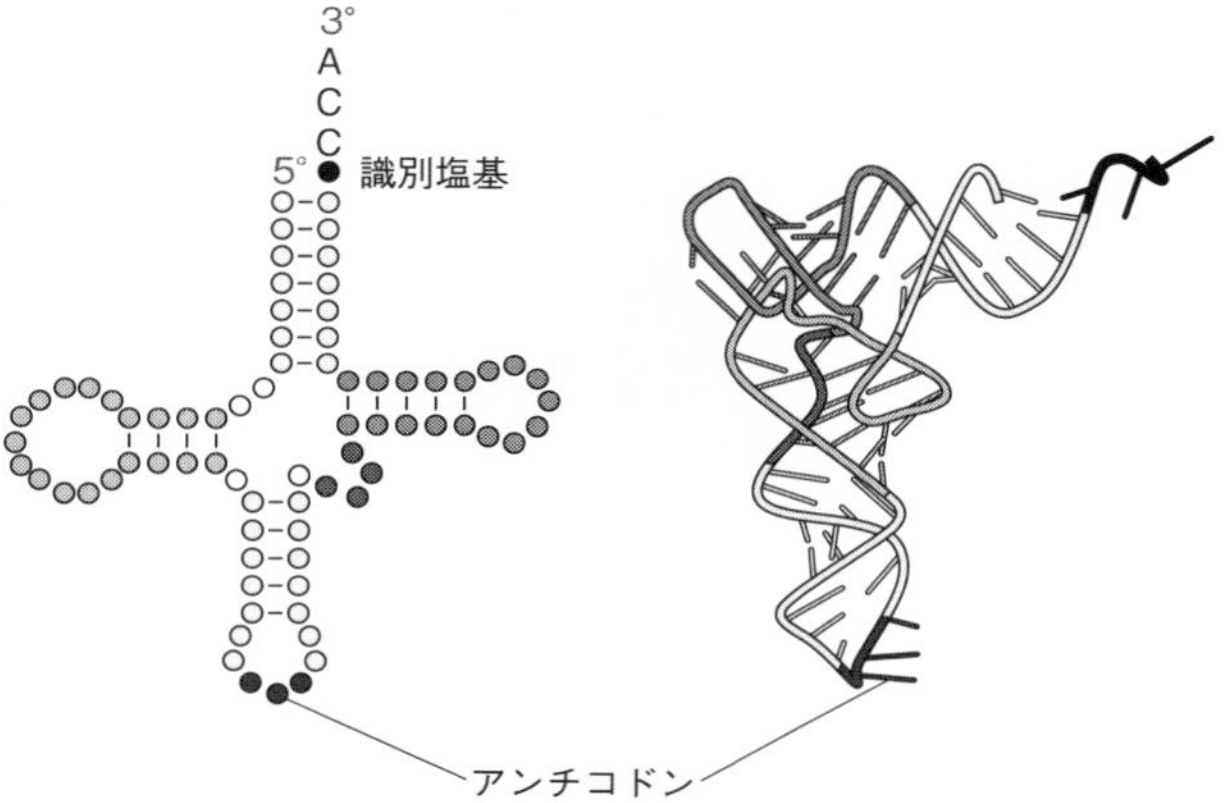

図2-7c　tRNA
左は二次構造表示、右は三次元構造。
図像提供：白井剛

（オペロン構造）、翻訳の開始点を指定するリボソーム結合部位が存在する。

AUGはメチオニン（M）を意味するので、すべてのタンパク質のN末端はメチオニンであるはずであるが、実際にはタンパク質のN末端は後述のように様々なプロセシングを受けるので、細胞内のタンパク質では必ずしもそうはなっていない。また、前述のマイクロタンパク質の3割から4割はAUG以外のコドンから翻訳が開始されているという報告もある。

リボソームにおいて、mRNAの塩基配列をもとに具体的にタンパク質が合成される機構は、特に大腸菌などにおいてよく研究されている。詳細は省くが、細胞内にはtRNA（転移RNAともよばれる）という70～90塩基長程度の一群の一本鎖RNA

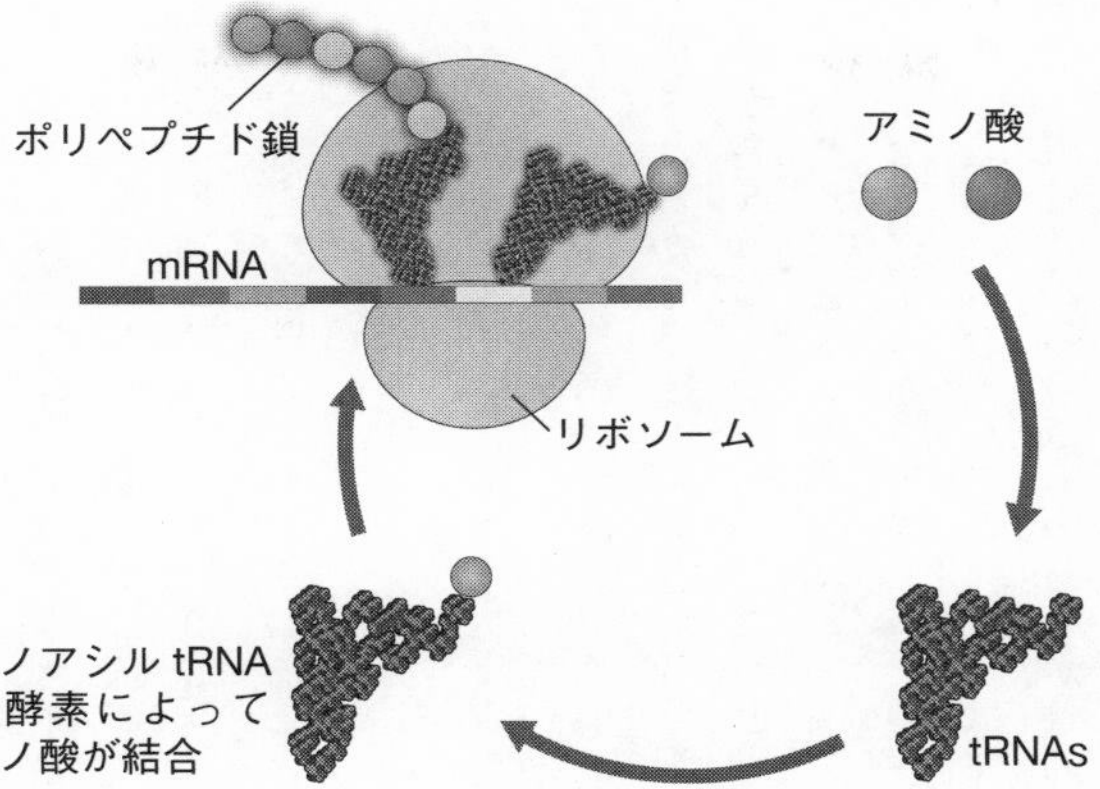

図2-7d　アミノアシルtRNA合成酵素の作用

があり、それぞれ自分で折りたたまれて（一本の鎖の中で塩基対を作って）、L字型の構造をとるが、その先端部分にアンチコドンというコドンの相補配列を露出している（図2-7c。たとえばAAAコドンのアンチコドンはUUUになる）。

さらに細胞内には一群のアミノアシルｔＲＮＡ合成酵素が存在して、ｔＲＮＡのアンチコドンを認識し、その相補コドンに対応するアミノ酸と結合させたアミノアシルｔＲＮＡへと変換する。このアミノアシルｔＲＮＡが、リボソーム内にあるｍＲＮＡのコドンとアンチコドン部分で相補結合し、持ち込まれたアミノ酸が合成途上のポリペプチド鎖のC末端に転移されるという仕組みになっている（図2-7d）。すなわち、タンパク質の合成は必ずN末端から

C末端の方向に行われる。

なお、ヒトゲノムでは、61通りのコドンに対して、49種類のtRNAが存在している（終止コドンにはtRNAではなく、解離因子とよばれるタンパク質がリボソームでコドンと結合する）。アミノアシルtRNA合成酵素は各アミノ酸に対して20種類存在する。このことは、リボソームにおけるコドンとアンチコドンの結合は必ずしも一対一の厳密なものではなく、上述のコドンの3文字目のもつ曖昧さが効いていることを意味する。

タンパク質に翻訳される領域の推定

実験的にはタンパク質のアミノ酸配列を直接決定するよりも、mRNAの塩基配列を決定するほうがずっと簡単なので（第5-4節）、与えられたmRNA配列からどのようなアミノ酸配列が生成されるかを予測したいという状況がしばしば生じる。これは$4^3=64$通りの中に3個の終止コドンが含まれることから、少なくとも大まかな答えは簡単に得られることが多い。

与えられた塩基配列を5′側から3′側へと3文字ずつ区切って読んだ場合、平均的には3／64（約1／21）の確率で終止コドンに当たる計算になる。つまり21コドンに1回程度、終止コドンが出現することになる。タンパク質はマイクロタンパク質などの特殊な例を除くと、100以上のアミノ酸残基からできているのが普通なので、終止コドン間の距離が100コドン以上空いている領域は一ヵ所しか見つからないことが多い。

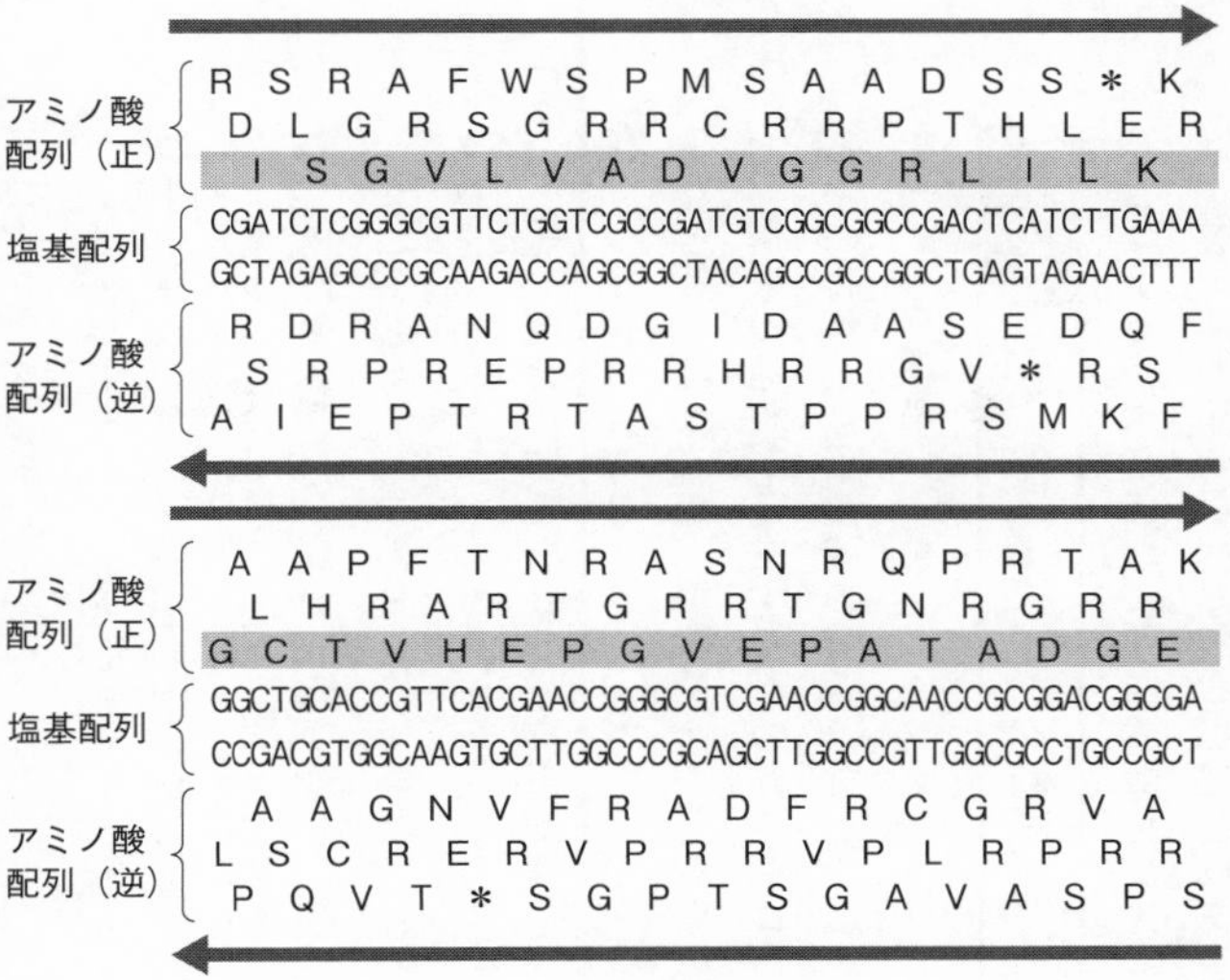

図2-7e　読み枠とORF

6つの読み枠のうち、ORFの一部を強調表示している。＊は終止コドンを表す。矢印は読まれる向きを示す。

このとき、同じ配列上でも開始点を1塩基ずつずらすことで3通りの読み方ができることに注意してほしい。これを3つの読み枠（リーディング・フレーム）があると言う（真核生物の場合はスプライシングがあるので難しいが、真正細菌の場合は、ゲノム塩基配列中で相補鎖も含めて6通りの読み枠を調べて、直接翻訳領域候補を探すことができる）。

そして、同一読み枠内で終止コドン間の距離が十分空いている領域をORF（開いた読み枠の意味）とよび、コード領域の候補とされる（図2-7e）。読み枠だけでは開始コドンの位置がわからないが、その読み枠内で一番先頭にくるAUGコドンを翻訳開始点と仮定することが多い（ORFの先頭を一番5′側の開始コドンとする場合もある)。

親から子に遺伝する遺伝病などの原因を調べると、ゲノム塩基配列中に突然変異が起こって、コードされたアミノ酸配列中に終止コドンが生成したためにタンパク質合成がうまくいかなくなった例（ナンセンス変異）や、塩基の挿入や欠失が起こって、そこから読み枠が変わってしまい、正常なタンパク質が合成できなくなった例（フレームシフト変異）が多い。

なお、通常は一つの読み枠で翻訳される領域が別の読み枠でも翻訳されることはないが、マイクロタンパク質では同じ配列から複数のタンパク質が合成される例も多数報告されている。また、短い部分領域であれば、真正細菌やウイルスでもそのような例は珍しくない。さらに、ある種のウイルス（第3-6節）のタンパク質などでは、プログラムされたリボソームフレームシフトなどとよばれるが、mRNAのとる立体構造などの影響で、読み枠が途中で前後にずれることで、本来の翻訳が完成するというアクロバティックな例が知られている。ヒト遺伝子にも例があるといわれ、翻訳領域の解釈はなかなか一筋縄ではいかない。

2・8 翻訳後のタンパク質の成熟

これまで述べてきたように、mRNA（あるいはゲノムDNA）に直接書き込まれている情報は、アミノ酸配列だけであるが、これに基づいて合成されたポリペプチドが成熟したタンパク質

表2-8a　代表的な翻訳後修飾

修飾	主な基質アミノ酸	説明
アセチル化	K, タンパク質のN末端	CH_3CO–と表記されるアセチル基が付加される。2番目に多い修飾
メチル化	K, R	CH_3–と表記されるメチル基が付加される。メチル基が2個や3個付加される場合もある
グリコシル化	N, S, T	糖鎖がNX (S/T)配列のNに付加される*N*–グリコシル化と、S, Tの酸素原子に付加される*O*–グリコシル化がある
イソプレニル化	C末端のC	ファルネシル化もしくはゲラニルゲラニル化によって、脂質の鎖が付加される
GPI–アンカー形成	C末端	代表的なリピッド・アンカー（第2–6節）
ADP-リボース化	R	ADPのリボースが付加
リン酸化	S, T, Y	リン酸が付加。もっとも多い修飾
SUMO化	K	SUMOタンパク質が付加
ユビキチン化	K	ユビキチンタンパク質が付加
ジスルフィド結合形成	2つのC	SS結合による架橋

になるまでには、前述のフォールディングを別にしても、いくつかのステップを経ることが多い。

これらは広い意味でタンパク質生合成過程の一部である。中でも、多くのタンパク質は翻訳後修飾といういろいろな化学反応を受ける。翻訳後修飾には非常に多くの種類が知られており、糖や脂質が結合されたり、いろいろな官能基が付加されたりする。表2－8

aに代表的な翻訳後修飾をまとめた。その中でも特に重要な例として、リン酸化とユビキチン化を簡単に紹介しておく。

細胞内シグナル伝達の鍵となるリン酸化

リン酸化は、真核生物ではセリン（S）、トレオニン（スレオニン、T）、そして比較的少数ながら、チロシン（Y）残基の側鎖にリン酸が付加される反応である（その他にも少数の例が報告されている）。

タンパク質のリン酸化を行う酵素をプロテインキナーゼというが、ヒトゲノムに約500種類ものプロテインキナーゼ遺伝子が存在する事実は、その重要性を裏付けている。これらの酵素の多くは、タンパク質キナーゼドメインという互いによく似たアミノ酸配列を共有している。その中には、第2－6節で述べた膜貫通タンパク質である受容体型チロシンキナーゼも含まれ、細胞外から受けたシグナル情報を、細胞内のキナーゼドメインを通じて、内部に伝える機能をもっている。

リン酸化を担うキナーゼに対して、リン酸化状態を元に戻すプロテインホスファターゼという一群の酵素も存在する。タンパク質のリン酸化は、対象タンパク質を活性化または不活性化するシグナルとして広く用いられており、細胞内のシグナル伝達系において重要な役割を果たしている（第3－7節）。

不良品の目印⁉　ユビキチン化

ユビキチン化は異色の修飾反応で、タンパク質中のリシン（K）側鎖にユビキチンという76残基からなる小型タンパク質が共有結合する。しかも、ポリユビキチン化といって、さらに多数のユビキチンタンパク質が鎖状に連結されることも多い。ユビキチンという名前はユビキタス（どこにでもあるという意味）という言葉から命名された。ほとんどの真核生物でアミノ酸配列が同じという非常に稀なタンパク質である（一般に塩基配列やアミノ酸配列は種分化などの進化の過程で、機能的に重要でない領域ほど変化しやすいことが知られている。そこで、生物種による配列の違いが少ないことを、進化的によく保存されている、と表現する。これはその遺伝子の重要性を示す一つの指標になり得る）。

タンパク質をユビキチン化するときに相手を見分ける役目をするユビキチンリガーゼ（Ｅ３とも呼ばれる）という酵素は、ヒトゲノムに７００種類ほど存在すると推定されており、その数は上述のプロテインキナーゼをも上回る。この数から想像されるとおり、ユビキチン化は細胞内で多様な機能を果たしているが、中でも有名なのが、細胞内のタンパク質の品質管理システムとしての機能である。

タンパク質がリボソームによって合成されたのち、一部はうまくフォールディングできずに不良品となってしまう。また、生体に加わる温度変化などのストレスによって、タンパク質の折りたたみがおかしくなってしまうこともある。そのような場合、不良品タンパク質を素早く見分けて、分解する仕組みが品質管理システムとして備わっている。すなわち、除去されるべきタンパク質はポリユビキチン化され、それが目印になって、プロテアソームというタンパク質の複合体によって分解されることになる。

品質管理という側面だけでなく、ある種のタンパク質の寿命はタンパク質分解系によって制御されている（生合成後、速やかに分解される）。なお、ポリユビキチン化にはいくつかの様式があり、それぞれ機能的に使い分けられていることが知られている。また、ポリユビキチンは相分離を引き起こす引き金となって、修飾されたタンパク質を分離しているという説もある。

選別、輸送、切断されながら成熟するタンパク質

第1-2節などで述べてきたように、真核生物の細胞内には膜で囲まれた様々な構造体（細胞小器官）が存在する。ヒトの細胞では、核、ミトコンドリア、小胞体などがそれで、それぞれ細胞内の機能を分担している。この機能分担は、それぞれの細胞小器官に特別な（特異的な）タンパク質群が局在していることで実現されている。

しかしこれらのタンパク質は、細胞内の核外領域であるサイトゾルや小胞体表面で翻訳されるため、合成後はそれぞれがあるべき場所（細胞外に分泌される場合も含まれる）に選別・移送される必要がある。たとえば13種類のミトコンドリアタンパク質は例外的にミトコンドリアゲノム

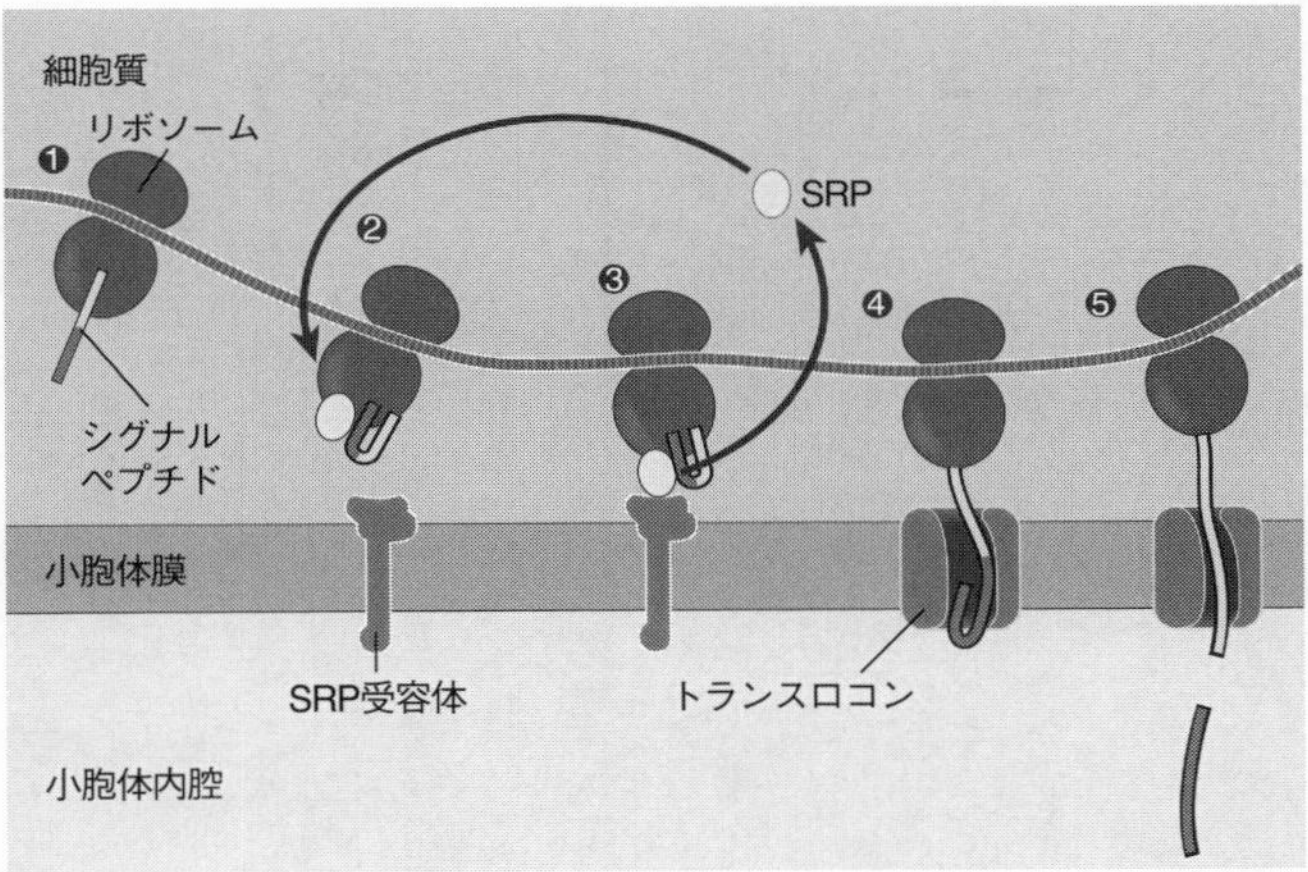

図2-8b　シグナルペプチド、SRP、トランスロコン

情報（第1－6節）により内部で合成されるが、大多数のミトコンドリアタンパク質は核ゲノムにコードされており、翻訳後にミトコンドリア内部へ移送される。これをタンパク質のソーティング（選別の意味）とかターゲティング、細胞内局在などという。この仕組みについての詳細は省くが、多くの場合、タンパク質が最終的に細胞のどこに局在するかという情報は、それぞれのタンパク質のアミノ酸配列の一部として記録されていて、その情報が細胞内で認識される。

もっとも古典的で有名なのは、シグナルペプチドとよばれるもので、タンパク質のN末端に存在する20アミノ酸残基長程度の比較的疎水性に富む領域である。シグナルペプチド部分がリボソームで合成された時点で、シグナル認識粒子（SRP）というRNAとタンパク質の複合体に認識されて、シグナルペプチドを含む合成途上のタンパク質はトランスロコンという小胞体膜の膜透過装置へと輸送される（図2－8b）。そこで膜を通り抜けて、小胞体内腔へ移行する（その時点でシグナルペプチドは通常切断される）。その後、小胞（ベシクル）という小さな膜で包まれた粒に入った状態で、分泌経路とよばれる細胞内の流れに乗って、タンパク質が最終目的地（たとえば細胞外に分泌されるなど）へと移行する。

なお、多くの膜タンパク質も分泌経路で選別・輸送される。細胞内で合成される全タンパク質の約1／3が分泌経路で移送されるとも言われる。これとは別に、核やミトコンドリアをはじめ、いろいろな細胞小器官への局在を指示するシグナルも知られている。

シグナルペプチドの例にみられるように、タンパク質が最終的に活性のある形で機能するまでに、まず前駆体という余分な領域を備えたものが合成され、適当なときに切断されて最終的な形になることも多い。局在化だけでなく、必要なときにだけ素早く活性のあるタンパク質を用意するために、切断（プロセシング）が用いられることもある。

たとえば、血糖値を制御するペプチドホルモンであるインスリン（インシュリンとも）は、まずプレプロインスリンという形で合成され、シグナルペプチドであるプレ配列が切断されるなどして、プロインスリンとなり、ゴルジ装置という細胞小器官でさらに切断を受けて、成熟したインスリンとなる。

2・9 非コードRNA遺伝子

これまでの説明にも生体機能にかかわる様々なRNA分子が登場した。リボソームの構成成分であるｒＲＮＡ、遺伝暗号をアミノ酸と結びつけるｔＲＮＡ、スプライソソームやシグナル認識粒子にもＲＮＡが含まれている。今世紀に入って、これらの他にも大小様々なＲＮＡが重要な役割を果たしていることが知られるようになった。

これらはタンパク質をコードしていないＲＮＡという意味で、非コードＲＮＡ（ncＲＮＡ）とよばれ、転写されるゲノム領域は非コードＲＮＡ遺伝子ともよばれる。実は、真核生物のゲノムには3種類のＤＮＡ依存ＲＮＡポリメラーゼが存在しており（それぞれは10種類以上のサブユニットからなる複雑な複合体である）、それぞれローマ数字で区別して、ＲＮＡポリメラーゼⅠ（略称Pol Ⅰ）、ＲＮＡポリメラーゼⅡ（Pol Ⅱ）、ＲＮＡポリメラーゼⅢ（Pol Ⅲ）とよばれる。

これまでに登場したｍＲＮＡの合成に使われるのはPol Ⅱである。これに対して、多くのｒＲＮＡはPol Ⅰによって合成され、ｔＲＮＡや5Sとよばれるｒ ＲＮＡ、スプライソソームやシグナル認識粒子に含まれるＲＮＡを含む、多くの短いＲＮＡはPol Ⅲによって合成される。

ｒＲＮＡやｔＲＮＡは、基本的には真正細菌にも存在するため、ゲノム中にそれらをコードする遺伝子領域が（複数コピー）存在することは以前から知られていた。しかし、１９９８年に線虫において、ＲＮＡ干渉（ＲＮＡｉ）という現象が報告された頃から今世紀にかけて、非常に多

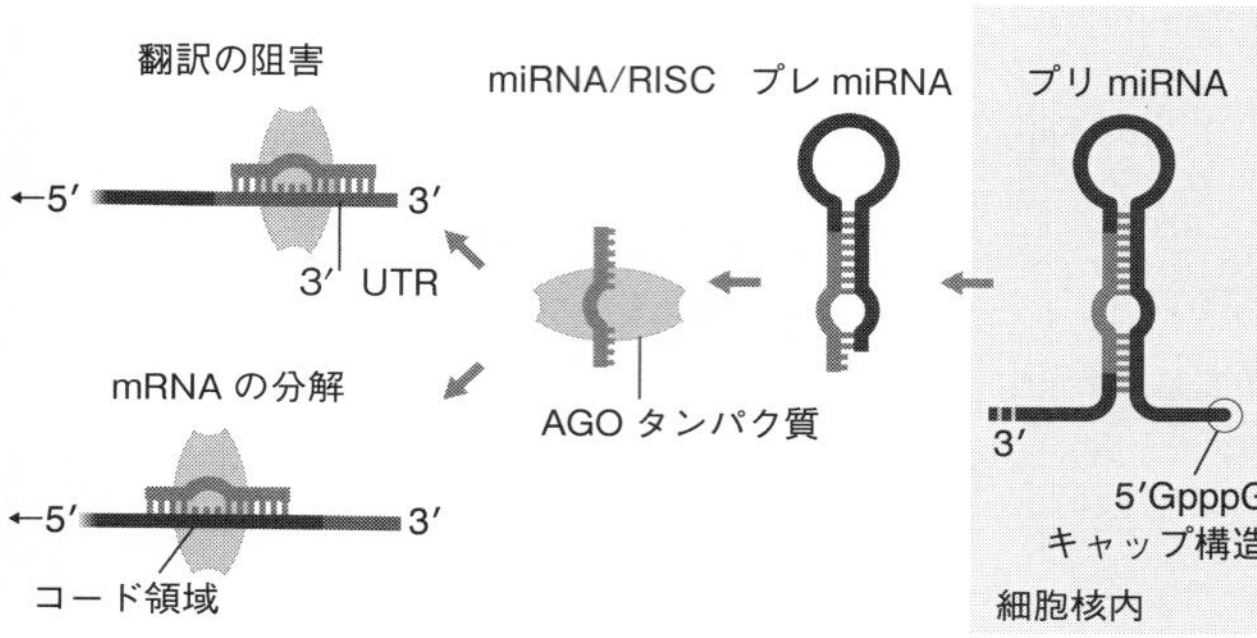

図2-9a マイクロRNA

彩な機能性RNAの存在が知られるようになり、私たちの非コードRNA遺伝子に関する認識は特に真核生物において、大きく変わった。

RNAiは、元々標的となる遺伝子と同じ配列をもつ二本鎖RNAを線虫などに注入すると、その遺伝子の発現が抑えられる現象として発見された。これは、細胞に備わる生体防御システムの一種で、外部から侵入するウイルスなどを撃退するために発達したものと考えられている。導入されたRNAは細胞内で切断されて、短い二本鎖RNA（siRNA）として作用することがわかったが、元々のゲノム中にもマイクロRNAとよばれる短いRNAをコードする遺伝子が多数存在して、発生をはじめとする多彩な生命現象に関与していることが知られるようになった。

マイクロRNA（miRNAと表記される）は約22ヌクレオチド長の一本鎖RNAで、広く動植物にみられる（図2-9a）。ヒトゲノム中には少なくとも1900個程度のmiRNAがコードされているらしい（さらに転写後にRNA編集〈RNAエディティングともいう〉というやや特殊な反応を受けて、その配列が変化したりもするらしい）。

miRNAはまず最終産物よりはずっと長大な前駆体として、主にPol IIにより転写される。興味深いことにその４割程度は他の遺伝子のイントロン中に存在し、スプライシングで切り取られた後で機能する。その後、何段階かのプロセシングを受けて、最終的に核外でRISCというタンパク質複合体に組み込まれる。miRNAは、その5′末端から6～8塩基程度の領域（シード領域）と大体において相補的な配列を3′UTR中にもつmRNAを見つけて結合し、RISCと共にそのmRNAを分解したり、翻訳を阻害したりすることで、遺伝子の（転写後）発現制御にかかわる（図2-9a）。

一つのmiRNAの標的となる遺伝子（mRNA）は多数であり、逆に一つのmRNAに作用するmiRNAの種類も多数にのぼる（一説によると約4割のタンパク質コード遺伝子はmiRNAの制御を受けるという）。したがって、両者が織りなす制御関係は複雑なネットワークを介したものとなる。これからの生物学はこのような複雑な分子間相互作用のネットワークを解きほぐしていく必要がある。

さらにDNA塩基配列決定技術の著しい進歩によって（第5-5節）、大規模な塩基配列決定プロジェクトが進むと、さらに謎めいたRNA遺伝子の存在が指摘されるようになった。それらは、miRNAなどの比較的短いものと区別して、長鎖非コードRNA（lncRNA）とよばれる

（便宜上、長さが200塩基を超えて、マイクロタンパク質を除くタンパク質に翻訳されない転写産物と定義される）。

lncRNAについてはまだわからないことが多いが、個々の転写量はmRNAと比べてずっと少ないものの、その種類はmRNAよりずっと多いかもしれない（ヒトで、2022年現在、1万9000種類程度がデータベースに記載されているが、3万〜6万種類という推定もある）。またその合成パターンは細胞の種類などによって大きく異なることが多い。もっとも、それらのうちの大部分は単に意味もなく転写されているだけではないかという説もあり、どの程度が生物学的機能を果たしているのかはよくわかっていない。

RNAスプライシングもそうであるし、第3－4節で紹介するジャンクDNAの話もそうであるが、（高等）生物には機能がはっきりしないところに膨大なエネルギーを消費（浪費？）しているようなところがあり、それらは生命というもののもつ一種のゆとりなのかもしれない。しかし、その中の少なくとも数百に関しては、生体機能もしくは（遺伝子異常による）疾病との関連が知られている。

lncRNAの機能は多岐にわたるが、核内構造体構築や、第4章で説明するエピジェネティック制御にかかわる例が有名である。後者では、たとえばXistというlncRNAが第1－6節で述べたX染色体の不活性化という現象で重要な役割を果たしていることが知られている。

2・10 DNAの複製

本章では遺伝子とは何かということを説明するのが主な目標であったが、第２－２節で紹介したセントラル・ドグマにはもう一つ重要な内容があるので、本章を終える前にこれについて説明しておきたい。それは、遺伝情報はDNAの形で（のみ）複製される、という主張である。例によってこの主張はRNAのゲノムをもつ一部のウイルスについてはあてはまらないが（第３－６節）、ここではそのような例外には立ち入らず、基本的なDNA複製のメカニズムをごく簡単に紹介しておく。

第１章で説明したとおり、細胞は分裂を重ねていくが、その際に細胞のもつ核内DNAが正確に複製され、分裂時にそれぞれの細胞に１コピーずつ配置される。この一連の流れを細胞周期とよび、DNAが複製される時期をS期、細胞が分裂する時期をM期という。また分裂後、S期に入るまでをG１期、S期の後、M期に入るまでをG２期とよぶ（図２－10ａ）。

S期に起こるDNA複製は、生命現象の根本ともいうべきものであるから当然かもしれないが、多数のタンパク質が関与する複雑なプロセスである。すなわち、S期になると、染色体DNA上に複数（ヒトゲノムでは１万ヵ所程度と推定されている）存在する複製起点において、DNAヘリカーゼという酵素がDNAの二重らせんをほどき始める。細菌や酵母の複製起点は特徴的な塩基配列がみられるが、ヒトなどにおいては特別な配列的特徴は観察されず、共通のクロマチ

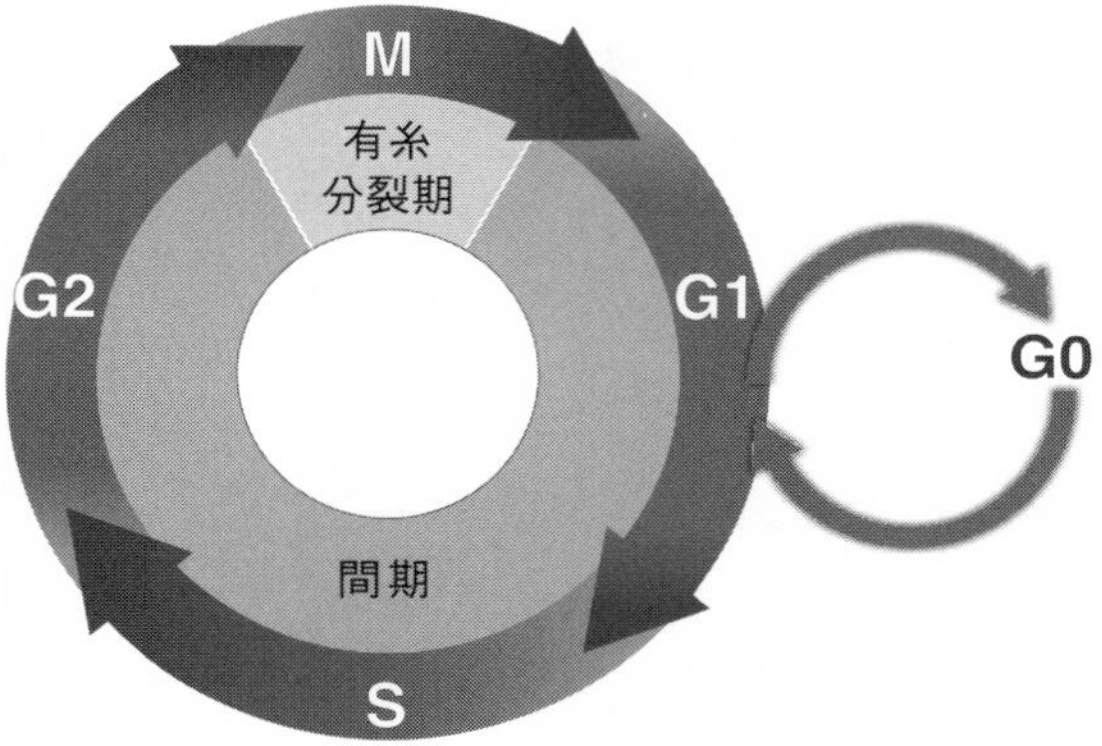

図2-10a　細胞周期

ン構造（第3－4節）などが関わっているのではないかと言われている。

岡崎フラグメントによるパラドックス回避

ＤＮＡ複製はそこから両方向に進むが、その一方に着目したとき、食器のフォークのように鎖が分かれた形をしているので、これを複製フォークとよぶ。ＤＮＡを複製するのはＤＮＡポリメラーゼという酵素である。真核生物は15種類以上のＤＮＡポリメラーゼをもっているが、ここではこれらの区別には立ち入らない。ＤＮＡポリメラーゼはいずれも一本鎖のＤＮＡを鋳型として、相補鎖を5′から3′の方向に合成する。ＲＮＡポリメラーゼとの大きな違いは、ＤＮＡポリメラーゼはただの一本鎖の鋳型に対しては作用せず、必ず鋳型と対合する部分相補

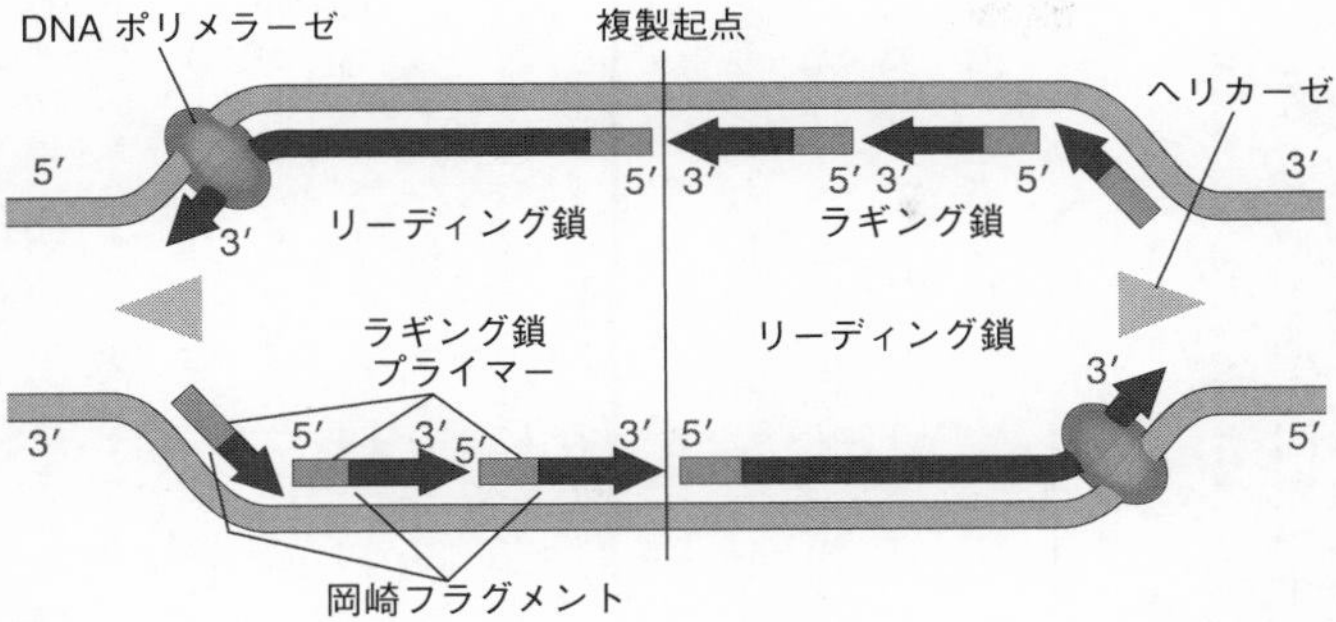

図2-10b　複製フォークと岡崎フラグメント
巨視的には、どの鎖も複製起点から外側に向かって、複製されていく。

鎖（もしくはその代替物）が存在するときに限って、その3′末端に（デオキシリボ）ヌクレオチドを追加していくことである。この相補鎖合成のきっかけになる先行相補鎖をプライマーという。

プライマーはDNAである必要はなく、実際DNA複製ではDNAプライマーゼという酵素が合成する数塩基長のRNA断片が用いられる。さて、複製フォークにおいて、鋳型鎖は2本存在するが、複製が進んでいく方向に対して、1本は3′から5′の向きになる。したがって、DNAポリメラーゼは最初にプライマーが合成されれば、二本鎖がほどけていくにつれて、そのまま鋳型鎖からみて5′から3′の向きに相補鎖を合成していけば良いが、もう一方の鋳型は5′から3′の向きに進んでいるので、そのまま合成を続けていくことができない。この謎は

1967年に岡崎令治によって解明された（図2－10b）。

すなわち、鎖がほどけていくにつれ、適当な位置にプライマーが作られ、やはりその3′端に1000～2000塩基長程度（真正細菌ではずっと長く、1000～2000塩基程度）のDNA断片が複製の進行方向とは反対向きに合成される。この仕組みによって、ミクロに見ると、合成はきちんと5′から3′方向に（ただし不連続的に）進むが、マクロには、あたかも3′から5′の方向に進んでいるように見える（プライマーRNAはヌクレアーゼにより分解され、後にできた隙間はDNAポリメラーゼによって埋められ、さらにDNAリガーゼによって連結される）。このときにできるDNA断片は岡崎フラグメントとよばれる。

複製フォークにおいて、岡崎フラグメントができるほうの鎖の伸長速度は、反応が複雑なためにどうしてももう一方と比べて遅くなる。そのため、複製が単純で速いほうの鎖をリーディング鎖（先導するという意味）、複雑で遅い方の鎖をラギング鎖（遅れるという意味）とよぶ。DNA複製に終結のための特別な仕組みは必要なく、隣接する複製フォークとぶつかった時点で終了するものと考えられている。

テロメア短縮と老化

第3－2節で説明するが、真核生物の染色体DNAは線状で両端をもっているため、複製に関してもう一つ原理的な問題が生じる。それはDNAポリメラーゼの性質上、片方の鎖に対しては、それより先にプライマーをおくことができず、一番端までコピーできないという問題である。

実際、体細胞では細胞分裂ごとに染色体の両端が欠けていくことが知られている。現実には、真核生物の染色体の両端は繰り返し配列が続くテロメアという領域になっているので（第３－４節）、多少端が欠けても機能的には大きな問題はないと言える。しかし、体細胞の複製に伴うテロメアの短縮は細胞の寿命とも関係しているらしい（第３－８節）。すなわち、細胞の分裂回数がある限界値（ヘイフリック限界）を超え、テロメアの長さが短くなりすぎると、その細胞は死ぬとされる。

一方、生殖細胞ではテロメラーゼという酵素が働いて、テロメアの長さを調節することでこの問題を回避していることが知られており、細胞の老化の問題と関連して注目されている。ちなみに染色体が環状でテロメア構造をもたない真正細菌は、基本的に老化せず、何度でも分裂できるとされている。

第3章

ゲノムDNAの全体像

3・1 ヒトゲノム計画

これまで、第1章では、私達の体が多種多様な細胞からできていて、にもかかわらず、個々の細胞の生命現象や個性はそれらに共通のDNAに書き込まれたゲノム情報によって演出されていること、そして第2章ではゲノム情報が基本的に遺伝子という単位の集まりであることや、その情報が利用されるための基本的な仕組みについて説明してきた。続く第3章では、主に遺伝子を含むゲノムDNAの全体像を、そこにコードされた基本的生命機能も含めて紹介する。

ゲノムの全体像について語ることができるようになったのは、第5-5節で説明するDNAの塩基配列決定技術の進歩とこれに基づく大規模な国際共同研究（ヒトゲノム計画、あるいはヒトゲノムプロジェクト）の成果によるところが大きい。ヒト以外の様々な生物についても、大型国際プロジェクトが遂行され、（完全ではないものの）全ゲノム塩基配列が決定された。そこで、それらも含めて、その概要を紹介しておく。

これまでの説明で、ゲノム塩基配列の重要性は理解してもらえたと思うが、ヒトゲノムはおよそ32億塩基対からなる長大なもので、この全塩基配列を決定するという計画は、それが構想された1980年代においては、技術的にも、必要な労力や予算の面でも、かなり挑戦的なものであった。

一方、元々古典的な分子生物学の研究は、数人の研究者が知恵を絞ってデザインした実験によって、独自の仮説を証明するのが典型的なスタイルであった（仮説駆動型研究）。そのため、多数の研究者が協力する巨大プロジェクトで、（とりあえずはその内容についての検討は後回しで）まずは巨大なデータを生み出すというデータ駆動型研究スタイルに対する研究者コミュニティからの拒絶反応もみられた。また、若い研究者はロボットのように使い捨てにされるのを恐れ、年配の研究者はこのプロジェクトに研究予算が吸い取られてしまうのを恐れた。

さらに、次節で説明するように、細菌のゲノムとは違って、ヒトゲノムでは遺伝子と遺伝子の間の領域が長大で、本当に重要な情報が含まれているのは全体のごくわずかであるとされていたため、わざわざ全ゲノム塩基配列を決定するのは無駄が多すぎると考えられた。実際、当時、EST（発現配列タグ）といって、いろいろな細胞から採取したmRNA群の配列断片を大量に塩基配列決定することで、効率的に遺伝子の部分情報を得る手法が一定の成功を収めており、この方法で得られた遺伝子の情報を特許化できるかどうかが大きな議論になっていた（結果的には特許にならなかった）。

しかし、議論の末、世界の科学界はヒトゲノム計画推進に舵をきった。その理由はいろいろあるだろうが、技術開発も含めた巨大プロジェクトの生命科学全体へのインパクトを狙ったということはあるだろう。実は日本でも１９８０年代に和田昭允《あきよし》が中心になって、ＤＮＡの塩基配列決定技術を自動化するプロジェクトが行われ、当時の日本経済の勢いもあって、欧米の研究者に「このままでは日本に先を越されてしまう」という危機感を抱かせたと言われる。ともあれ、計画の中心となった米国では、１９９０年から当初15年間の予定で計画がスタートした。日本でも同じ頃、これに呼応する形で関連研究が始まった。配列決定が本格化し始めた１９９６年に大西洋にあるバミューダで国際会議が開かれ、得られたデータは24時間以内にすべての研究者に無償で公開するという合意がなされた。

さて、ヒトゲノム計画を語るときに忘れてはならない人物が、米国のヴェンターである。彼は国立衛生研究所（ＮＩＨ）で上述のＥＳＴの大量配列決定にもかかわっていたが、その後、国家計画とは一線を画して活動した。

まず、独立の研究所を設立して、１９９５年にヘモフィルス・インフルエンザ菌（歴史的にインフルエンザの原因細菌と誤認されて命名されたが、インフルエンザの原因ではない）の全ゲノム塩基配列（約１８０万塩基長）を決定した（しばしば解読したと表現される）。これは全ゲノム塩基配列が決定された最初の生物となった。

その後、彼のグループを含むいくつかの団体から、いろいろな生物の全ゲノム配列決定の報告が相次いだ。たとえば、パン酵母（出芽酵母：単細胞真核生物、ゲノムは約１２００万塩基長）が１９９６年、枯草菌（比較的実験でよく用いられる真正細菌で納豆菌の仲間、４２０万塩基長）が１９９７年などである。多細胞生物のゲノムサイズはそれらよりかなり大きくなるため、それなりの戦略を考える必要があり、公的資金による国際公的機関チームはヒトゲノムの決定に際して、手間はかかるが確実性の高い手法を採用した。

一方、ヴェンターは新しい会社を設立して、そういった国際チームとは独立にヒトゲノムの決定を目指した。その際に彼は、上述のヘモフィルス菌ゲノムの解読などにも用いてきた全ゲノムショットガン法という、大量に得た断片配列を相互の重なりを頼りにコンピュータでつなげていくという、最終的にうまくいくかどうかはリスクが高い方法を採用した（第5－4節）。そして、手始めにショウジョウバエのほぼ全ゲノム配列（約1億2000万塩基長）を短期間のうちにこの方法で決定し、世界を驚かせた（2000年）。

その後、国際チームとヴェンターのチームの激しい競争になり、結果的に全ゲノム決定時期が当初計画よりも前倒しになった。すなわち、概要配列（ドラフト配列）とよばれる若干精度の低いデータが2001年に双方のチームから発表されたが、これに先立ち、2000年には米国大統領と英国首相が列席する中で、双方のチームの代表者がヒトゲノム決定を報告する祝典が行われ、アポロ計画などと並んで人類の成し遂げた大きな偉業であると広く報道された。

なお、日本でも榊 佳之《さかきよしゆき》を代表とするチームが当時の小泉首相にデータの入ったCDを手渡す行事が行われた。しかし、日本は上述の酵母や枯草菌のゲノム決定に協力したほか、多数の新規ヒト遺伝子を発表するなど、広くゲノム計画の推進に貢献したにもかかわらず、決定されたヒトゲノムのうちで日本が担当したのはわずか6％であったために、一部からはゲノム敗北などと言われてしまうこととなった。

DNAの二重らせんモデル提唱からちょうど50年後の2003年に、概要配列よりもさらに精度を高めた完成版の配列が発表され（論文発表は２００４年）、ヒトゲノム計画は終了した。なお、このとき決定されたゲノムは倫理的問題を回避するために特定の個人のものではなく、何人かのゲノムが混合したものである。また、全ゲノムとはいっても、後述するユークロマチンとよばれる領域に限られており、それは全体の92％ほどであると見積もられている（第３－４節）。

ちなみに、ヒトの染色体ＤＮＡが、はじめて両端のテロメアを含めて一本につながった形で発表されたのは、２０２０年のことである（Ｘ染色体）。続いて、２０２２年にはじめて本当の意味でヒトの全ゲノム塩基配列が発表された。

計画完了から20年ほどたった現在から振り返ってみると、確かにヒトゲノム計画がその後の医学生物学に与えた影響は甚大であり、関連技術の飛躍的進歩につながったばかりでなく、21世紀の新しいバイオサイエンスの始まりを告げるものになったと言えるだろう。

当時は疑問視された、まず大きなデータを出してから、そこからデータ解析によって内容を吟味するというアプローチも、近年はデータサイエンスとして、一般的なものになってきている。実際、その後も多くの大型国際共同研究が遂行され、研究者が消化不良を起こすほどの大量のデータが生み出されるようになり、「生物学は情報科学の一種である」とまで言われるようになった。

また、３億米ドル（プロジェクト全体では30億米ドル）ともいわれる費用と15ヵ月以上の時間（実質的に配列決定に要した期間）をかけて決定されたヒトゲノム塩基配列であるが、第５－５

節で解説する塩基配列技術の革新が2007年ごろから起こり、塩基配列決定に伴う費用が劇的に減少してきた。現在では1000ドルもあれば、個人の全ゲノム配列を決定することが可能であり、早晩その価格は100ドルに近づくとも言われている。遠くない将来、すべての国民が各自のゲノム情報をもとに最適化された医療を受けられる時代になるものと期待されている（個別化医療とか精密医療などとよばれる）。

3・2　いろいろな生物のゲノム

前節のような経緯で、今世紀初めごろまでには、生物学実験でよく使われる生物（モデル生物）の多くのゲノム塩基配列が決定された。ゲノムの塩基配列を決定したときにまず注目されるのは、そのどこにどういう遺伝子がコードされているかである。

図3-2a、bに代表例として、大腸菌ゲノム（約460万塩基長）と一部のヒトゲノム（約32億塩基長）での遺伝子配置の様子（ヒトのほうは概念図）を示す。大腸菌に限らず、多くの原核生物（真正細菌と古細菌）のゲノムは両端がつながった環状になっている。これによって、真核生物に存在するゲノムDNA複製時における両端複製の困難（第2-10節）を回避しているものと思われる。もう一つ注目すべき特徴は、DNAの二つの鎖に（タンパク質コード）遺伝子が、おそらくランダムに振り分けられて、びっしりと並んでいることである。大腸菌に限らず、

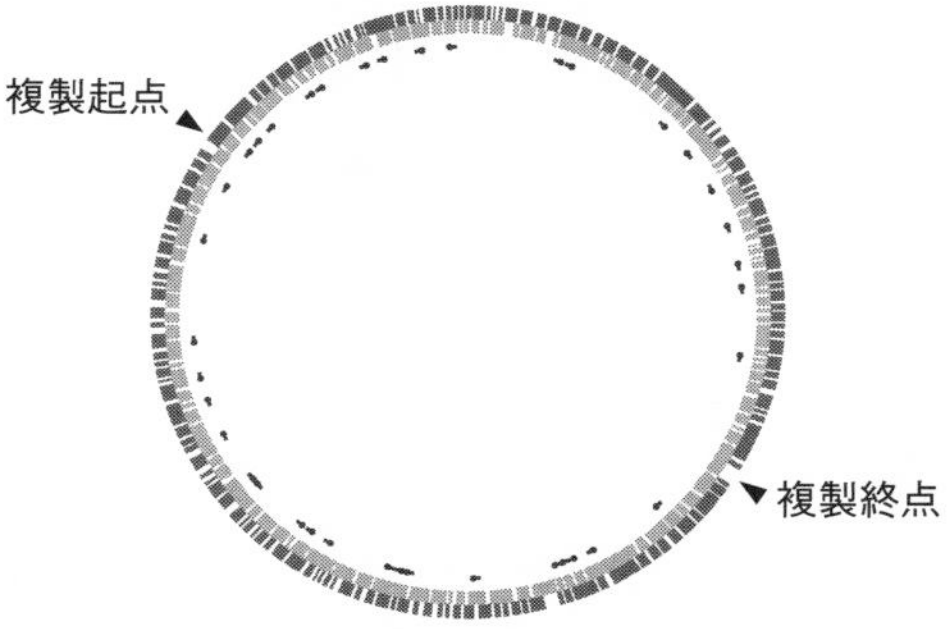

図 3-2a　**大腸菌のゲノム**

円周の内側の矢印はRNA遺伝子を表す

Blattner 他、Science 1997 を改変

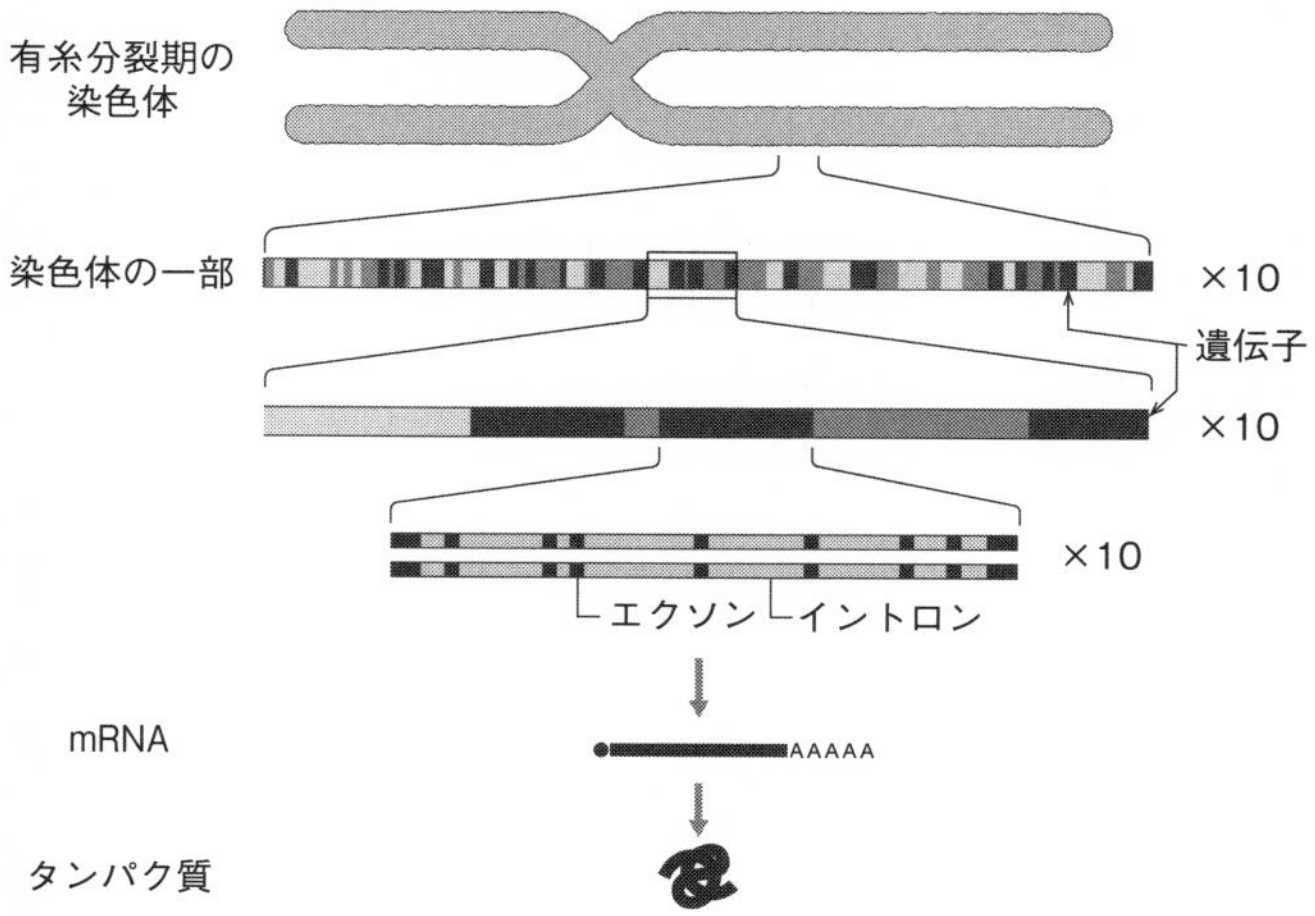

図 3-2b　**ヒトゲノムの例**

Molecular Biology of the Cell (Garland 2008) を改変

表3-2c　代表的な生物のゲノムサイズと推定タンパク質コード遺伝子数
1k（キロ）$=10^3$, 1M（メガ）$=10^6$, 1G（ギガ）$=10^9$

生物種	ゲノムサイズ	タンパク質コード遺伝子概数	備考
ヒト(核)	3.2Gb	20k	非コードRNAは約4万余りか
ヒト（ミトコンドリア）	16.6kb	13	tRNA:22, rRNA:2
マウス	2.7Gb	20k	
線虫	100Mb	19k	
ショウジョウバエ	120Mb	14k	
パン酵母	12.1Mb	6.3k	
大腸菌	4.6Mb	4.3k	
枯草菌	4.2Mb	4.1k	
マイコプラズマ	0.58Mb	475	

原核生物のゲノムはこのように非常に無駄のない構造をしている。このことは、原核生物ではすばやく複製を行うことが生存競争の上で特に重要であることを示しているのだろう。

一方、ヒトゲノムにおいては、第3－4節以降で詳しく説明するように、遺伝子間領域が非常に大きく、また遺伝子内部もほとんどがイントロンとして、RNAスプライシング時に切り捨てられてしまうので、少なくとも見かけ上は非常に無駄の多い構造をしている。

表3－2cにいくつかの代表的な生物のゲノムサイズと推定タンパク質コード遺伝子数を示した。実は、ゲノム配列中のどこが遺伝子であるかを決めるのは必ずしも容易ではない。それどころか、ヒトゲノムの

塩基配列が決定されてから20年近くが経過しても、ヒトゲノムには一体何個の遺伝子があるのかという、もっとも基本的な問題に決着がついておらず、２０２２年の推定では、タンパク質コード遺伝子でおよそ2万個とされている（第２－９節で述べた非コードＲＮＡ遺伝子については、さらに意見が分かれているが、およそ4万個余りとされている）。

人類全体で保持している遺伝子数の個人差がどのくらいあるのか、またその中のどこまでが「正常」と言えるものなのかも重要な問題である。真正細菌のゲノムの場合は、上述のようにほとんどが遺伝子で埋め尽くされている上に、イントロンの存在を考えなくてもよいので、ＯＲＦという考え方（第２－７節）でかなり正確に遺伝子の位置を推定できる。

また、タンパク質をコードしている配列は同義語コドンの使い方などに癖があり、塩基配列の出現パターンに統計的な偏りが出る上、遺伝子コード領域はそれ以外の領域よりも進化的によく保存されるので（第２－８節）、近縁種のゲノムとの比較なども参考にして、遺伝子推定の精度を高めることができる。

真核生物の場合は、上述のＥＳＴをはじめとするｍＲＮＡ情報が使われるが、一生のうちでほとんど使われない遺伝子の発現を検出することは容易でない上に、転写されていることが機能遺伝子であることの証明にはならない（意味もなく転写されている領域があってもおかしくない）。また、たとえある領域がいかにも遺伝子らしい特徴を示していて、近縁種のゲノムでもある程度保存されていたとしても、もしかすると過去にあった遺伝子の死骸（偽遺伝子という。第３－４

節）なのかもしれない。そういうわけで、個々の遺伝子候補が本当に機能している遺伝子なのかどうかは、時間をかけて調べていくしかなく、表に記した数字もあくまで推定値である。非コードRNA遺伝子の数についてはなおさらである。

生命維持に必要な最低限の遺伝子とは

正確な数がわからないとしても、生命維持には最低何個くらいの遺伝子が必要なのか、あるいはどんな遺伝子が必要なのかは、生命というものを考える上で非常に重要かつ興味深い問題である。

表3-2cに挙げたマイコプラズマは、細菌の仲間であり、その一種はわずか500個程度の遺伝子しかもたない。ただし、これは寄生細菌であり、自身の生存に必要な栄養素のほとんどをヒトなどの宿主細胞から得ているので、これだけの遺伝子があれば生存できるというわけではない（もっとも、ヒトでも8種類程度のアミノ酸〈必須アミノ酸〉は自分で合成できず、直接食物から摂取する必要がある）。

ちなみに2022年現在知られている最小のゲノムは、ある種の昆虫に細胞小器官のように共生するナスイアという細菌で、タンパク質コード遺伝子は137個である。寄生なしに生存する独立栄養細菌の最小ゲノムは、今のところ、メタノテルムスという古細菌の一種で、1311個程度のORFをもつ。

生命維持に最低限必要な遺伝子を調べる方法として、遺伝子を一つ一つ実験的に破壊して（遺伝子ノックアウト。第5－8節）、死んでしまえば、それが生命維持に必須の遺伝子（必須遺伝子）であるとする、やや乱暴な方法がある。しかしこの方法は、対象となる生物がどのような環境（栄養条件など）で培養されているかに大きく依存するし、生存に必須な遺伝子であっても、2コピー以上保持している場合は、そのうちの1個を破壊しても死なないので、必須かどうかがわからないという問題がある。そういう限界はあるが、必須遺伝子の数はいろいろな細菌で調べられていて、生物種によって250個程度から1600個程度と大きくばらついている。

さらに上で紹介したヴェンターらのグループは、人間が設計したゲノムをもった細菌を作るために、生存のために最小のゲノムをもつ生物を作り出す試みを行っている。最小のゲノムをもつ生物ができれば、そこに適当な遺伝子を追加して、たとえば砂漠の緑化につながる新しい生物を設計することができるかもしれず、それによって人類の食料問題を解決できるかもしれない。これは合成生物学といわれる新しい研究領域であり、人類が生命をデザインすることがどこまで許されるのかという倫理的な問題をはらむ一方で、人類の未来にとって重要な成果につながる可能性がある。

ともあれ、彼らは2010年にマイコプラズマのゲノムをもとに合成したDNAを別の種の（ゲノムを除去した）細胞に移した人工細胞が自己増殖することを確認した。2016年には生存に必要な遺伝子を精選して473個（タンパク質コード遺伝子は438個）で生存できることを示し、その後、細胞分裂時の形態安定性を高めるために、２０２２年現在では４８０個（あるいは４９２個）が必要としている。ただし、興味深いことに、そのうちの２割から３割程度の遺伝子の機能は（定義の仕方にもよるが）いまだ不明であるという。

遺伝子の機能分類の試みはいろいろな研究者によってなされてきた（第３－７節）。表３－２dに最近の例を示す。遺伝子の機能は、不明のものを除くと、細胞機能、遺伝情報処理、代謝の３つに大きく分類されている。

遺伝情報処理は、第２章で説明してきた、ＤＮＡ合成、転写、翻訳、そしてタンパク質の成熟にかかわる遺伝子群である。代謝については、次節で説明するが、細胞内の様々な化学反応を意味する。細胞機能は、どちらかというと前二者以外という色彩が強いが、細胞の成長や防御、シグナル伝達機構にかかわる遺伝子などを含む。表には人工最小ゲノム細胞の遺伝子数の内訳も示したが、遺伝情報処理関係の遺伝子数が一番多く、代謝関係がそれに次いでおり、残りは（不明のものを除くと）ごくわずかしかない。すなわち、生命維持という観点からすると、遺伝情報処理と代謝が一番基本的な営みであるといっても良いだろう。

表3-2d　最小人工生物ゲノム（JCVI-syn3A）の遺伝子機能分類

Breuer 他、eLife 2019 より

機能分類	遺伝子数（%）
遺伝情報処理	212（47）
代謝	143（32）
細胞過程（細胞成長・防御）	6（1）
不明	91（20）
合計	452（100）

なお、生命維持に必要最小限の遺伝子を考える上で類似の概念として、分化した細胞をもつ多細胞生物において、どの細胞でも発現している遺伝子群という考え方もある。このような遺伝子をハウスキーピング遺伝子という。ただし、この定義から実際にハウスキーピング遺伝子を選び出すには任意性が大きい。2013年の研究によれば、ヒトのそれは3804個あるとのことである。典型的なハウスキーピング遺伝子としては、たとえば第2-6節で細胞骨格の成分として紹介したアクチンの遺伝子が代表例として、よく実験で組織特異的発現をする遺伝子との比較対照に用いられる。

3-3 すべての生命に必要な代謝システム

代謝（メタボリズム）とは、生物がその生命活動維持のために行う一連の化学反応全部を指す。前節で述べたように、もっとも基本的な生命活動の一つであるため、これまで述べてきた遺伝情報処理の仕組み同様、その基本的な仕組みは多くの生物の間で共通している（第1-3節で述べた新陳代謝も英語では同じメタボリズムであるが、そちらは新旧細胞の入れ替わりを指し、ここでは主に細胞内の化学反応に注目している）。もっとも基本的な生命現象の一つといえるので、ゲノムの説明からはやや外れるが、ここで簡単に説明しておく。

代謝は大きく異化と同化に分けて考えられる。異化とは、（食事などを通して）外部から得た物質を分解して、エネルギーを得る反応系であり、同化とは、（通常は異化によって得られた）エネルギーを用いて、生命維持に必要な物質（主にタンパク質、核酸、多糖〈炭水化物の主成分〉、脂質）を合成する反応系である。すなわち、両者は互いに密接に関係している（共役しているという）。

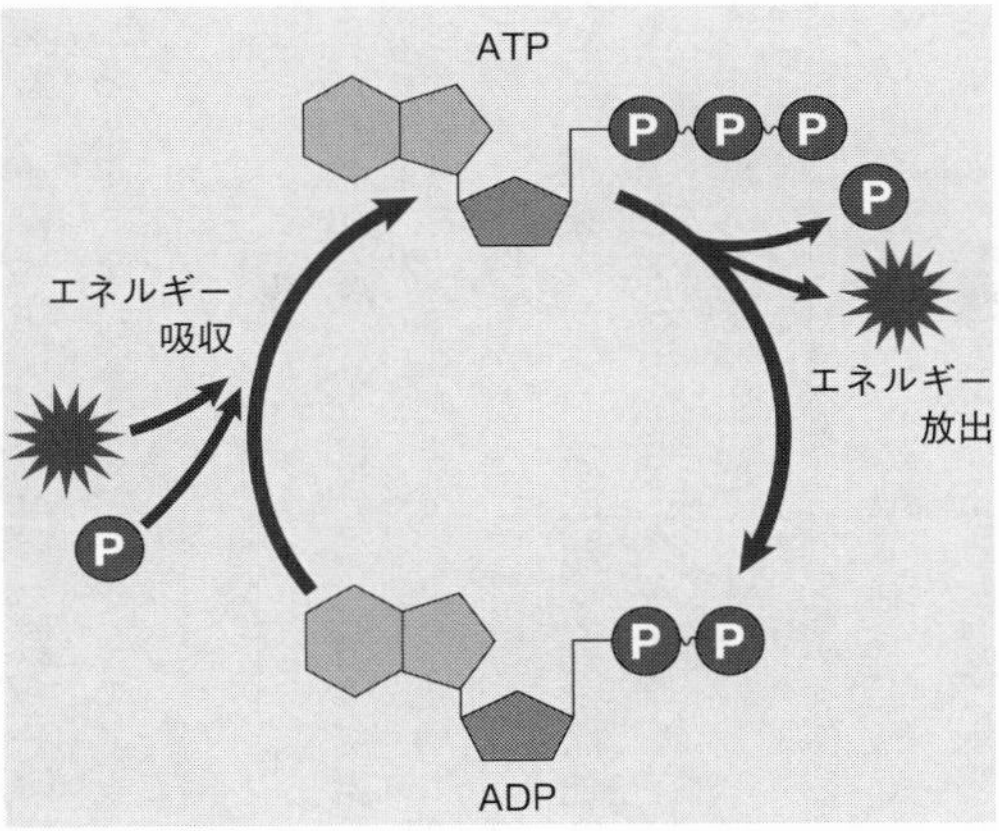

図3-3a　ATPとADP

この場合のエネルギーは、主にATP（アデノシン三リン酸）という物質に蓄えられる（図3-3a）。ATPは、アデニン塩基にリボースと3つのリン酸をもつヌクレオチドで、GTPなどの他の塩基に対応するヌクレオチド同様、RNA合成のときの部品になるが、生命活動のエネルギー保持に用いられるのは主にATPである。

その仕組みは、3つのリン酸の間の結合が高いエネルギーをもつので、ATPからリン酸を1分子切り離して、ADP（アデノシン二リン酸）をつくるときに放出されるエネルギーを、他の化学反応（同化）に利用するというものである。逆に異化反応では、物質の分解によって放出されるエネルギーを用いて、ADPとリン酸からATPを合成することで、エネルギーを貯蔵する。

細胞呼吸とはなにか

異化の出発点になる物質は様々であるが、基本的には共通の反応系に集約される。ヒトなどの真核生物では細胞呼吸がそれであり、他に発酵や光合成（光化学反応）がある。細胞呼吸はさらに酸素を用いるかどうかで好気呼吸（酸素呼吸）と嫌気呼吸に分けられる。発酵も酸素を使わないが、後述のクエン酸回路や電子伝達系を用いず、独自の反応系によってアルコールや乳酸などの有機物を生み出すところが異なる。好気呼吸では、解糖系、クエン酸回路、電子伝達系という3つの反応系を順に経て、多数のATPを合成し、二酸化炭素を放出する（図3-3b。最近の研究によると、1分子のグルコースから約28個のATPが得られる）。

解糖系は基本的には地球上のすべての生物がもっているもっとも基本的な代謝系で、発酵でも用いられている。基本的な単糖であるグルコースから多段階の酵素反応を経て、2分子のピルビン酸を生み出す過程で、ATPを2分子と、やはりエネルギー貯蔵に用いられるNADH（還元型ニコチンアミドアデニンジヌクレオチド）を2分子生成する。

解糖系は細胞質で行われるが、生成したピルビン酸はミトコンドリアでアセチルCoAという分子に変換された後、次のクエン酸回路（TCA回路、クレブス回路ともいう）に用いられる。回

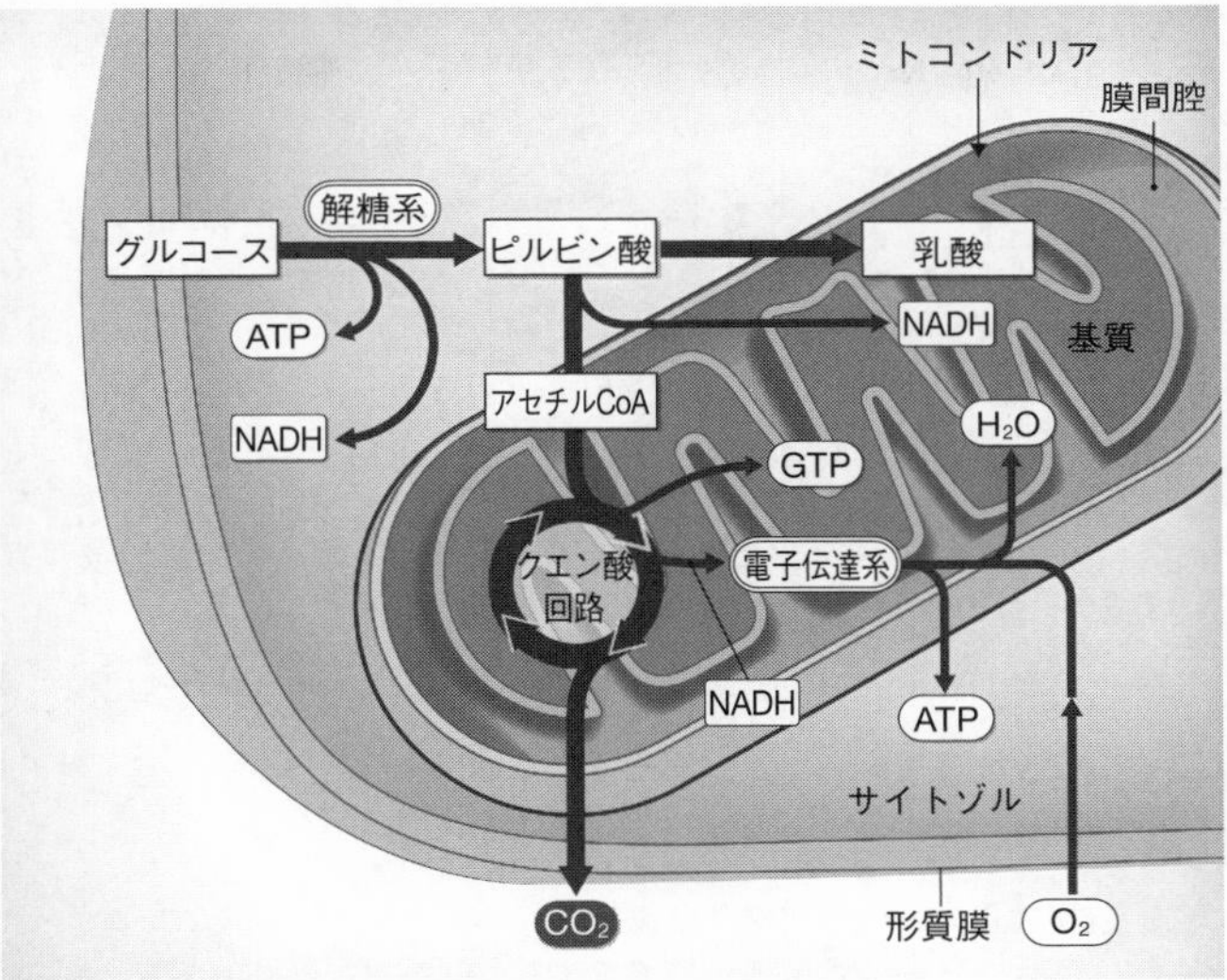

図3-3b　**細胞呼吸の概略**

路といわれるのは、アセチルＣｏＡと共に反応で用いられるオキサロ酢酸が多段階の反応を経た後に、再度最終産物として生成されるからである。その間に、３個のＮＡＤＨ、１個のＧＴＰ（動物の場合）、２個の二酸化炭素が生成される。つまりクエン酸回路では（動物では）ＡＴＰは生成されず、ＮＡＤＨがエネルギー分子として生成され、これが続く電子伝達系で用いられる。

電子伝達系（呼吸鎖）の場もミトコンドリアである。ミトコンドリアは外膜と内膜の２種類の膜で形成されている。クエン酸回路は内膜の内側の基質（マトリックス）部分で行われるが、電子伝達系はミトコンドリアの内膜に

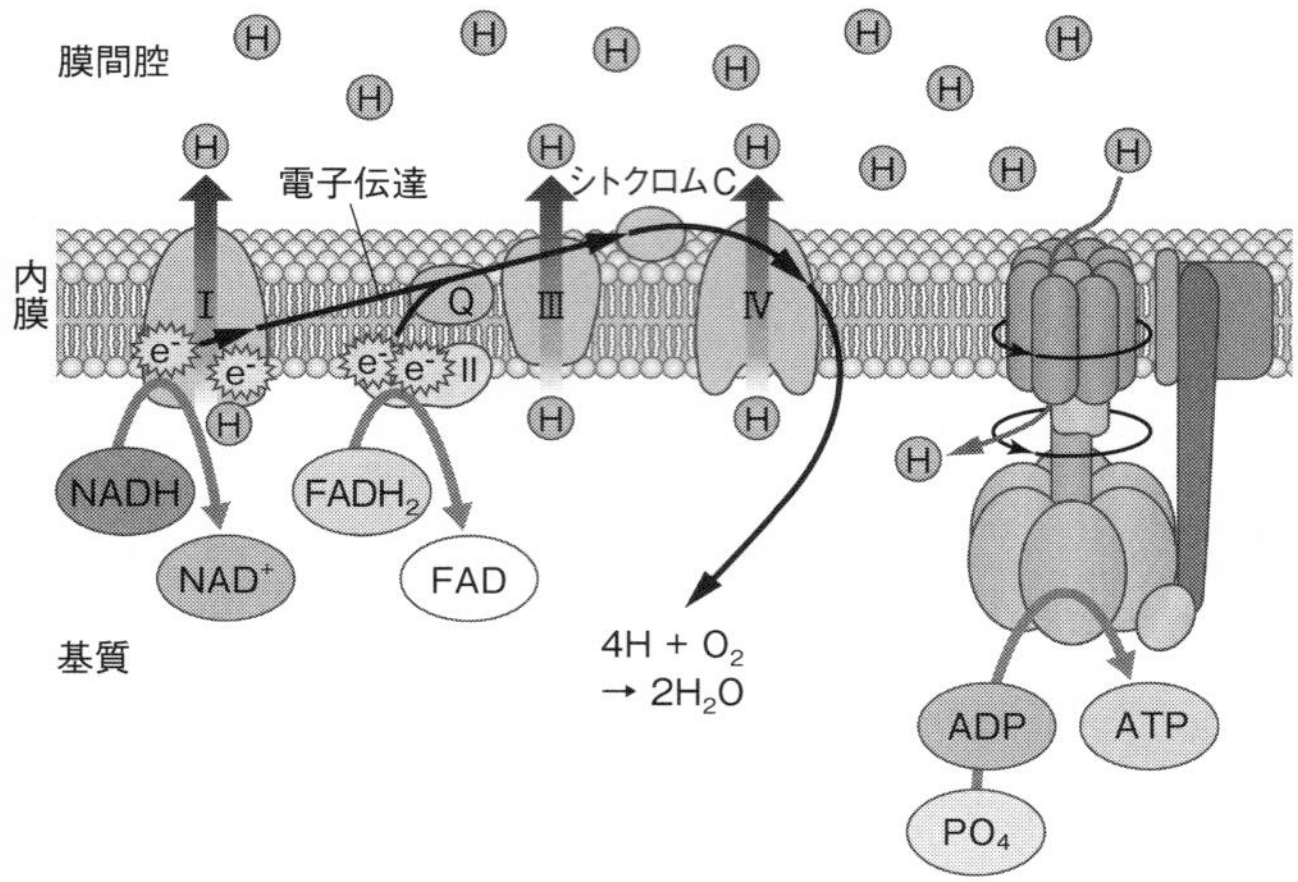

図3-3c　ミトコンドリアと電子伝達系

埋め込まれた膜タンパク質群（呼吸鎖複合体）によって行われる（図3－3c）。

簡単にいうと、まずNADHとコハク酸を入力とする一連の酸化還元反応（電子伝達）によって、NADHのもつエネルギーが呼吸鎖複合体をプロトンポンプとして駆動する。すなわち、ミトコンドリア基質のプロトン（水素イオン）を二重膜の隙間（膜間腔）に汲み出して、内膜をはさんだ空間の間にプロトンの濃度差（プロトン濃度勾配）を生み出す。このとき、好気呼吸では、肺呼吸によって吸収され、赤血球中のヘモグロビンと結合した形ではるばる運ばれてきた酸素分子が最終的に用いられ、水分子が生成される。こうして得られた濃度勾配によって、プロトンがこれを打ち消そうと膜間腔から基質側に戻ろうとする。

そのエネルギーを用いて、やはり内膜上に存在するＡＴＰ合成酵素がＡＤＰをリン酸化してＡＴＰを合成する（これを酸化的リン酸化とよぶ）。なお、呼吸鎖複合体やＡＴＰ合成酵素のように、イオンや親水性の分子が膜を通り抜ける現象（膜輸送）を助けるタンパク質を膜輸送体（トランスポーター）とよぶ。

これまで説明したとおり、ミトコンドリアは真核生物の細胞呼吸において中心的な役割を果たしており、細胞のエネルギー工場などと形容される（細胞の種類にもよるが、１細胞あたり数百〜数千個存在するという）。独自のゲノムＤＮＡと転写・翻訳などの遺伝情報処理システムをもち、２つの膜をもっていることも、元々は独立した好気性細菌（αプロテオバクテリア）だったものが、真核生物の祖先に取り込まれて共生関係になったことの証拠とされる（細胞内共生説）。ちなみに、ミトコンドリア内のタンパク質の多くは核ゲノムにコードされているが、これは元々ミトコンドリアゲノムにコードされていたものが、共生関係が進むにつれて、核に取り込まれていったものと考えられている。

異化と細胞呼吸の説明が長くなったが、同化反応においては、異化反応によって得られたＡＴＰをＡＤＰとリン酸に分解するときに放出されるエネルギーを用いて、多数の化学反応が行われ、様々な生体分子が合成される。異化と同化をあわせた代謝システムは代謝マップとして表されている（図３－３ｄ）。代謝系には多数の遺伝子産物（酵素）がかかわっており、代謝産物のバランスを精妙にコントロールしている。

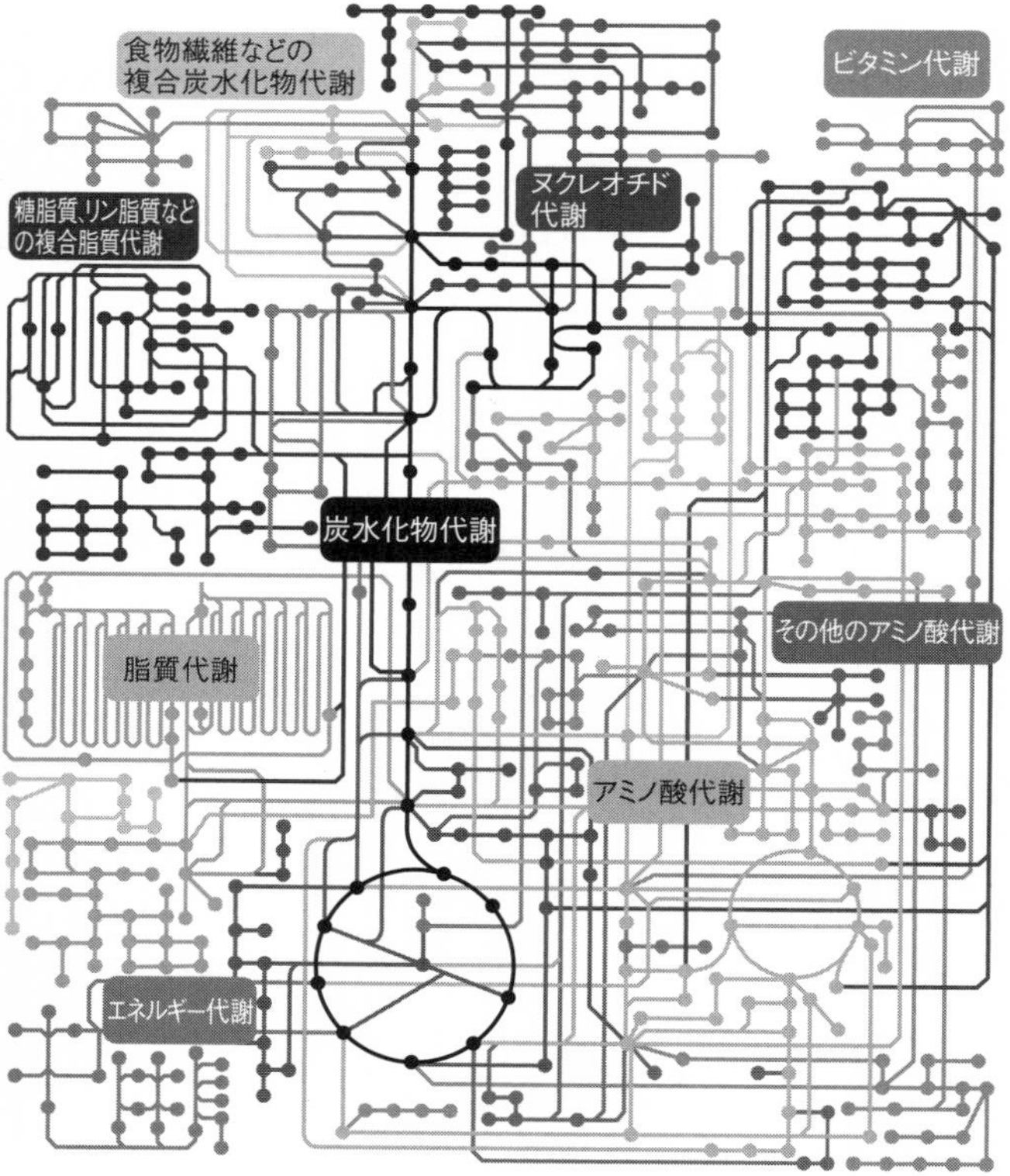

図3-3d　代謝マップ

KEGG PATHWAY データベースより改変

この仕組みをいろいろなデータを駆使して解析する研究は、いわゆるヒトゲノム計画以後に発達した遺伝子やその産物が織りなす制御ネットワークの理解を目指すシステム生物学という新しい研究スタイルの格好の材料となっている（第３－７節）。特に細胞内に存在する代謝物の全貌を扱う研究は、メタボローム研究とよばれる。

3・4　ヒトゲノムDNAの中身をのぞいてみると

第１－６節で述べたように、ヒトのゲノムは核に存在する23対の染色体DNAと環状のミトコンドリアDNAからなる。46本の染色体はそれぞれ切れ目のないDNA二本鎖を含む。ゲノムがこのように分かれて存在することには、減数分裂のときに両親由来のゲノムが混じりやすいというメリットがあると思われるが、染色体の数そのものにはそれほどの必然性はないようである。生物種によって染色体の本数は大きく異なるし、時には進化的に非常に近縁の種間でも大きく違っていることもある。ちなみに、チンパンジーのゲノムは数え方にもよるがヒトとおよそ４％程度の違いしかないと言われているが、染色体数は24対である。おそらくヒトの祖先において２本が融合したらしい。

真核生物の染色体DNAの両端にはテロメアという領域がある（第２－10節）。また比較的中央に近いところにセントロメアという領域がある。セントロメアは、S期に複製されて２本に

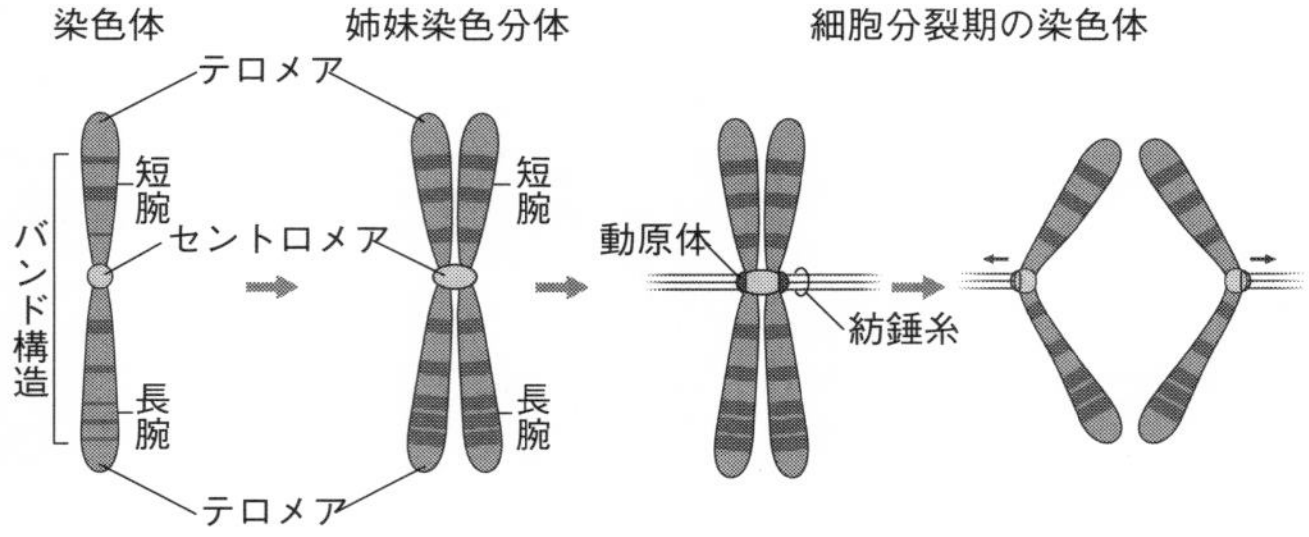

図3-4a　染色体の構造と分配

なった染色体（姉妹染色分体）が細胞分裂時（M期）の分裂直前にこの部分でくびれのようにつなぎとめられ、Xのような形を示す領域である（図3－4a）。この時期の染色体は顕微鏡で観察しやすいために、このX状の染色体の図をよく見かける。このXのうちで、短い方を短腕、長い方を長腕とよぶ。

さらに、染色体はギムザ染色法によって、縞状の構造（バンド構造）を示す。このバンドを基準にして、染色体上の大まかな位置を表す。短腕はp、長腕はqで表すので、たとえばある遺伝子が17p13.1の位置にあるとは、第17番染色体短腕のバンドをもとに定義される13.1という位置にあることを意味する。ただし、この位置は十進法では表されていないので、この例だと「いち、さん、てん、いち」と読む。

分裂が進むと、セントロメア上にできた動原体（キネトコア）という構造が紡錘糸に引っ張られて、それぞれの細胞に染色体が分配される（図3－4a）。テロメアとセントロメアはヘテロクロマチンの一種で、常に凝縮した構造をとって

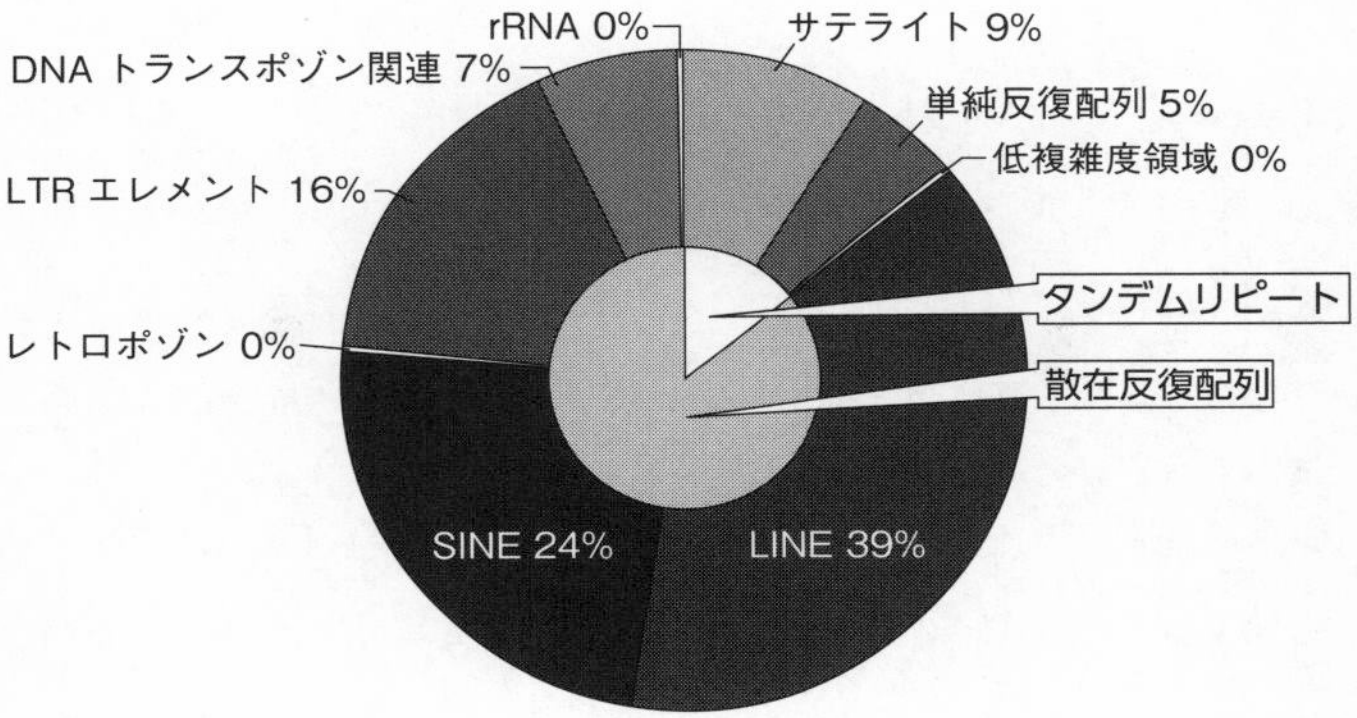

図 3-4b　ヒトゲノム反復領域の内訳

反復領域はゲノムの53.9%を占める。この他にも部分重複などと呼ばれる一種の繰り返し領域が6.6%存在する。ここではマイクロサテライトを単純反復配列として区別している。

Nurk 他、Science 2022 をもとに作図

いると考えられている（構成的ヘテロクロマチンという）。

一方、ヘテロクロマチン構造は状況に応じて形成される場合もある（条件的ヘテロクロマチンという）。X染色体の不活性化（第１−６節）はその例であるし、第４章などで説明するように、細胞分化などに応じて不必要な領域を凝縮して収納しているらしい。ともあれ、常時凝縮している構成的ヘテロクロマチン領域はヒトゲノム計画では対象外とされた。それらは反復配列といって、同じパターンが延々と繰り返すような構造をしているため、当時の技術では解読不可能であったからである。２０２２年になって、ようやくその全貌が配列決定された。

それによると、ヒトゲノムの53・9％は何らかの反復配列になっており、残りの46・

1％の領域中にある、タンパク質コード遺伝子領域といえるのは、2割強程度、その中でも実際にタンパク質をコードしているのは1％程度にすぎないらしい。

反復配列は、繰り返しの単位になる配列が単純に並んで反復するタンデムリピート（縦列反復配列）と、繰り返し単位がゲノム内に散在している散在反復配列に大きく分けられる（図3－4b）。タンデムリピートは、DNAの複製もしくは修復時に起こるエラーから生じたものと考えられ、散在反復配列は主に次節で説明するトランスポゾンによって生じたものと考えられている。

タンデムリピートは、その領域の塩基組成が偏っているために遠心分離すると衛星のように分離して見えることから、サテライトDNAともよばれる。特に繰り返し単位の長さが2～9塩基対のものをマイクロサテライト（または単純反復配列）、10～100塩基対のものをミニサテライトという。マイクロサテライトでは、たとえばCAの繰り返し（CACACA……）が多くみられる。また、3塩基単位の繰り返しの伸長は、たとえばCAGの繰り返しでタンパク質中にグルタミン（Q）の連続を生じさせるなどして、ハンチントン病など、多数の遺伝性神経疾患（トリプレットリピート病）の発症と関わっていることが知られている（疾患を引き起こす繰り返しは必ずしも3塩基とは限らないので、最近は単にリピート病ともよばれる）。

また興味深いことに、これらの繰り返し配列はAUGコドン以外からの翻訳（RAN翻訳、リピート関連翻訳）を誘発することが知られている。ヒトを含む哺乳類のテロメアはTTAGGG

という６塩基の繰り返し構造である。マイクロサテライトやミニサテライトの繰り返し数は個人によって異なる（さらに２本の相同染色体〈第１‐６節〉の間でも異なる）ことが多いので、ＶＮＴＲ（反復配列多型）ともよばれ、ＤＮＡ鑑定などに用いられる（第５‐３節）。サテライトＤＮＡはヒトゲノムのおよそ７％を占める。

散在反復配列はヒトゲノムの半分近くを占める。中でも７０００塩基対程度の繰り返し単位のＬＩＮＥ（長鎖散在反復配列）は21％、数百塩基対程度のＳＩＮＥ（短鎖散在反復配列）は13％を占める。また、ＬＴＲレトロトランスポゾンとよばれる領域もヒトゲノムの９％程度を占める。これらについては次節で改めて説明する。トランスポゾンや散在反復配列はレトロウイルスというウイルスのグループとも関連が深いので、ウイルスについても第３‐６節でまとめて述べる。

ヒトゲノムの中でもう一つ無視できない構成成分として、偽遺伝子がある。これはかつて遺伝子として機能していたと思われるが、突然変異などのために現在はもう働いていない遺伝子の残骸である。実は、ゲノム塩基配列は様々なスケールで同じ配列領域が繰り返してコピーされることがあり、進化の大きな原動力になっているものと考えられている。遺伝子を含む領域がコピーされる場合は遺伝子重複とよばれ、偽遺伝子の多くはその余分なコピーに由来している。ヒトゲノム中の偽遺伝子の数は約１万３０００個と見積もられており、これは機能するタンパク質コード遺伝子の数にも迫る数である。

ヒトゲノムの大部分は無用なのか？

以上概観してきたように、ヒトゲノムの約半分は反復配列で、それ以外の部分にも偽遺伝子など、機能していないと思われる領域が多い（図３－４ｂ）。タンパク質をコードしている領域は全体の１％程度に過ぎないと言われている。

もちろん、それ以外の領域にも、第４章で紹介するような種々の転写調節領域や非コードＲＮＡ遺伝子（第２－９節）など、明らかに重要な働きをしている領域が含まれているのは間違いない。その意味で、１９７０年代にカミングスや大野乾《すすむ》がコード領域以外のＤＮＡをジャンクＤＮＡ（つまりゴミ）とよんだのは適切でないという批判もある。しかし、それらゲノムの大部分を占める一見無用の領域のどの程度が果たして本当に必要なのかは、今もよくわかっていない。

ゲノムの大部分が実は無用かもしれないと考えられる根拠の一つがＣ値パラドックスである。Ｃ値とは、生物種がハプロイド（第１－６節）あたりにもつ（ゲノム）ＤＮＡの（ピコグラム単位の）量のことであり、ヒトでは約３である（植物のように生殖細胞中に複数のゲノムをもっている場合を除けば、ゲノムサイズと同等の概念である）。実は、これが種によって大きく異なる値をとる（図３－４ｃ）。そして、その値がその生物の体の複雑さ（あるいはコードされた遺伝子数）と相関していないというのがＣ値パラドックスである。

たとえば、単細胞真核生物であるアメーバの一種はヒトの２００倍のゲノムサイズをもつのに

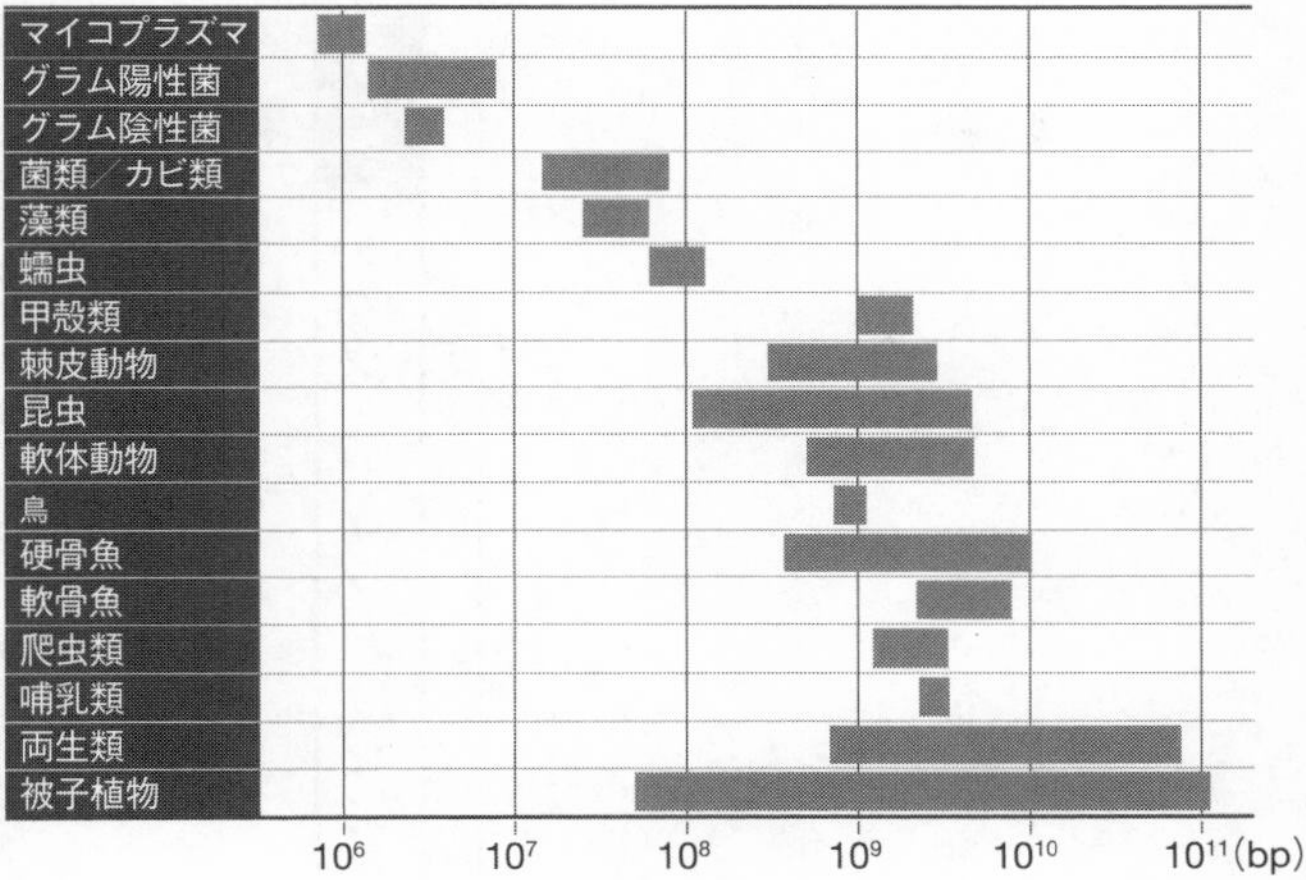

図3-4c　いろいろな生物のゲノムサイズ
Molecular Biology of the Cell (Garland 2008) を改変

対して、ヒトと同じ脊椎動物で遺伝子数もヒトとそれほど変わらないフグはヒトの約1／10に過ぎない（図3-4c）。C値パラドックスは、非コードDNAの大きさが生物の複雑さや遺伝子数とあまり関係していないことを意味しており、余白部分が「ジャンク」に近い存在であることを示唆する。もし、ヒトの非コード領域のほとんどがその生命活動にとって不可欠だというのであれば、それらはフグではどうなっているのか、あるいはアメーバゲノムの非コード部分のほとんども同様に重要なのかという疑問が生じる。

ヒトゲノムが、生命の設計図としてたまたま必要十分な大きさであるというのは、あまりにも人間中心的・ご都合主義的な考え方であると思われる。この疑問に対する答えは今後の研究の進展を待つべきであるが、非コードRNA遺伝子や非コード領域内の機能部位の多くは生命活動維持に必須ではなく、生命現象をより豊かにするのに（贅沢品として⁉）貢献しているのかもしれない。

3・5 トランスポゾンとはなにか

コピー&ペーストか、カット&ペーストか

本節ではヒトゲノムの主要構成成分であるトランスポゾンについて説明する。トランスポゾン（転移因子）とは、ゲノム中でその位置を変えるDNA領域のことである。米国のマクリントックがトウモロコシの斑《ふ》入りパターンの解析から、（ワトソンとクリックの二重らせん論文が出版された）1953年に染色体の一部が移動していることを論文で報告したのが最初である。しかし、遺伝子が動くという彼女の発見は、当時の常識からは理解し難いものだったために、その真価が理解されたのはずっと後のことであった（1983年にノーベル賞単独受賞）。トランスポゾンはコピー&ペースト方式で移動するクラス1とカット&ペースト方式で移動するクラス2に分類される（図3-5a）。

クラス1は、レトロトランスポゾン（レトロポゾン）とよばれるもので、RNAに転写された

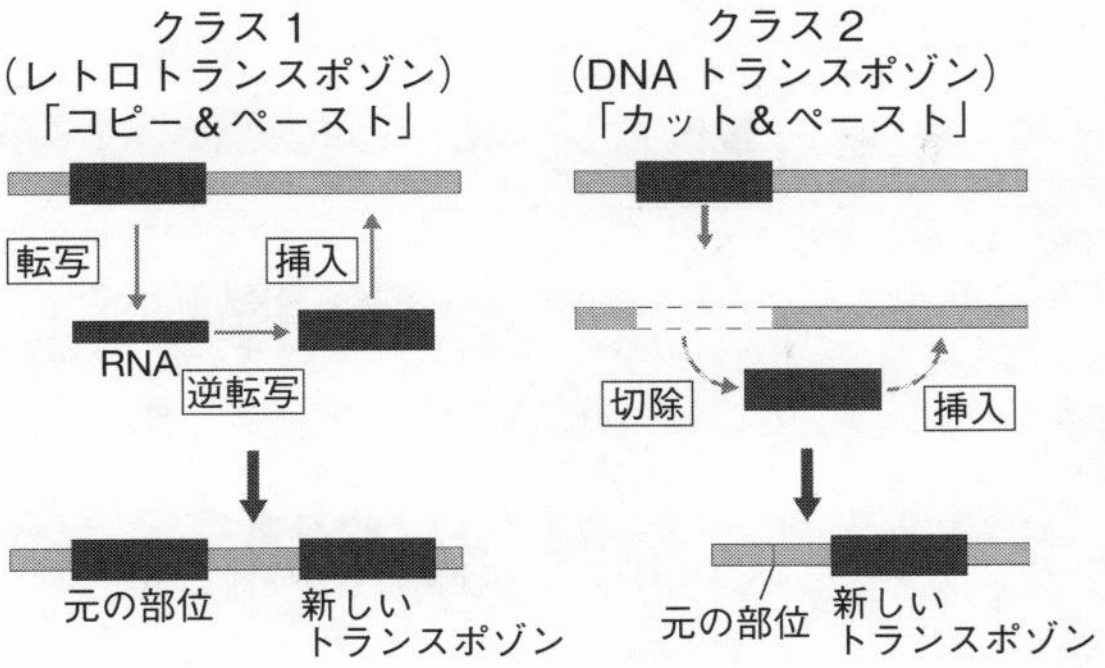

図3-5a　**トランスポゾンの基本分類**

後で、逆転写酵素（第3-6節）などによって二本鎖DNAになり、ゲノムの別の場所に入り込む。これは次節で紹介するレトロウイルスと基本的には同じ仕組みを使っており、真核生物のみにみられる。

レトロトランスポゾンは、レトロウイルスゲノムの両端に存在するLTR（長鎖末端反復）とよばれる数百塩基長の配列をもつLTRレトロトランスポゾンと、LTRをもたないものに分けられ、後者はさらにその長さによって、LINE（長鎖散在反復配列）とSINE（短鎖散在反復配列）に分類される。LTRレトロトランスポゾンは、LTRのほか、レトロウイルスのもつ*pol*と*gag*という遺伝子をもち、ポリA配列までもっている。つまり、mRNAの形をしたものが、逆転写されDNAに挿入されたことを示している。

*pol*遺伝子には、逆転写酵素などがコードされている（後述）。LTRレトロトランスポゾンの基本構造

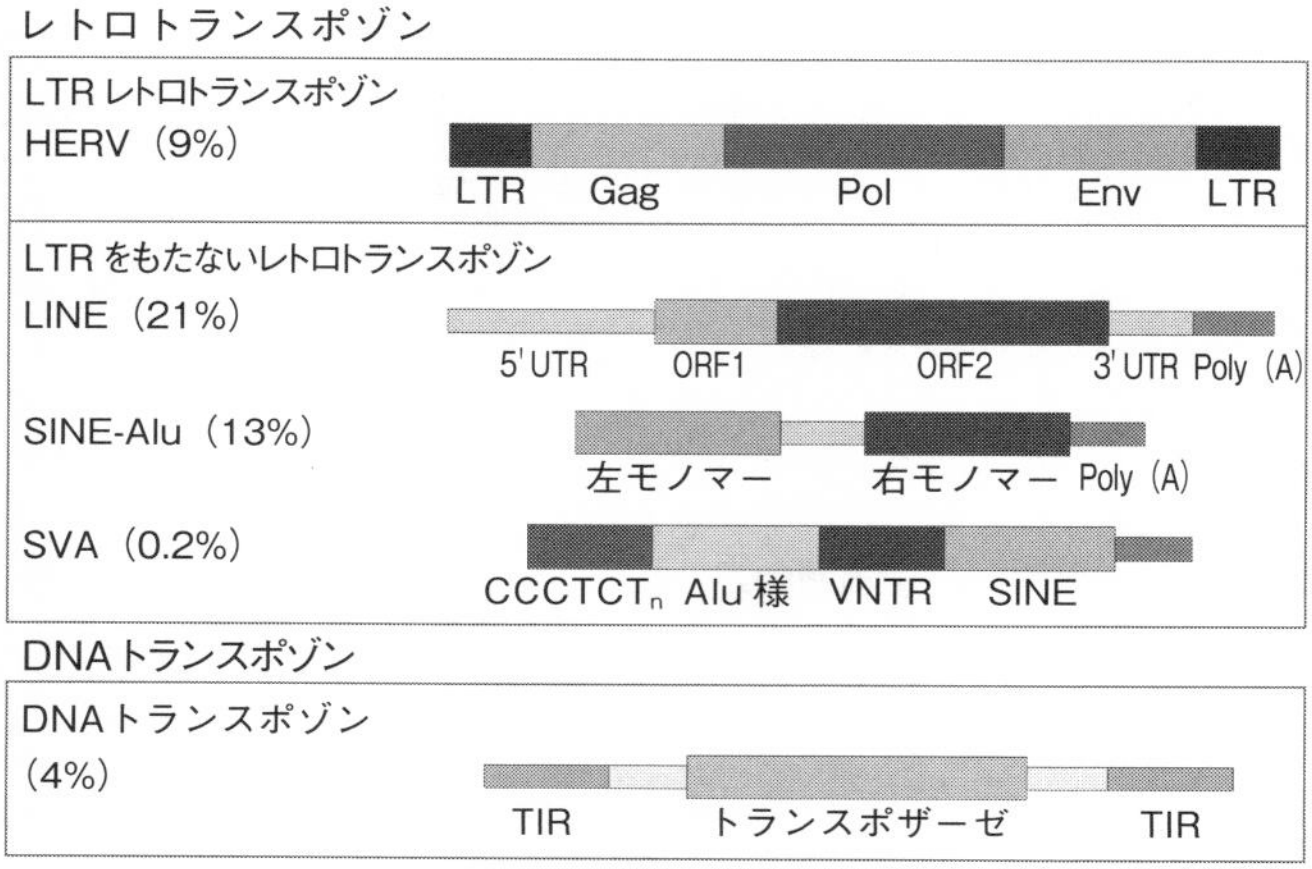

図 3-5b　レトロトランスポゾンの分類とDNAトランスポゾン
HERVはヒト内在性レトロウイルスの意味。SVAはSINE、VNTR、Aluが組み合わさったコンポジット型トランスポゾン。DNAトランスポゾンのTIRは端にある逆位反復の意味。

は、祖先において生殖細胞のＤＮＡに潜り込み、毒性を失った内在性レトロウイルスとよばれるものと同じとも考えられるが、両者は厳密には*env*というウイルス粒子形成に必要な遺伝子の有無によって区別される。ヒトゲノムに存在するものは長さが５０００塩基以下で、ゲノムの９％程度を占めており、そのすべてが増殖活性を失っているものと考えられている。

ＬＩＮＥは７０００塩基程度の長さで、ヒトゲノムの21％を占める。中でもＬＩＮＥ１（Ｌ１）という広く哺乳類にみられるものが代表的である。ＬＩＮＥ１は二つのＯＲＦをもち、その一つは逆転写酵素活性をもつ。今でも１００コピー程度は移動活性をもっていると言われている。その場合、まずヒトのPol Ⅱによって転写される。

ＳＩＮＥは１００〜７００塩基程度の長さの単位で、ＬＴＲはおろか、タンパク質もコードしていない。したがって、自力では転移できず、ＬＩＮＥの遺伝子産物の働きで転移してきたものと考えられる。転写はPol Ⅲによって行われるため、通常のPol Ⅱのためのプロモーターとは異なる制御配列（内部プロモーター）をもつ。ヒトゲノムの約13％を占め、特にAlu配列という霊長類にみられる３５０塩基程度の領域が１００万コピーほど存在するが、そのうち30コピー程度はいまも転移能力をもっているらしい。Aluという名前は、AluⅠという制限酵素（第５－１節）で切断できることによる。5′領域はシグナル認識粒子（第２－８節）のＲＮＡ成分由来の配列を含み、同じくPol Ⅲで転写されるこのＲＮＡ遺伝子の転写制御領域を利用することで転移能力を獲得したらしい。

一方、クラス2トランスポゾンは、ＤＮＡトランスポゾンといわれ、自身がその遺伝子をコードするトランスポザーゼという酵素の働きで、自分自身をゲノムからいったん切り離し、ランダムもしくは適当な特徴をもつ部位に入り込むことで移動する。クラス2トランスポゾンはその両側に逆位反復（ＩＲ）という反対向きの配列をもつ（図３－５ｂ）。これらは、真正細菌を含むほとんどすべての生物のゲノムに存在し、いろいろな種類が知られている。ヒトゲノムの４％程度を占めるが、そのすべてが活性を失っているものと考えられている。

トランスポゾンの功罪

以上、いろいろなトランスポゾンを紹介してきたが、これらは利己的DNAとよばれるような遺伝的寄生者として、ゲノムに居ついている存在であると考えられる。ゲノム側からすれば、大切な遺伝子の中や近くに転移されて、遺伝子が破壊されたり、その発現に影響されたりすると、しばしば疾病を引き起こす迷惑な存在である。したがって、第4章で述べるクロマチン構造の調節などによって、トランスポゾンの転移を防ぐ仕組みを備えている。特にクロマチン構造が比較的ゆるんでいて、また生存上重要な生殖細胞系列においては、特別な仕組み（PIWIタンパク質／piRNA複合体）を使って、転移を食い止めようとしている。

しかし進化の過程でトランスポゾンの増大がしばしば起こっていることは明らかで、特にクラス1のレトロトランスポゾンは転移のたびにゲノムサイズを増大させ、今やヒトゲノム全体の約半分が反復配列になっていることを考えると、ゲノム複製などで大きな負担になっているはずである。Alu配列が霊長類だけに見られるのは、Alu配列の侵入が霊長類の分岐時期あたりに始まったためであり、進化的にはごく最近のことであると言える。

もっとも甚だしいのは、ショウジョウバエのP因子というクラス1のトランスポゾンで、わずか50年ほど前から種内外で広がったらしく、それ以前に実験室で用いられていたハエからは見つからないという。

　このように、トランスポゾンはゲノムの動的変化に大きな役割を果たしてきたと考えられている。ゲノムは、決して不変の設計図ではなく、絶えず書き換えられ続けているものであり、またそういう変化を生み出す源泉となる無駄を許す存在でもあるらしい。そればかりか、トランスポゾンやウイルスの侵入を受ける宿主《しゅくしゅ》となる生物側でも、一部のトランスポゾンの機能部位を積極的に利用するようになったと考えられる例がいくつも報告されている。ヒトゲノムにはＬＴＲレトロトランスポゾン由来の遺伝子が30以上存在し、その多くが哺乳類のみに存在するので、これらが哺乳類の進化に大きく関わっているのではないかとも言われている。

3・6　ウイルスとゲノム

　トランスポゾンについて述べたので、その同類ともいうべき、ウイルスについてもここでまとめておく。

　ウイルスは、生物と非生物の間に位置する存在とも言われ、生物の定義が難しいのと同様、ウイルスの定義も難しい。ここでは、独自の核酸ゲノムとそれを覆うタンパク質の殻をもち、宿主の細胞中でしか増殖できない感染体（病原体）としておく。歴史的には、通常の病原性細菌では通り抜けることのできないフィルター膜を透過する病原体としてその存在が19世紀末にはじめて検知されたこともあり、光学顕微鏡の検出限界以下の大きさであることがウイルスの重要な特徴の一つであった。しかし、近年、後述するパンドラウイルスなど、真正細菌と同程度の大きさをもつ巨大ウイルスが発見されており（ただし、これらを通常のウイルスと区別して、第４のドメインに属する生命体であるとする提案もある）、大きさで区別することは必ずしも適切ではなくなった。

真正細菌や古細菌を含む、地球上のほとんどすべての生物がウイルスの宿主（感染対象）となり得る（真正細菌や古細菌に感染するウイルスは特にバクテリオファージ〈またはファージ〉とよばれる）。いろいろな生物種を宿主にできるウイルスもいるし、１種類にしか感染できないと思われるウイルスもいる。また、地球上におそらく数百万種類のウイルスが存在すると推定されている。

上述のように、ウイルスの基本構造は、核酸とそれを取り囲むタンパク質の殻からなる粒子であるが、ウイルスによってはさらにエンベロープとよばれる膜（第１-１節で紹介した脂質二重層）によって包まれている。ちなみに、ウイルスによる感染予防に石鹼やアルコールによる手洗いが奨励されるのは、このエンベロープが石鹼などによって容易に破壊されるためである。

タンパク質の殻はカプシドとよばれ、通常小さな構成単位となるタンパク質が多数自発的に集合して形成され、正二十面体など、立体対称性をもった構造をとる。このような幾何学的形状は電子顕微鏡で観察でき、また多くのウイルスが化学物質のように結晶化できることと併せて、ウイルスの非生物的一面を表している。

表3-6a　ウイルスの7分類（バルティモア分類）

グループ名	ゲノムの性質	例
Ⅰ	二本鎖DNA	アデノウイルス、ヘルペスウイルス
Ⅱ	一本鎖DNA（＋鎖）	パルボウイルス
Ⅲ	二本鎖RNA	レオウイルス
Ⅳ	＋鎖一本鎖RNA	コロナウイルス
Ⅴ	－鎖一本鎖RNA	オルトミクソウイルス（インフルエンザウイルス等）
Ⅵ	＋鎖一本鎖RNA、逆転写酵素	レトロウイルス
Ⅶ	二本鎖DNA、逆転写酵素	ヘパドナウイルス

様々なウイルスゲノムのタイプと特徴

ウイルスゲノムにはDNAだけでなく、RNAのものもあり、またそれぞれ一本鎖のものと二本鎖のものが存在する。それらの性質は、逆転写酵素をもつかどうかという特徴とあわせて、ウイルスの分類に用いられている（表3-6a）。

たとえば、一本鎖RNAゲノムをもつウイルスの場合、それが＋鎖（第2-3節）で、そのままmRNAとして翻訳に使われるウイルスもいるし（コロナウイルスなど）、－鎖でそこから作られる相補鎖がmRNAとして用いられるウイルスもいる（インフルエンザウイルスなど）。

ウイルスゲノムは、さらに環状のものもあれば線状のものもある。線状の場合、染色体のように、セグメントとよばれるいくつかの断片に分かれていて、それぞれが1個か2個の遺伝子をもっていることもある（ただし、すべての同一種ウイルスが同じ一揃えのセグメントをもっている必要はないらしい）。

ゲノムに含まれる遺伝子（ORF）数は2個（サーコウイルス。鳥類や哺乳類に感染）から2500個以上（パンドラウイルス。海洋中のアメーバに感染）と幅広いが、通常は10個程度であると言われる。サーコウイルスのもつ遺伝子は、一つが増殖用（DNAウイルスなのでDNAポリメラーゼ）で、もう一つがカプシド用であることから、これらがウイルスのもつ最低限の機能であるといえるだろう。

なお、ウイルスORFはポリプロテインといって、まず一つの大きなタンパク質に翻訳された後で、切断（プロセシング）を受け、複数のタンパク質として機能することも珍しくない。さらに、ORF同士が一部重なったり、途中で読み枠が変わったりする（リボソームフレームシフト。第2-7節）など、複雑な構造をもつことも多い。なお、ORFとよばれるだけあって、通常イントロンをもたない。

ウイルスのもう一つ基本的な性質として、翻訳系や代謝系など、基本的な生命現象に必要な遺伝子を自分でもたないことがあげられる（ただし、パンドラウイルスをはじめとする海洋の巨大ウイルスは一部の代謝関係遺伝子をもつ）。それらは宿主の遺伝子産物を用いるのが基本戦略である。

すなわち、ウイルスは、何らかの方法で宿主の細胞の中に取り込まれ、細胞内でカプシドが分解され、ゲノムが露出する。そこから何らかの形で、ゲノムにコードされたタンパク質を合成し、またゲノムを複製する。それらの部品は細胞内で集合してウイルス粒子となり、何らかの形で細胞外に大量に放出される（宿主細胞の死を伴うこともある）。

エンベロープをもつウイルスは、この放出時に宿主の細胞膜を切り取って、エンベロープの材料とする。このようにウイルスの増殖に伴い、宿主細胞は自分のもつエネルギーや遺伝子産物を多く奪われるため、ウイルスは基本的には宿主にとって有害な存在である。

そこで宿主生物は様々な免疫機構を使って、ウイルスを攻撃・排除しようとする。これに対して、ウイルスはそれらを回避し、逆に攻撃することで対応する。この攻撃が強すぎて、宿主生物が死滅してしまうとウイルスにとって損になるため、長い年月を経ると、ウイルスの強毒性は弱まって、慢性的な感染状態を保つことが多い。

逆に、ウイルスがたとえばコウモリからヒトへと宿主を乗り換えたりすると、（手加減を知らず）新興感染症として猛威をふるうこともある（たとえば２０１９年にはじめて報告された新型コロナウイルスは２０２０〜２０２２年に世界的に大流行した）。

また、インフルエンザの異なる型が毎年流行することに象徴されるように、一本鎖ウイルスゲノムは一般に変化する速度が非常に大きく、それによって免疫系の攻撃を回避しているものと考えられる。

なお、トランスポゾンと同様、ウイルスも宿主生物の進化に大きな影響を及ぼしてきている。

典型的には、何らかの形で宿主の遺伝子がウイルスゲノムに取り込まれることがあり、そのウイルスが別の生物種に感染した場合、遺伝子が種の壁を超えて受け渡される現象（遺伝子の水平伝播という）が起こり得る。

逆転写酵素をもつレトロウイルス

本書ではいろいろなウイルスの詳細に触れる余裕はないが、レトロトランスポゾンとの関連が深い、レトロウイルスについて簡単に紹介する。レトロウイルスとは、逆転写酵素をもつＲＮＡウイルスの総称だが、そのＲＮＡは一般に一本鎖の＋鎖である（ちなみに、逆転写酵素をもつＤＮＡウイルスも存在し、二本鎖ＤＮＡからＲＮＡを合成し、そこからまたＤＮＡを合成して増殖する。インフルエンザウイルスは逆転写酵素をもたないので、レトロウイルスではない）。

レトロウイルスの大きな特徴は、一本鎖ＲＮＡから相補鎖ＤＮＡを合成し、さらに二本鎖ＤＮＡを合成した後、自分がもつインテグラーゼによって、宿主のゲノムの中に潜り込むことである。この潜り込んだ状態のウイルスをプロウイルスとよぶ。

プロウイルスは活発に転写され、ウイルスの部品タンパク質を作る。この状態はカプシド用タンパク質をもつことを除けば、レトロトランスポゾンと同じであり、レトロウイルスはレトロトランスポゾンから生まれたものかもしれない。合成された部品は集合してウイルス粒子となり、エンベロープ付きで細胞から大量に放出される。

レトロウイルスゲノムの両端にはＬＴＲという構造をもち、これは周りの遺伝子の転写を活性化する制御配列として働く。両端のＬＴＲの間には、*gag*（カプシドタンパク質）、*pro*（プロテアーゼ、すなわちタンパク質の加水分解酵素）、*pol*（逆転写酵素などの増殖用）、*env*（エンベロープに埋め込まれるタンパク質）という4種類の遺伝子をもつのが基本である。ある種のレトロウイルスはその他にがん遺伝子とよばれる遺伝子をもち、宿主細胞をがん化させることができる。このように、レトロウイルスは多くの重大な疾病を引き起こす。中でもＡＩＤＳ（エイズ、後天性免疫不全症候群）の原因となるＨＩＶ、成人Ｔ細胞白血病の原因となるＨＴＬＶなどがよく知られている。

以上のように私たちのウイルスに関する知識はかなり蓄積してきており、感染症対策が医学研究の中心的課題であった19世紀と比べて、先進国ではもはや大規模な感染症被害は過去のものになったのではとさえ言われたこともあったが、新型ウイルスなどによる被害は相変わらず続いており、おそらく今後も粘り強く対応していくことが必要であろう。

3・7　遺伝情報システムとしてのゲノム

すでに何度か述べてきたように、ヒトゲノムにはおよそ2万のタンパク質遺伝子がコードされている。そこから作られるタンパク質はいわばヒトを形作る部品であるため、それらが生体内で

表3-7a　ヒトゲノム遺伝子の機能分類

PANTHER データベース（2022年12月10日現在）。分類は GO の生物学的プロセスによる

機能	数	%
発生過程	1334	6.5%
多細胞生物的過程	1439	7.0%
細胞過程	10019	48.7%
生殖	199	1.0%
局在化	2469	12.0%
生殖過程	199	1.0%
生物学的接着	398	1.9%
免疫システム過程	694	3.4%
生物学的制御	5616	27.3%
成長	81	0.2%
シグナル伝達	2321	11.3%
代謝過程	5907	28.7%
他個体相互作用	339	1.6%
刺激応答	3119	15.1%
色素形成	14	0.0%
ミネラル生成（骨・歯）	10	0.0%
生体周期・段階	57	0.3%
行動	15	0.1%
リズム過程	26	0.1%
運動	394	1.9%
未分類	9598	46.6%

果たす役割（機能）が様々な方法で調べられている。

表３－７ａに現在推定されているヒト（タンパク質）遺伝子のおおざっぱな機能分類を示す。一つのタンパク質が同時に複数の機能に分類されることもあることに注意してほしい。これらの項目は、遺伝子オントロジー（ＧＯ）プロジェクトによって体系化された機能分類による。

オントロジーとは、もともと哲学用語で、その後情報科学でも研究され、さらに生物学でも、生物種間で共通に用いることのできる体系化された用語群というような意味で用いられるようになった。生物学では、異なる生物種の研究者が同じ概念を異なる用語で表したり、あるいは同じ概念が様々な言い回しで表現されたりする（たとえばタンパク質合成を翻訳とよぶなど）ので、このような努力が必要になる。

また、ＧＯでは３つの用語体系をもっており、各遺伝子が３つの側面から特徴づけられる。それは、細胞の構成要素、分子機能、生物学的プロセス（表では過程と訳している）の３つである。細胞の構成要素は、そのタンパク質が、たとえばどの細胞小器官内に局在しているかという情報である。分子機能は、そのタンパク質が単体としてどのような働きをするのか（たとえばどんな酵素活性をもっているか）を表し、生物学的プロセスは、そのタンパク質が（他のタンパク質と協力して）どのような生物学的機能実現に寄与するか（たとえば生体防御に関わる等）を示す。これは機械の部品を考えたとき、それがネジとして働くというのが分子機能的観点であり、それが電源ユニットで使われるというのが生物学的プロセスに対応すると考えるとわかりやすいだろう。

この表で示しているのは、その生物学的プロセスであり、ヒトゲノムのおおざっぱな機能分類を示していることになる。英語からの直訳でもあり、項目名だけを見ても抽象的すぎて、意味がわかりにくいものも多いと思うが、ぼんやりとでもイメージをつかんでいただければ幸いである。

遺伝子ネットワークと進化

このように、生命機能を理解するには、タンパク質の単体としての分子機能を知るだけではなく、遺伝子やタンパク質同士がどのように協力しあって（遺伝子ネットワークを通して）、特定の目的を実現しているのかを理解することが大切である。別の言い方をすると、2万個の遺伝子（タンパク質）が全体としてどのようなシステムを構成しているのかを理解することが大切であり、主な生物種のゲノム塩基配列が決定された今世紀初頭から、このような観点を強調したシステム生物学というアプローチが分子生物学者の合い言葉のようになっている。

遺伝子ネットワークの重要性を示す例として、1995年にゲーリングらによってショウジョウバエで行われた実験を紹介したい。ショウジョウバエには*eyeless*という遺伝子があり、眼の形成を指令する働きがある（同等の遺伝子は多くの動物がもっていて、PAX-6とよばれる）。すなわち、この遺伝子はハエの幼虫の将来眼に分化していく運命の細胞でスイッチがオンになることによって、その細胞の複眼構造への分化が進む。

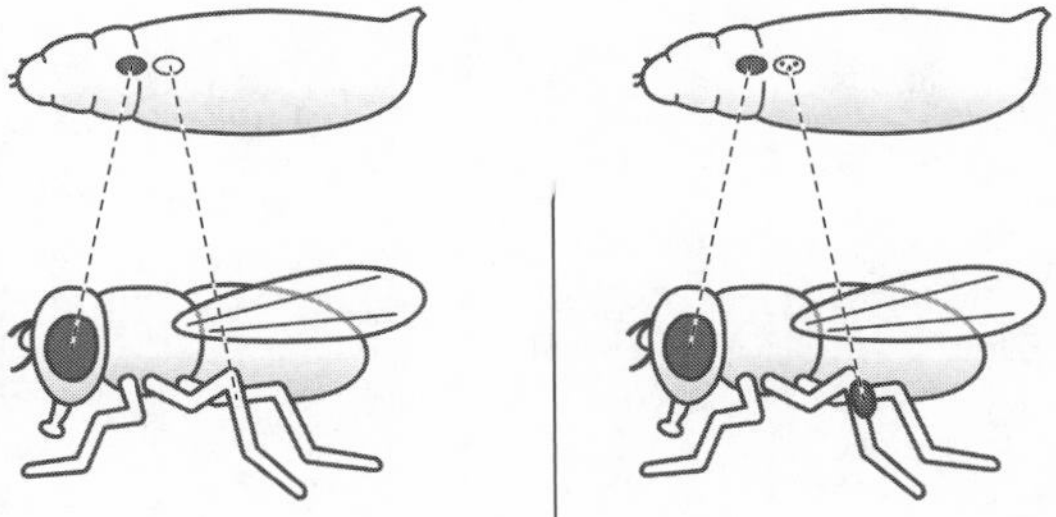

図3-7b　ゲーリングの実験
原論文はHalder他、Science 1995

ゲーリングらは遺伝子工学の手法を用いて、この遺伝子を幼虫のいろいろな細胞（将来様々に分化していく予定の細胞）で強制的にオンにしてみた。すると、驚くべきことに、それらが成虫になると、体のあちこちに複眼構造が形成されたのである。図3－7bに脚に眼ができたハエの模式図を示す。言うまでもなく、ハエの複眼は多種多様な細胞が精密に組み合わされて形成されているものであり、そこに働いている遺伝子も多数にのぼる。それがたった一つの遺伝子をオンにするだけで秩序だって働くということは、取りも直さず、これらの遺伝子が整然としたネットワークを形成しており、*eyeless*はそのマスタースイッチになっていることを意味する。

*eyeless*のコードするタンパク質は転写因子（第4－5節）の一種で、ゲノム中のいくつかの関連遺伝子の制御領域DNAに結合し、それらをオン（またはオフ）にすると考えられる。さらにそれらの遺伝子から別の転写因子が作られて、また別の遺伝子群をオンまたはオフにする、とい

うような階層構造があれば、原理的には一つのマスタースイッチをオンにすることで、次々と必要な遺伝子を起動していくことができるはずである（もちろん、*eyeless*がうまく働くにはそれなりの前提条件があり、オンになりさえすれば、どんな細胞にでも眼ができるというわけではないだろう）。このような制御構造を遺伝子カスケードという。カスケードというのは、もともと小さな滝が連続しているものを指している。

もう一つここで指摘しておきたいことは、進化との関連である。次節でも述べるように、生物の進化は、生殖細胞のゲノムで起こるコピーミスなどの小さな変化の積み重ねなどによって促されるものと考えられるが、ゲノムがタンパク質遺伝子をコードしていることを考えると、（水棲生物が陸上で生活できるようになるといった）大きな変化をどうすれば起こせるのかを想像するのは困難である。しかし遺伝子の働きがこのようにネットワーク化されているのであれば、案外ゲノムの小さな変化で、生物の基本デザインを変えてしまうような大変化も起こせるような気がしてくる。先に述べたゲーリングらの実験もそうであるが、ショウジョウバエでは、ある遺伝子の突然変異で触角の代わりに脚が生えてくるような例がいろいろ知られている（ホメオティック突然変異）。

このように、遺伝子の働きを個別にみるだけでなく、それらが織りなすネットワークとして調べようという気運は、ゲノム情報が明らかになって以降、盛んになっており、上述のシステム生物学の中心的課題の一つである。がんや糖尿病、高血圧などの疾病（多因子性疾患）は、単一の遺伝子がうまく働かなくなって起こるというよりは、複雑な遺伝子ネットワークが、環境要因を含むいろいろな原因が積み重なることによって、全体としてうまく働かなくなることで起こると考えられ、医学の分野でも重要な基礎概念になっている。

ゲノミクスからオーミクスへ

これに関連して、オーミクス（オミックス、オミクスなどとも）と総称される新しい研究スタイルが生まれている。ゲノムという用語は、英語ではgenomeであり、遺伝子（gene）に「すべて」を意味する接尾語（-ome）を付けて「遺伝子全体」という意味になったと解釈できる。ゲノムに関する学問（ゲノム科学）はゲノミクスとよばれる。これに触発されて、ある細胞などに存在するタンパク質（プロテイン）全体をプロテオーム、転写（トランスクリプション）産物、すなわちｍＲＮＡの全体をトランスクリプトーム（第５－６節）などとよぶようになった。

これらの研究は、網羅的、体系的解析を重んじるという点で、ゲノム研究と同じ流れであるといえるが、それだけではなく、積極的にゲノム情報を利用している点も重要である。たとえば、プロテオームでは、主に質量分析法という方法を使って、細胞中に存在するタンパク質の断片アミノ酸配列を決定するが、得られた断片配列情報を組み合わせて、それが何というタンパク質であるかを決定するには、ゲノムにコードされたタンパク質のリストから一致するものを探すというステップを踏む。トランスクリプトームでも、ｍＲＮＡの断片配列情報がゲノムのどこに一致するかをコンピュータで探索する（第5−6節）。

つまりこれらの研究は、ゲノム情報によって探索範囲を決めることではじめて成立すると言っても過言ではないのである。ちなみに、質量分析法は、細胞内の代謝産物を網羅的に明らかにする研究にも用いられ、代謝（メタボリズム）という語から、メタボロームと呼ばれる（第3−3節）。そして、これらの網羅的アプローチの研究を総称して、オームの科学、すなわちオーミクスとよんでいる。

3・8 ゲノムの不安定化とDNA修復

DNA損傷に対抗する3つの防衛ライン

生物は絶えず病原性細菌やウイルスなどによる攻撃にさらされているだけでなく、様々な化学物質や紫外線・放射線などの環境ストレスにさらされている。それだけでなく、生体内にも酸素分子がより反応性の高い状態になった活性酸素などの危険因子が存在し、それらは生体反応で有用な働きをする反面、細胞内分子を酸化させて、損傷を与えることになる。

細胞にはこれに対処する抗酸化防御機構が備わっているが、何らかの原因でこれが十分に働かなくなると、酸化ストレスといって、ゲノムDNAにもしばしば重大な損傷を引き起こす。これは核DNAだけでなく、ミトコンドリアDNAも対象になる。むしろ、ミトコンドリアDNAのほうが、クロマチン構造（第4－1節）で十分に保護されていないために、損傷を受けやすいといわれている。

DNAへの損傷が蓄積すると、細胞分裂のコントロールが利かなくなって、がん化に至る危険性が高い。細胞はこれに対処するために、いくつかの方法を備えている。第一は、本節で紹介する様々なDNA修復機構である。

この仕組みでうまく対応できない場合は、第二の可能性として、細胞が自発的に、また不可逆的に分裂を停止した状態になり得る。これをセネセンス（細胞老化）という。セネセンスは第2－10節で紹介したヘイフリック限界を超えた細胞の状態にあたり、テロメアの消失も一種の重大なDNA損傷として認識されるらしい。

活発に分裂している細胞などの場合は、第三のアポトーシスという最終手段に出る。アポトーシスは、プログラム細胞死とも言われ、細胞自体が自殺することで、周囲の細胞への悪影響を抑えるための仕組みである（アポトーシス自体は、たとえば指の発生時に指の間にあたる細胞がこの仕組みで除去されるなど、通常の過程でも用いられる）。

このようにDNA修復の仕組みは、がんや老化との関係が深い。実際、がんの原因遺伝子や老化の関連遺伝子（若年性老化の原因遺伝子など）にはDNA修復に関わる遺伝子が多い。たとえば、がんの患者でもっとも多く変異が見つかる遺伝子の一つとして、p53があるが、この遺伝子

表3-8a　ヒトゲノムの主なDNA修復システム

Wikipedia:DNA damage (naturally occurring)

名称(略称)	対応する損傷	正確さ
塩基除去修復(BER)	酸化、アルキル化、一本鎖切断など	正確
ヌクレオチド除去修復(NER)	日光によるチミン二量体形成など	正確
相同組換え修復(HR)	S, G2期における二本鎖切断	正確
非相同末端結合(NHEJ)	G0, G1, G2期における二本鎖切断	やや不正確
マイクロホモロジー媒介末端結合(MMEJ)	S期における二本鎖切断	不正確
ミスマッチ修復(MMR)	複製時における挿入・欠失・置換	正確
損傷の直接消去(DR)	グアニンのメチル化等	正確
損傷乗り越え複製(TLS)	損傷DNAを複製	不正確

はがん抑制遺伝子の一つで、DNA修復とアポトーシスへの切り替え制御などに関わっている。

上述の様々な外的・内的要因によって、DNAに起こる化学変化は様々である。典型的には、1塩基または数塩基が化学修飾を受け、時には片方の鎖でだけ異なる塩基になってしまう。同様の現象はDNA複製時のコピーミスによっても起こる。さらには、DNAの片方、もしくは両方の鎖が切断されてしまうこともある。

これらを修復するには、基本的にはガイドとなる正解が必要であるが、たとえば細胞周期の状態によっては、二本鎖が解けているなど、正解が容易には得られないこともあり得る。したがって、DNA修復は細胞周期の制御とも密接に関係している（いくつもの細胞周期チェックポイントがあり、DNA損傷などが検出されると、次のステップへの進行を止める仕組みになっている）。

修正の参照用の正解がうまく得られない場合は、多少正確さは落ちても、とにかくできる限り回復に努めないと、その細胞の生死に関わるので、応急処置的な修復機構も存在する。この種の修復を含む何らかの理由で、対合する塩基が正常に対合したまま、どちらも別の塩基に置き換わってしまった場合は、突然変異（または単に変異という）として、以後そのまま複製されることになる。表3－8aにヒトゲノムにおける主な修復機構を示している。

様々な修復システム

これらのシステムについて、以下簡単に説明しておく。

相同組換え（HR）とは、もともと生殖細胞で減数分裂時に起こる現象で、半数体である精子や卵子（すなわち配偶子）が形成されるとき、両親から受け継いだ対応する染色体（相同染色体）がまず対合し、DNA部分領域を両者でランダムに交換することによって（染色体の交叉）、両親由来の遺伝情報が混ぜ合わさった配偶子を形成する仕組みである。この仕組みを使って、DNAの二本鎖が切断されたときに、S期に複製された姉妹染色分体、または相同染色体の情報を正解として、切断された二本鎖を結合しようとする。ちなみに、この機構に関わるBRCA1とBRCA2という二つの遺伝子の両方に変異をもつ家系の女性は、乳がんの発症率が非常に高いことが知られている。

一方、非相同末端結合（ＮＨＥＪ）やマイクロホモロジー媒介末端結合（ＭＭＥＪ）では、正解の情報を得ることができない状況で二本鎖切断が起こってしまった場合に、切断部位と思しき末端を大胆に結合してしまう反応で、ＮＨＥＪは免疫細胞における抗体遺伝子の組換えにも用いられている。免疫系とは生体が細菌やウイルスによる感染を防御するシステムのことである。第1章で述べたように、我々の体細胞は基本的にはすべて受精卵のもつゲノム情報のコピーを保持しているが、免疫細胞では例外的に多様な抗原（外部から侵入した異物）を特異的に認識する抗体遺伝子群を用意するために、この組換えの仕組みなどを用いて、ゲノムの改変（再構成）を行っている。なお、これらＮＨＥＪ／ＭＭＥＪなどの修復系は正確さよりも、とにかく修復を実行することに重きを置いている。

同様に、損傷乗り越え複製（ＴＬＳ）では、ひとまず修復は諦めて、（特殊なＤＮＡポリメラーゼによって）損傷を受けたＤＮＡをそのまま鋳型として用いてＤＮＡ複製を行う。当然、その正確さは期待できないことになる。なお、ミスマッチ修復（ＭＭＲ）とは、ＤＮＡに起こるヌクレオチドの挿入や欠失、または塩基同士の間違った対合を正確に修復する仕組みであるが、普通に考えると、どちらの鎖の情報を信じるべきかはわからないはずである。実は、この機構は、ＤＮＡの複製時に働くので、新しく合成された鎖の方が間違っていると判断するが、実際に何を目印に二つの鎖を見分けているのかは、まだ十分にはわかっていない。

このように細胞には様々なＤＮＡ修復システムが存在し、ゲノム情報を正確に保つように大きな労力を払っている。しかし、ＤＮＡに起こる損傷の数は一日に一細胞あたり１００万個にも及ぶとも言われており、それらのいくつかは修復しきれず、あるいは誤りを含んだ形で修復され、複製時のコピーミスも含めて変異という形で蓄積していく。

特にこの変異が生殖細胞に起こったときには、それが次世代に受け継がれていく可能性があり、進化の原因となり得る。したがって、一般には、ＤＮＡ修復精度が高い生物の進化速度は遅くなるはずである。逆に、第３－６節で紹介したインフルエンザウイルスなどのＲＮＡ一本鎖ウイルスは、あえて修復に労力をかけずに、高い変異率で次々に新しい遺伝子型を作り出すことで、宿主の防御システムを回避する戦略をとっている。

3・9　ヒトゲノムの個人差と多様性

本章の終わりに、ヒトゲノムが個人によってどのように違っているかについてまとめておく。第３－１節で説明したとおり、最初のヒトゲノムは大変な労力と予算を費やして、今世紀の初め頃にその塩基配列が決定されたが、その後、第５－５節で説明する次世代シークエンサー（ＮＧＳ）という塩基配列決定技術の革命が起こり、今ではゲノムの個人差についてもかなりのことがわかるようになってきた。

ちなみに、この個人差（variation）は多様性や変動と訳される。これは変異（mutation）によっても生じるので、両者はほぼ同じ概念といえるが、多様性は、父親由来と母親由来のゲノムが混じり合う、通常の減数分裂でも起こるという意味で、より広い概念といえる。さらに、多型（polymorphism）とは、特定の集団内で、ある形質（塩基でもよい）が1％以上存在する場合の多様性を意味するが、日本語では多型と多様性（変動）を厳密には区別しないことも多い。

基本的には同じ遺伝情報をもつと考えられる一卵性双生児の間にも、身体・性格面でいろいろな差異が認められることを見ても、ヒトをはじめとする生物の性質がすべて遺伝情報によって規定されているわけではないことは明らかであるが、毛髪や瞳の色など、遺伝的に規定されていて、子孫に伝えられる特徴（遺伝形質、または単に形質）も多い（個人のゲノムの情報をもとに、その持ち主がどんな体格や顔かたちをしているかを予測する研究は、今後ますます盛んになることだろう）。

形質は血液型などの離散的な特徴を示すものも多いが、身長や胸囲などのように連続的な値をもつものもある。これを量的形質とよぶ。身長などの性質はもちろん生育時の栄養状態などにも左右されるが、遺伝的要因も大きい。さらに、お酒に弱いとか、風邪をひきやすいといった体質的なもの、運動や知的な能力なども、程度の差はあれ、遺伝子の影響を否定できない。ゲノム情報の個人差がわかれば、人類の起源や人類集団の変遷、分岐などの歴史がわかったり、さらには病気になったときに、個人のゲノムから予想される副作用の少ない薬を処方するなどの個別化医療に役立てられたりすることが期待される。

一方、これらの情報が新たな人種差別や就職などの差別に結びついたりしないように、その扱いには十分な注意が必要である。また、現在のところ、様々なゲノムの多様性がどのような形質と関係するのか（あるいはしないのか）については、まだまだわからないことが多いが、多くの個人のゲノム情報を使えば、ある形質をもつ人（たとえばある種の遺伝性の病気にかかっている人）のグループとそうでない人のグループを比較して、どのような遺伝子やゲノムの多様性がその形質と関わっているかを探索していく手がかりになる。長寿の人のゲノムを多数調べて、どのようなゲノムの特徴が長寿と結びついているかを調べることもすでに試みられている。

個人間のゲノムの多様性は、もちろんその塩基配列の差に他ならないが、そのスケールは1塩基レベルの違いから、光学顕微鏡で確認できるような大きな違い（極端な場合、染色体の数が増えるなど）まで様々である。表3－9aに主なゲノムの多様性に関するおおざっぱな分類を示す。

個人間のゲノムの多様性は様々なスケールで存在し、現在の技術で正確に検出することは容易ではない。特に50塩基長以上にわたる多様性（変動）を構造変動（SV、構造多型）などとよぶが、技術の進歩とともに、ますます多くの変動の存在が検出されつつある。

現在のおおざっぱな推定によると、赤の他人同士のゲノムは平均して0・6％程度異なり、親と子の間では60ヵ所程度で新しい変動がみられるという。また、別の推定によると、個人あたり

表3-9a　ゲノムの多様性の分類

Wikipedia:structural variation in the human genome; human genetic variation

名称	説明
一塩基変動(SNV)	基準となるゲノムと比較して、一塩基が置き換わっている場合。特に集団中で1%以上の頻度でみられる違いを一塩基多型(SNP；スニップ)という。さらに体細胞レベルで起こる変化をSNAとよんで区別することもある。
挿入・欠失(インデル)	基準となるゲノムと比較して、連続した塩基が挿入されているか、失われている場合。二つのゲノムの片方で挿入と観察されるものは、もう片方では欠失と観察され、実際にどちらが起こったのかは通常問題にならないので、両者をまとめてインデルとよぶこともある。数塩基程度の短いものから、数キロ塩基以上にわたる大規模なものまで、幅広く存在する。挿入される配列が、AluやL1などの可動因子であることもある(第3-5節)。
逆位	基準となるゲノムと比較して、DNAのある領域の向きが反転している場合。
重複(部分重複)	DNAのある領域が2度以上繰り返して出現する場合。繰り返しの単位の長さや繰り返しの数は様々である(新しい繰り返しが挿入されることも、欠失によって繰り返しが短くなったり消失したりすることもある)。特に特定の領域の繰り返し数が個人間の違いとして検出される場合、コピー数変動(CNV)とよぶ(CNVでは便宜上、繰り返し単位の長さを1kb以上とすることも多い)。繰り返し単位が数塩基程度の場合、VNTRとよび、個人を識別するDNA鑑定にも用いられる(第3-4, 5-3節参照)。
転座	異なる(相同でない)染色体同士で組換えが起こり、染色体断片が入れ替わる現象で、接続部分にDNAの挿入や欠失を伴うこともある。稀な現象だが、がん細胞などでは比較的多くみられる。

のSNV（1bpの塩基置換）数の平均は400万ヵ所、インデル（幅広いbpの挿入、欠失）は7万ヵ所、SVは1万～2万ヵ所あるという。この変動は、減数分裂時の交叉（相同的組換え）などの正常な仕組みによっても起こるし、前節で説明したDNA複製エラーや紫外線などによる変異、さらには不完全なDNA修復などの原因によって起こるものと推定されている。

特にコピー数変動（CNV）やVNTRに関しては、染色体上の比較的特定の位置で多く起こっており、何らかの偏りを生じる原因が存在するようである。CNVは今世紀に入ってから発見された新しい概念であり、ゲノムの多様性を生み出し、様々な疾病とも関わっている存在として、注目されている。

なお、個人間のゲノムの多様性を論じる場合は、その生殖細胞のゲノムの多様性を対象としているが、体細胞のレベルでも同様の変異が起こる（一卵性双生児のゲノムも、体細胞レベルではまったく同じではない）。特に体細胞における変異が蓄積すると、がん化を誘発したり、がん細胞の中でも新しい変異によって転移の能力を獲得した細胞が勢力を伸ばして広がったりするなどの現象が知られている。DNA塩基配列決定技術の進歩と低価格化に伴って、個々の体細胞レベルでのゲノムの多様性に関する研究も今後ますます発展していくものと思われる。

第4章

クロマチンとエピゲノム

～ゲノムに追記される情報

4・1 DNAのヌクレオソーム構造とクロマチン構造

これまで、第1章ではゲノム情報の重要性を説明し、続く二つの章では、主にゲノムには具体的にどんな情報が書かれているのかとその情報活用の基本的な仕組みを説明した。そこで紹介した内容は、今世紀初めに多くの生物のゲノム塩基配列が明らかになった後（ポストゲノム時代）に明らかになったものも多い。

一方面白いことに、同じ時期からゲノムの塩基配列の違いにはよらずに細胞分裂後も継承される情報の研究が盛んになった。そしてそれらの情報の多くは単一のゲノム情報からどのようにして多様な細胞が生み出されるのかという問題と関係しており、さらにDNAが核内でどのような状態で存在しているのかという問題とも深く関係していることがわかってきた。本章では主にこのような内容について説明する。

核内でのDNAの状態

第1－6節で述べたように、ヒトをはじめとする真核生物のDNA（ヒトの場合の総延長は1・8mにも達するという）は直径10㎛程度の核の中でクロマチンというタンパク質やRNAなどとの複合体として、さらにそれらは（ヒトでは23対の）染色体という単位に分かれて存在しているので、まずこれらの構造について述べる。

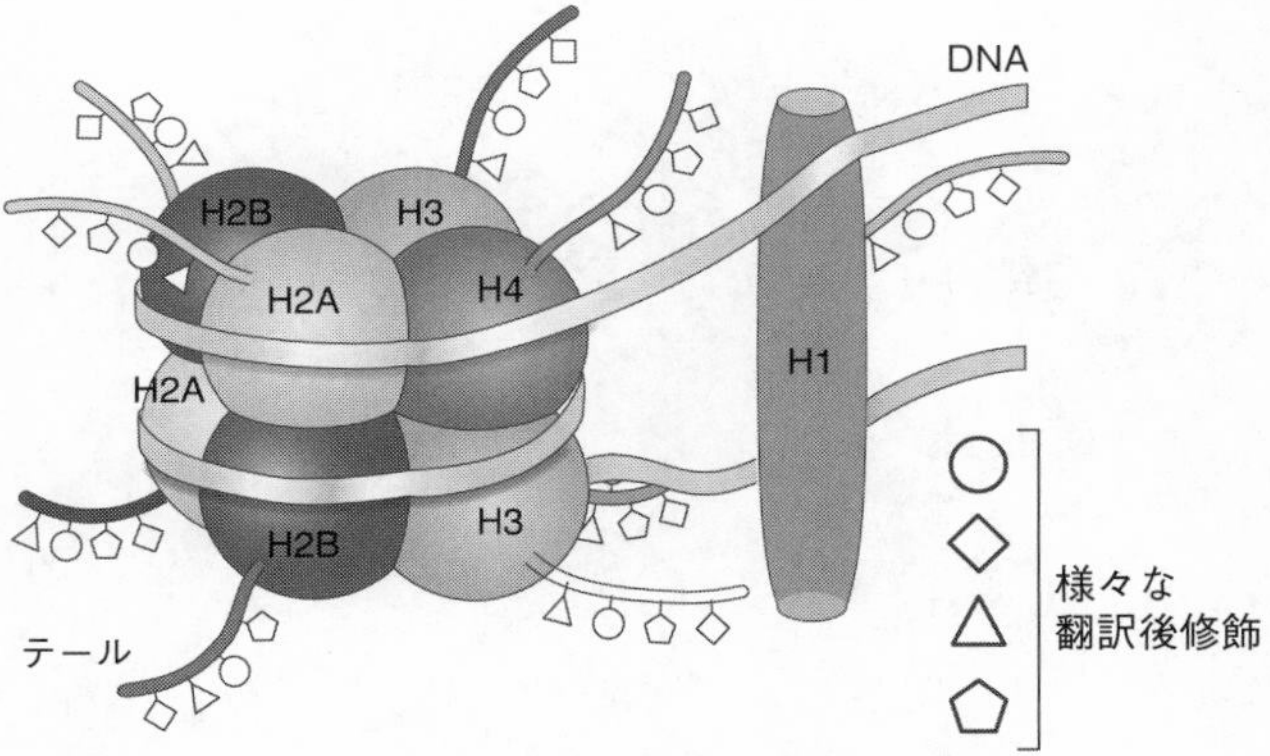

図４-1a　ヌクレオソームの模式図

ＤＮＡは核酸という酸の一種であり、負の電荷を帯びているため、核の中では正電荷を帯びた塩基性のヒストンというタンパク質と結合することで安定かつコンパクトに存在している。ヒストンにはいろいろな種類が存在するが、その主要なものは、Ｈ１、Ｈ２Ａ、Ｈ２Ｂ、Ｈ３、Ｈ４の５種類である。このうちＨ２Ａ、Ｈ２Ｂ、Ｈ３、Ｈ４はコアヒストンとよばれる。それらがそれぞれ２個ずつ集まって八量体（８分子複合体）を形成したものに約１４６塩基のＤＮＡが約１・６５回巻きついた構造をヌクレオソームという（図４－１a）。

ヌクレオソームはいわば、クロマチンの最小単位であり、図４－１bに示すように、ＤＮＡに真珠のネックレスのような構造（「ビーズと糸」構造）をとらせている。真珠の間をつなぐ糸の部分に、リンカーヒストンＨ１が結合する。ヒストン

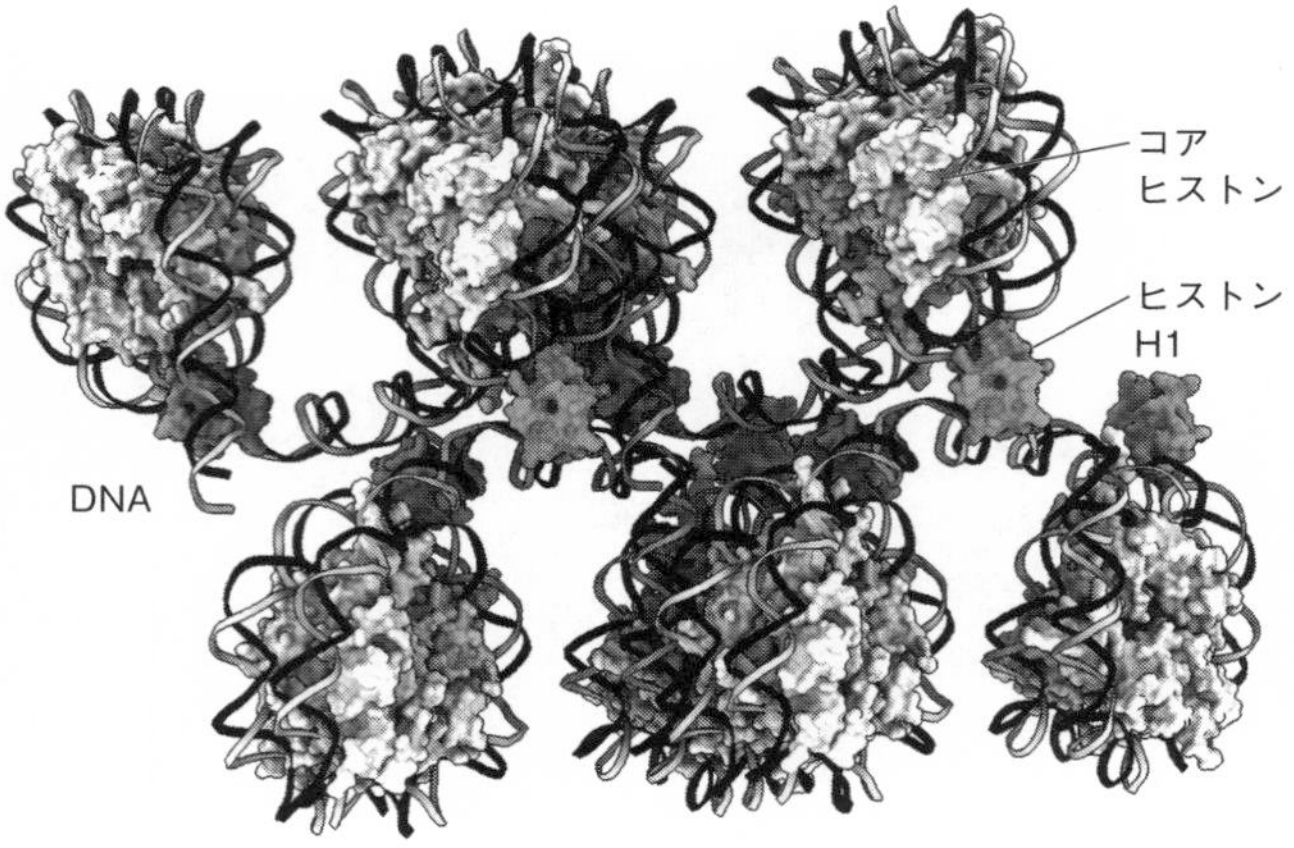

図4-1b　「ビーズと糸」構造
図像提供：白井剛

遺伝子は、それぞれゲノム中に数十から数百コピー存在し、広く真核生物全般にわたって進化的に強く保存されている（すなわち、どの生物種でもそのアミノ酸配列はほとんど同じである。第2-8節）。

また、上記の5種類の他にもいくつものヒストンバリアントとよばれる異なる種類が存在し、必要に応じて使い分けられている。たとえば、精子では、普通のヒストンの代わりにプロタミンというバリアントが用いられており、通常より強くＤＮＡを凝縮させている。ヒストンやそのバリアントによる凝縮構造は、長い糸のようなＤＮＡをもつれにくい形でコンパクトに保持するとともに、外部からの紫外線などによる損傷を受けにくくしているものと考えられている。

なぜＤＮＡは絡まず、うまく収納されているのか

このヌクレオソームに基づくビーズと糸の構造は、さらにうまく収納されていないと、異なる染色体ＤＮＡ同士で絡まるなどのトラブルが予想される。核内にはこのような絡まりを解消する酵素（トポイソメラーゼ）が存在する。

トポイソメラーゼは大きくⅠ型とⅡ型に分類され、Ⅰ型はＡＴＰを必要とせず、二本鎖ＤＮＡの一方を切断後、再結合することで、ねじれたＤＮＡ分子の歪みを解消する。Ⅱ型はＡＴＰ分解エネルギーを用いて、二本鎖ＤＮＡを両方切断した後で、結合する。絡まり合った染色体ＤＮＡを解くのはⅡ型ということになる。しかし、核の中でＤＮＡが、このヌクレオソーム構造からさらにどのような形で存在しているのか（高次クロマチン構造）については、正確にはまだよくわかっていない。セントロメアやテロメアをはじめとするヘテロクロマチン領域（第３－４節）では、ビーズがきっちりと凝集した30nmクロマチン繊維という構造をとっているとも言われているが、その存在自体を疑問視する説もある。

核内ＤＮＡは有糸分裂のＭ期になると凝集して、いわゆる染色体として（染色などの操作を行えば）顕微鏡でも観察できるようになる（染色体という用語は、元々はこの凝集した構造に対して用いられていたが、Ｍ期以外の時期〈間期〉の構造についても、しばしばこの用語が用いられる）。しかし比較的観察が容易なはずの、凝集時の構造についてもまだよくわかっていない。一

方、間期での構造については、以下で説明するように、特殊なタンパク質に束ねられたループ構造をとっているようである。さらに、各染色体はそれぞれ核内で大まかにまとまった領域（染色体テリトリー、テリトリーは領地の意味）に局在していることが、蛍光染色などによって観察されている（図4-1c）。

近年、染色体のDNAのどの部分同士が空間的に近接しているかを推定する方法が進歩してきた（Hi-C法など。第5-7節）。これらの方法によって、間期における高次クロマチン構造についても、おぼろげながらその描像が得られるようになってきた。すなわち、少なくとも哺乳動物の染色体DNAはTAD（タッド。強いて訳せば「位相結合領域」を意味する略語）とよばれる、いくつもの部分領域に分けられ、同一TAD内部ではどの位置の間でも比較的近接している（図4-1c）。

そして、TADの両端には、多くの場合、CTCFというタンパク質の結合部位があり、それぞれに結合したCTCFが二量体を形成することで、両端が閉じたループ領域を形成している（図4-1d）。

さらには、コヒーシンというリング状をしたタンパク質複合体がTAD境界を束ねたような構造をとることも多いらしい。コヒーシンはATP分解エネルギーを動力とする一種のモータータンパク質でもあり、一対のCTCFで区切られた領域内で、クロマチンループをリングから押し出したり、引き込んだりしているのではないかと言われている（図4-1d、第4-8節）。

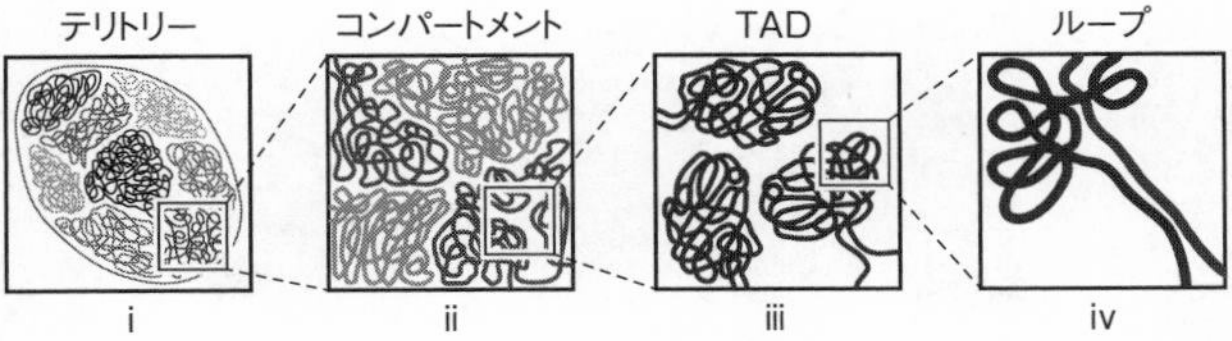

図4-1c　**クロマチンの階層構造のモデル**

Sikorska & Sexton, JMB 2020.

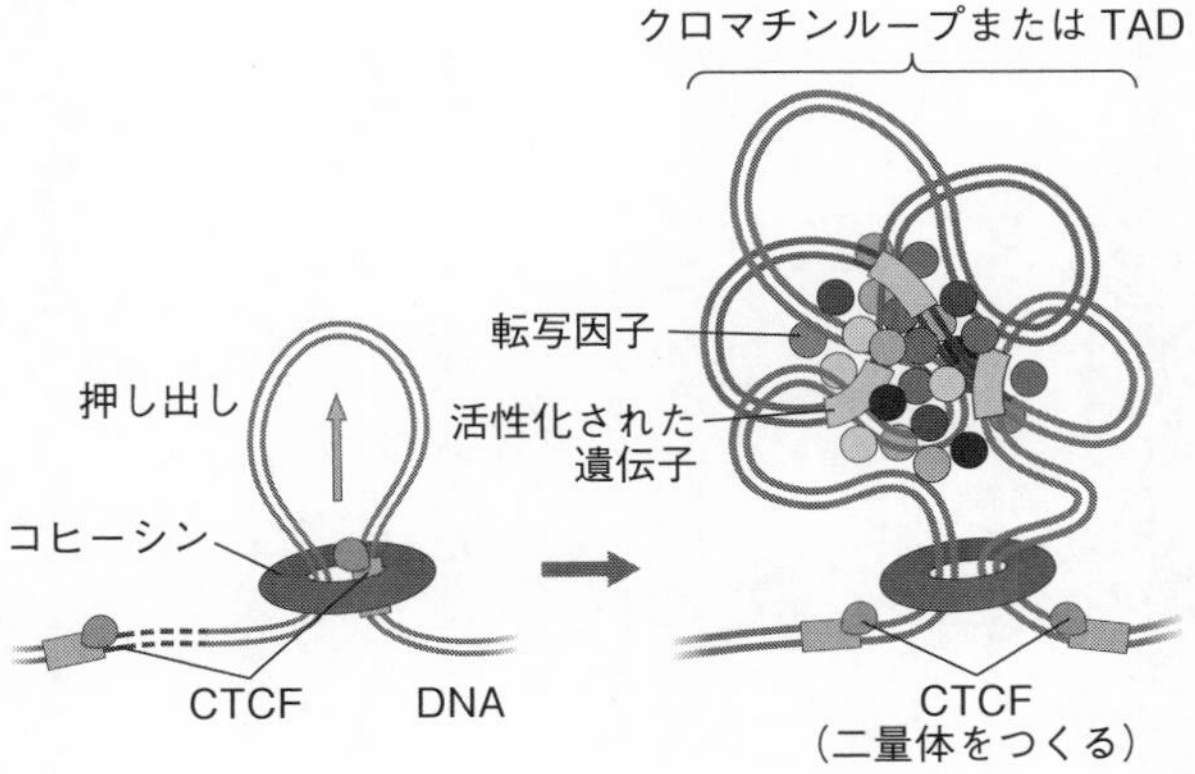

図4-1d　**クロマチンループ／TADとコヒーシンリング**

ヒトの場合、ＴＡＤの大きさは平均がおよそ８００kb程度である。ＴＡＤ境界のゲノム内での位置はいろいろな細胞種間でも割合同じであり、近縁種間でもある程度の進化的保存性がみられるという。一方、ＴＡＤの中には特に相互の近接性が高いクロマチンループとかサブＴＡＤとよばれる、やはり両端をＣＴＣＦなどで区切られた平均２００kb程度の下部構造が存在し、それらの位置は細胞の種類によって比較的よく変化するという報告もある。TADやクロマチンループは、後述のように、転写制御の仕組みや、それに基づく細胞分化の仕組みと密接に関係しているらしい。

「開いた」クロマチン構造

さて、上述のヌクレオソーム構造をとっているDNAをRNAポリメラーゼが転写したり、さらに細胞分裂のためにDNAポリメラーゼが複製したりするのはなかなか難しいであろうことが想像される。これらの仕組みはまだ十分に解明されているとは言えないが、クライオ電子顕微鏡画像データなどをもとに、ヌクレオソーム構造の一時的な変化のモデルが提唱されている。

これらの困難を克服する仕組みとして、たとえば染色体DNAのうちで、盛んに転写されている領域は、転写がやりやすくなるように、「開いた」構造（オープンクロマチン）をとっていることが知られている。この場合の「開き方」にはいろいろなレベルが知られている。たとえば、ヌクレオソームが移動して、ヌクレオソーム間の相対距離を大きくしたり、ヌクレオソームへのDNAの巻きつきが緩んだり、ヌクレオソーム自体が分解されてなくなってしまったりもするらしい。

実験的には、DNAヌクレアーゼというDNA切断酵素による切断を受けやすくなる領域や、ある種のトランスポゾンが挿入しやすい領域として、検出される（ATAC-seq法。第5－7節）。

後述するように、様々に分化した細胞では、それぞれの細胞種に特徴的な遺伝子の使い分けがされているので、染色体のどの部分がオープンクロマチンとなっているかは、細胞によって異なる。

第3-4節で述べたとおり、ヘテロクロマチンには、セントロメアやテロメアのように常時凝縮している構成的ヘテロクロマチンと、ユークロマチン領域にあって状況によって状態を変える条件的ヘテロクロマチンがある（前者においても、細胞分裂直後はその構造をとらせるための装置が必要である）。これらのクロマチン構造変化は、ヒストンシャペロンとよばれる一群のタンパク質や、クロマチンリモデリング複合体とよばれる様々なタンパク質複合体の働きによって行われている（第4-4節）。さらに、構成的ヘテロクロマチンの構造形成にはＨＰ１というタンパク質のグループが重要な働きをしている。

4・2　細胞記憶を担うエピジェネティクス

これまで述べてきたように、私たちの体は様々な種類の細胞で構成されているが、それらは基本的にどれも同じゲノムＤＮＡをもっており、その中でそれぞれ特徴的な遺伝子群を利用している。また、受精卵が分裂して体の構造を形成していく、いわゆる発生の過程において、それぞれの細胞が将来、体のどの部分を構成するかという運命は、ゲノムＤＮＡに書き込まれたプログラムによって指定されている。

したがって、それぞれの細胞はそれまでどのような運命決定の道筋をたどってきたかという情報を保持している必要がある。しかし、その情報はＤＮＡの塩基配列ではあり得ず（どの細胞のＤＮＡも同じだから）、他の形で記載されている必要がある。これを細胞記憶といい、このＤＮＡ塩基配列以外の情報をエピジェネティック情報という（エピとは「上の」とか「外の」という意味の接頭語で、ジェネティックは「遺伝的な」という意味）。

また、このような情報を研究する学問分野をエピジェネティクスという（ジェネティクスは遺伝学の意味）。他の多くの用語と同様、エピジェネティクスの定義も歴史的に変化したり、研究者によって微妙に異なっていたりするが、本書では上記のように定義しておく。

エピジェネティックな情報は、細胞記憶以外のいろいろな生命現象にも関わっているが、１９４２年にウォディントンによって、細胞記憶と関わる形で提唱された。図４-２ａに、１９５７年にウォディントンが出版した有名な図（エピジェネティック・ランドスケープ。ランドスケープは地形の意味）を示す。この図にあるボールは細胞を表し、上から下に転がっていくに従って、いくつかの分岐点においてその後の運命が決まっていくという概念を示している。そして、この運命決定状況がエピジェネティック情報として細胞に記録されていくとしたのである。

この場合に重要な点は、細胞は未分化な状態から運命決定されていくまでに何度も分裂してい

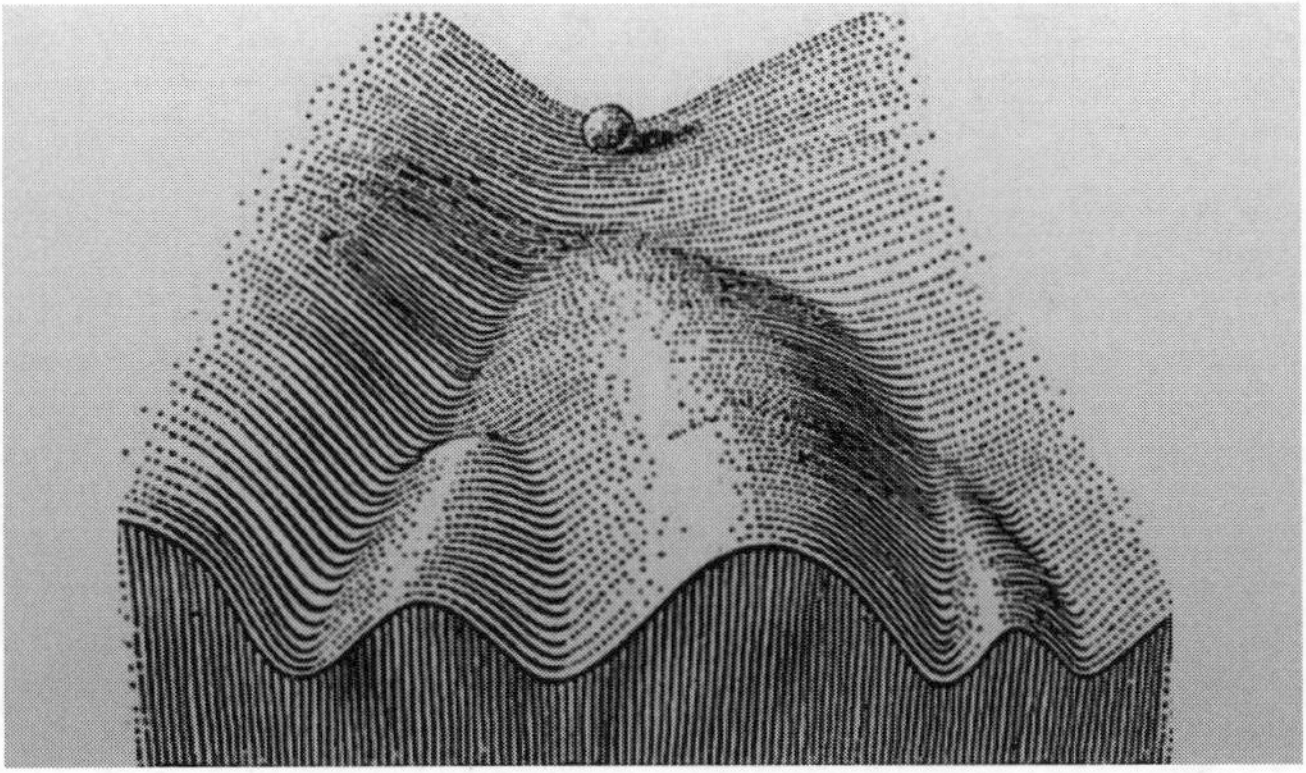

図４-2a　エピジェネティック・ランドスケープ
Waddington、The Strategy of the Genes, Allen & Unwin 1957

くことである。すなわち、エピジェネティック情報は、塩基配列情報同様、細胞分裂時に複製され、受け継がれていかなければならない（これを読みかけの本にしおりをはさむのになぞらえて、〈遺伝子〉ブックマーキングとよぶこともある）。

子孫には受け継がれないエピジェネティック情報

ただし、実はそれは体細胞分裂時の話であって、（いくつかの例外は報告されているものの）基本的にはエピジェネティック情報はその子孫には受け継がれないことが知られている。この点が、DNA塩基配列として記載されたジェネティック（遺伝学的な）情報とエピジェネティック情報との一番大きな違いである。

もしエピジェネティック情報（の大半）が子

孫に受け継がれるのであれば、キリンが高いところの葉を食べようと首を伸ばし続けたために首が長くなったというような、ラマルク的進化の考えを支持することになるが、現在ではそのような考え方は基本的に否定されている。すなわち、エピジェネティック情報は生殖細胞において消去されて（初期化されて）、子孫には受け継がれないと考えられている。

ただし、上述のように例外的な遺伝事象がいくつか報告されており、将来的にエピジェネティック情報も条件付きで遺伝するということに落ち着く可能性はある。なお、細胞におけるエピジェネティック情報の総体をエピゲノム情報という。両者の用語の区別はそれほど厳密なものではなく、本節でも個別の情報を論じてはいないので、エピジェネティック情報をエピゲノム情報と言い換えても問題はない。

三毛猫はエピジェネティクスで説明できる

エピジェネティクスの説明に、しばしば三毛猫の例がとりあげられるので、ここでも簡単に紹介しておく。三毛猫の毛の色のうち、茶色と黒色に関連する遺伝子は共通で、X染色体上に存在する。

メンデルはエンドウマメの形質（背が高い、低いなど）の遺伝のふるまいを説明するために、背が高い形質と低い形質に対応する遺伝子（にあたるもの）を想定した（第2-1節）。これは、ある染色体位置（座）にコードされた遺伝子にいくつか種類があり、それらが母親由来と父親由来の相同染色体にいろいろな組み合わせで保持されることを意味している。これらの遺伝子の種類をアレル（対立遺伝子）とよぶ。

猫の毛の色が茶色か黒色かは、このメンデル遺伝でいうアレルの関係にあたる。ところが、第１−６節で述べたように、雄猫の細胞ではX染色体が１本しか存在しないので、どの細胞も同じアレルをもち、したがって黒と茶が混じった三毛猫は原理的には存在しない（特別なメカニズムによるごくまれな例外はいる）。一方の雌猫では、２本のX染色体のうちで、１本は不活化されるが、どちらの染色体が不活化されるかはエピジェネティックな機構によって決まる。つまり、それぞれの細胞で基本的にランダムに選ばれるので、それぞれの染色体に茶色と黒色のアレルが存在する場合は、複雑な毛色の模様が出現するわけである。

エピジェネティック（エピゲノム）情報の分子的実体については、次節以降で紹介するが、主にクロマチンの翻訳後修飾によって実現されている。すなわち、ヒストンタンパク質とＤＮＡ分子そのものが修飾の対象となる。なお、そのような修飾、特にＤＮＡのメチル化は、真正細菌などの広い生物種にみられるが、それらがどこまでヒトなどで知られているような制御に関わっているのかは、必ずしもまだよくわかっていない。

基本的には次節以降で述べるエピジェネティックな情報保持システムは、哺乳類に存在しているものである。また、ゲノム情報とエピゲノム情報を比べた場合、ゲノム情報は塩基配列として明確に指定されているのに対して、エピゲノム情報は、どちらかといえば外部環境などによる変化を受けやすいと言える。これは、必ずしも悪いことではなく、積極的に外部環境に適応しやすい可塑的な仕組みであるという見方もできるだろう。

4・3 エピゲノムの片腕――DNAメチル化

前節で述べたとおり、細胞記憶を司るエピゲノム情報は、主にDNAのメチル化とヒストンタンパク質の化学修飾（第2−8節で述べた翻訳後修飾）によって記録されている。

哺乳類の細胞において、DNAのメチル化とは、シトシン塩基（C）がもつピリミジン環に含まれる5番目の炭素に結合した水素がメチル基に置き換わることである（図4−3a）。DNAメチル化は、ほとんどの場合、シトシン塩基の3′側の塩基がグアニンである場合に起こる。この配列パターンを塩基対のパターンと区別しやすいようにCpG（DNAの鎖はヌクレオチドがリン酸〈p〉をはさんで結合しているため。第1−7節）と記すことが多い。また、5′CpG3′の相補鎖配列も5′CpG3′であるため、一方の鎖のシトシンがメチル化されている場合、もう一方の鎖の方でもメチル化されているのが普通である。

実際、哺乳類の体細胞では、ゲノム中にあるCpG配列のうちの75％程度がメチル化されているとも言われている。興味深いことに、ヒトゲノムにおいて、連続する2塩基の16通りの組み合わせのうちで、CpGの頻度が目立って少なくなっている。これは、メチル化シトシンが自発的化学変化によりチミンに変化しやすいことから理解されている。すなわち、チミンに変化した後のミスマッチ修復（第3‐8節）の失敗により、二つの鎖にわたって塩基が変化することが進化の過程で積み重なったためと考えられている（同様にメチル化されないシトシンはウラシル〈U〉に自発的化学変化し得るが、この場合は比較的容易に認識・修復されるらしい）。

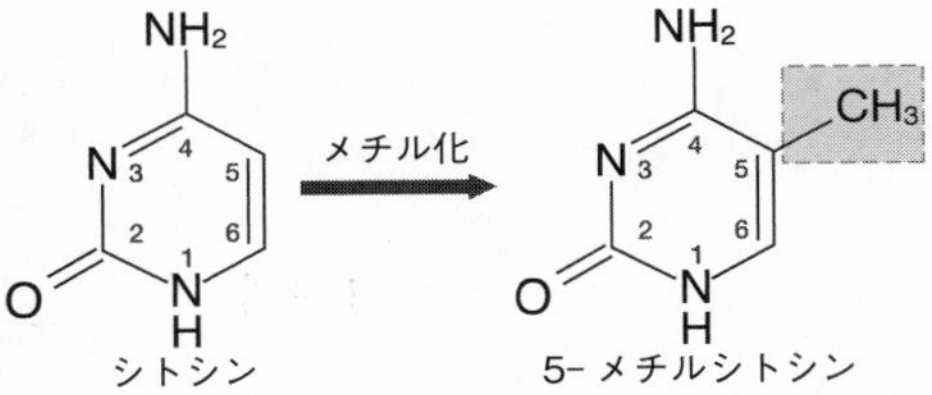

図４-3a　**シトシンのメチル化**
ヌクレオチドの場合は、1′窒素がリボースと結合している。

また、ゲノム中では局所的にCpG配列の頻度が高い領域が散在しており、CpGアイランドとよばれる。CpGアイランドは遺伝子の転写開始点付近（プロモーター領域）に多く観察されることが知られており、遺伝子発見の助けに使われることもあった。

CpGアイランドの生成については、以下のように進化的な文脈で理解されている。すなわち、一般に転写制御領域ＤＮＡのメチル化には転写の抑制作用があるため、特に恒常的に転写されているハウスキーピング遺伝子（第3‐2節）の転写開始点付近は相対的にメチル化されない状態が維持されていると考えられる。そのため、上述のチミンへの変換が起こりにくく、進化の過程でCpG配列が例外的に残ってきた結果生じたものだろうとされている。実際、CpGアイランドにおけるCpGは比較的メチル化されていないことが多い。

上述のように、DNAがメチル化された領域は、遺伝子の転写が抑制される傾向がある。これは、メチル化されたDNAが直接ヌクレオソーム構造の変化に関わる効果と、細胞内にはメチル化されたDNAを認識して結合する一群のリーダー（読み手）タンパク質が、クロマチン構造を変化させる（ヘテロクロマチンのような構造を形成する）タンパク質を呼び寄せる効果の両方に起因すると考えられている。しかし、メチル化が必ずしも転写の抑制につながるとは限らず、その全貌はまだ明らかではない。

また、細胞内には複数のDNAメチル化酵素と脱メチル化酵素が存在し、それらの組み合わせがゲノムのメチル化パターン形成と維持に関わっている。たとえば、ある種のメチル化酵素は、細胞分裂時、新規に合成された鎖のメチル化を、鋳型鎖のメチル化パターンに基づいて行うことが知られている。発生の過程で、新たにゲノムのどの領域をメチル化、もしくは脱メチル化すると決めているのかは、まだよくわかっていない。一方で受精卵において、ゲノムDNAは複雑な過程を経て、全体にわたって脱メチル化され、いわゆる全能性を獲得する。これをゲノムの初期化という。

4・4 もう一方の片腕——ヒストンコード

ヌクレオソームを構成する8個のコアヒストンタンパク質は、そのN末端領域が定まった構造

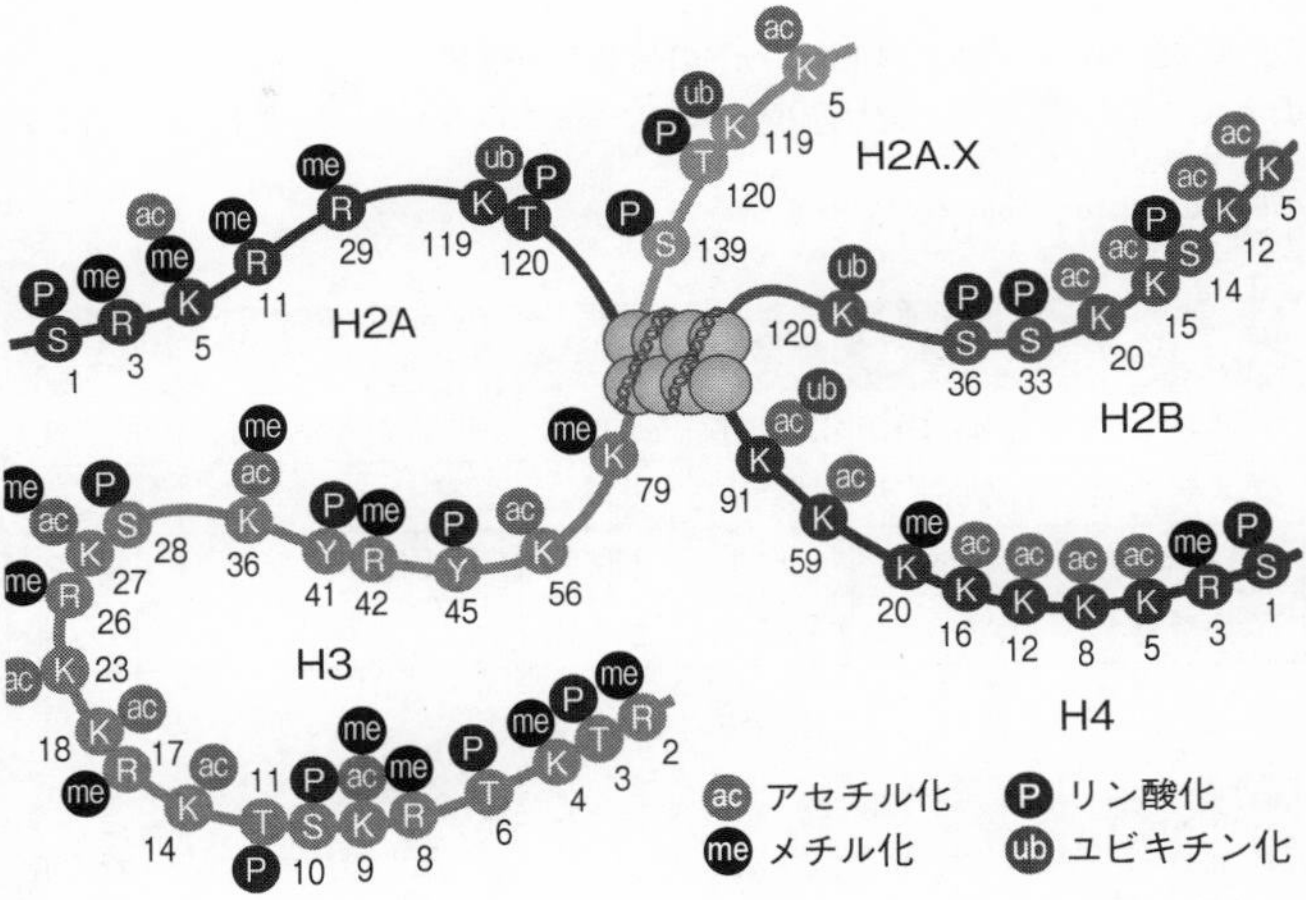

図４-４a　**ヒストンテール**

Keppler & Archer, Expert Opi. Ther. Targets 2008. より改変

をとらずに（いわゆる天然変性領域として）突き出しており、ヒストンテール（尻尾の意味）とよばれる（図４-４a）。主にこの部分に様々な翻訳後修飾（第２-８節）を受けるが、中でもリシン残基に対するメチル化（メチル基が何個付加されるかによって、モノメチル化、ジメチル化、トリメチル化などと区別される）やアセチル化がよく知られている。

　これらの修飾は、直接的にヌクレオソーム構造に影響を与える効果もあるようだが、むしろ特定位置の修飾の有無を読み取る、いわゆるリーダー（読み手）タンパク質の働きによって、様々なクロマチン構造変化が導かれることが知られている。すなわち、ヒストンテールの翻訳後修飾は、周囲のゲノム領域の状態（クロマチン状態）

表4-4b　代表的なヒストンコードの転写との相関

たとえばH3K4は、ヒストンH3のN末端から４番目にあるリシン残基への修飾を意味する。

Wikipedia:histone code を改変

修飾＼位置	H3K4	H3K9	H3K27	H3K36	H4K20	H2BK5
モノメチル化	活性化	活性化	活性化	抑制？	活性化	活性化
ジメチル化	抑制？	抑制	抑制			
トリメチル化	活性化	抑制	抑制	活性化		抑制？
アセチル化		活性化	活性化			

を指示するマークとして用いられていると考えられており、これをヒストンコード仮説（コードは暗号の意味）という。

表４－４ｂに転写と関わる代表的なヒストンコードの例を示す。現在ではヒストンコード仮説の妥当性は広く認められており、上述のＤＮＡメチル化情報と併せて、より一般的なエピジェネティックコードを構成しているものと考えられている。幸いなことに、第５－７節で紹介するChIP-seqという方法を使うと、ゲノム全体におけるヒストン修飾の情報を比較的容易に得ることができる。

なお、これらのマークは必ずしも独立につけられるのではなく、互いに同じパターンを示しやすいマークや、排他的な関係を示すマークが知られているし、さらにいくつかのマークが組み合わさって意味をもつ場合もある。たとえば、後述のように、転写に対して活性化に働くマークと抑制に働くマークを同時にもつことによって、活性化される一歩手前の状態を保つ仕組みが知られている。

ＤＮＡメチル化同様、ヒストンマークについても、多数のリーダーと総称される認識タンパク質群、ライター（書き手）と総称される修飾酵素群、イレーザーと総称される脱修飾酵素群が存在している。たとえば、p300とよばれるタンパク質は、ヒストンをアセチル化する活性（HAT活性）をもつライターの一種で、MLL3やMLL4というタンパク質はH3K4をモノメチル化する活性をもつ。これらは後述のようにコアクティベーターとして転写の調節に重要な役割を果たす。

クロマチンのリモデリング

さらに細胞内には、クロマチンリモデリング複合体（CRC）と総称されるタンパク質複合体が20以上存在することが知られている。またそれらは主要サブユニットのアミノ酸配列比較から、ISWI、CHD、SWI／SNF、INO80という4つのサブファミリーに分類されている。それらはどれもATPをエネルギー源としてDNAの巻き方を変換するヘリカーゼのような活性をもつほか、ブロモドメインやPHDドメインなどと名付けられた、ヒストン修飾の認識ドメイン（第2-6節）をもつタンパク質をそのサブユニットに含んでいる。特にPHDドメインをもつタンパク質はヒトゲノム中に100以上コードされており、その重要性がうかがえる。

クロマチンリモデリング複合体は、その結果、ヒストンコードを「解釈」する。その上で、その領域のヌクレオソームの位置を調節したり、新たに配置したり、さらにはクロマチン構造をゆるめたり、きつくしたりすることでクロマチンを「開閉」して、転写の調節などを行っているものと考えられている。

具体的には、ＩＳＷＩとＣＨＤサブファミリーはヌクレオソーム構造形成、ＳＷＩ／ＳＮＦはヌクレオソームの再配置によるクロマチン状態変化、ＩＮＯ80はヌクレオソームのサブユニット交換に主に関与しているといわれる。関連した働きをするものとして、主に転写の抑制にかかわるポリコーム群タンパク質複合体（ＰｃＧ）がある。この一部の成分は、ヒストンの脱アセチル化活性（ＨＤＡＣ）をもつ。ＰｃＧは、たとえば条件的ヘテロクロマチン形成にかかわっているらしい。

4・5 遺伝子のスイッチ

これまで述べてきたように、我々の体を構成する様々な細胞がどれも基本的には同じゲノム情報をもっているにもかかわらず大きな性質の違いを示すのは、それぞれの細胞種において遺伝子発現のオンオフが調節されているためと考えられている。特定の細胞種においてのみ発現している遺伝子を、細胞種特異的発現遺伝子とよぶ。これは第３－２節で述べたハウスキーピング遺伝子と対照的な存在であると言える。

遺伝子のオンオフを調節するスイッチの仕組みについては、多くの研究がなされてきたが、特にヒトをはじめとする高等真核生物の仕組みは大変複雑で、その全貌はまだ十分には明らかになっていない。

実際、第2章で述べたように、ある遺伝子が転写され、RNAプロセシングを受け、核外に輸送され、翻訳された後、細胞の内外へ輸送され、（タンパク質レベルで）プロセシングを受けるなど、その産物が最終的に機能を発揮する（本来の意味で発現する）までには様々なステップがあり、実際それぞれのステップにおける様々な調節機構の存在が知られている。

しかしながら、細胞種特異的発現調節という観点でもっとも重要と思われるステップは、おそらく「まずどの遺伝子を選ぶか」という最初の転写調節のステップである。そこで、以下では転写調節、特にその開始の調節について、現在わかっていることの概略を説明する。

転写開始点を指示するプロモーター配列

転写とは、RNAポリメラーゼによって、適当な遺伝子に対応するゲノム上の塩基配列をもつRNA分子を合成する反応である（第2-3節）。したがって、転写をオンにするとは、RNAポリメラーゼ（主にPol II）にRNAを合成させることであり、オフにするとは、合成させないことである。

遺伝子の転写開始点上流にあって、RNAポリメラーゼが転写開始反応を始めるための情報を含む領域をプロモーター（特にその中で転写開始点決定に関わるサブ領域をコアプロモーター）とよび、この領域をもとに転写開始点が決まる。遺伝子スイッチの仕組みが比較的簡単な真正細菌においては、そのオンオフの調節は付近の認識配列に結合するタンパク質（転写因子）によって行われる。すなわち、そのタンパク質が結合することで、ポリメラーゼによるRNA合成が阻害される場合、スイッチはオフになる。このような負の制御を行う転写因子はリプレッサーとよばれる。

一方、その結合によって、RNA合成を助けて、スイッチをオンにする働きをする（正の制御を行う）転写因子も存在し、アクティベーターとよばれる。これらのタンパク質は平均10塩基長程度の特異的な（独自の）配列を認識する。その認識配列にはある程度の揺らぎが許され、その程度は図2-3cで示した配列ロゴによって表示される。転写因子はしばしば自身と結合してホモ二量体（ホモダイマー）として、二本鎖の両方と結合するが、その場合の認識配列は逆反復配列の構造をとる。逆反復配列の対の間に介在する配列（スペーサー）がない場合は、二つの鎖のどちらから読んでも同じ配列になり、パリンドローム（回文配列）と呼ばれる（第5-1節参照）。パリンドロームや逆反復配列対は少なくとも理論的には図のような十字形の構造をとり得る。

遺伝子のスイッチ調節が主に転写因子によって行われていることは、高等真核生物においても同じであるが、その調節の仕組みは真正細菌などと比べて、格段に複雑にならざるを得ない。なぜなら調節されるべき遺伝子の数がずっと多く、遺伝子が存在するゲノムDNAもずっと巨大で遺伝子間の余白に当たる領域（遺伝子間領域）も長大であり、何より調節されるべき内容も、たとえば体を構成する細胞の種類の数を考えればずっと複雑になっているからである。

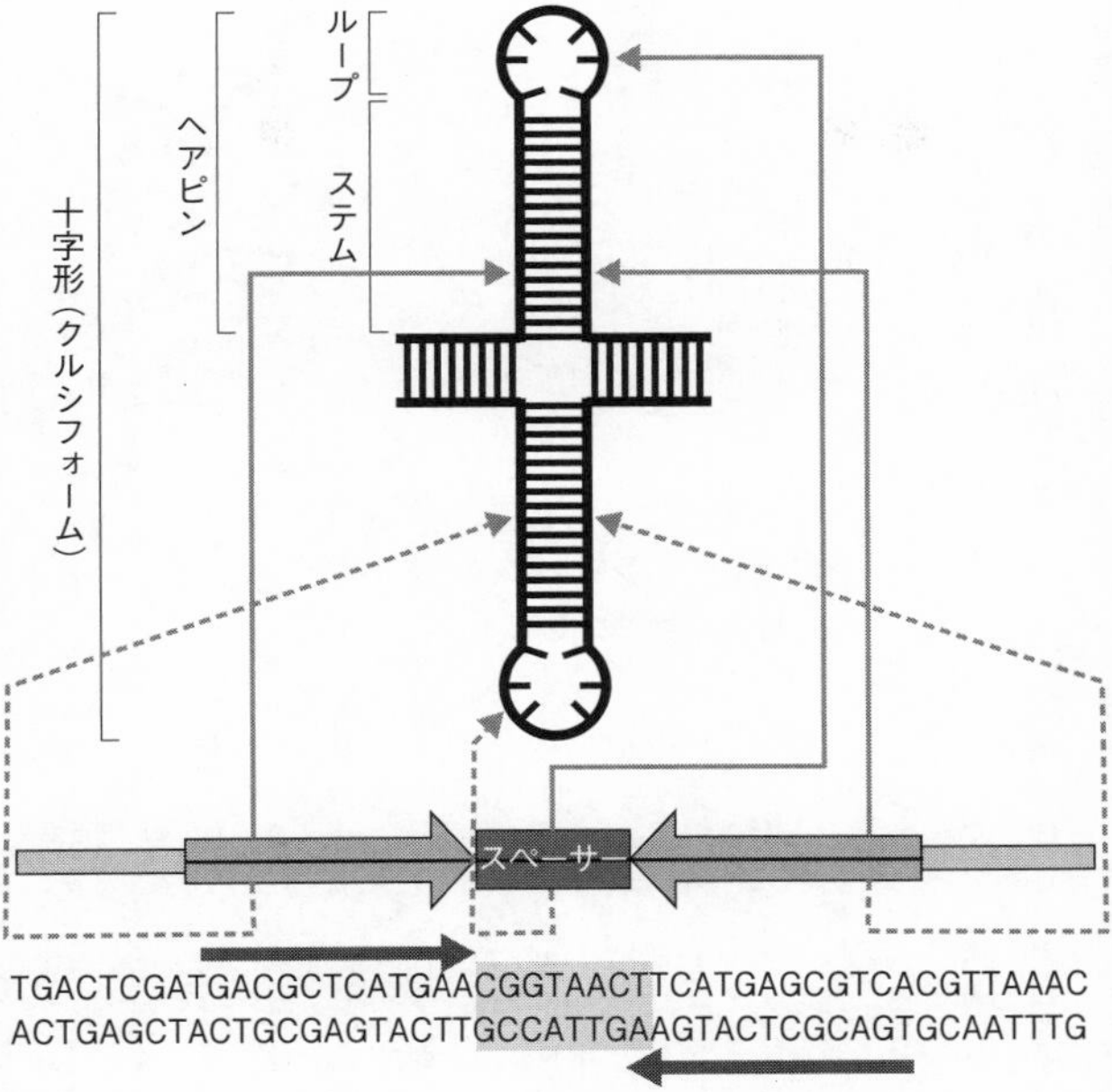

図４-５a　逆反復配列と十字形
生体内で実際に起こっているかどうかは疑問視されるが、逆反復配列の対は原理的には十字形と呼ばれる二次構造をとり得る。

実際、ヒトゲノムには１６００種類程度の転写因子がコードされているものと見積もられており、それぞれのサイズも真正細菌と比べてずっと大きく、ＤＮＡ結合ドメイン、活性化ドメインなどの複数の機能ユニットから構成されている。

代表的なＤＮＡ結合ドメインの例として、ジンクフィンガードメイン（亜鉛の指の意味）が知られている。２本のβストランド（第２-５節）と１本のαヘリックス

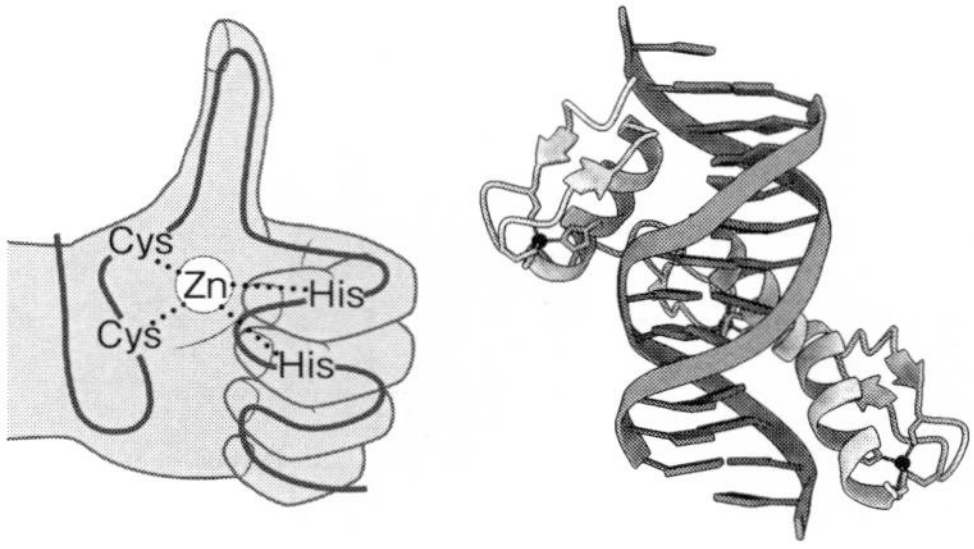

図4-5b　ジンクフィンガードメイン
（左）図像提供：白井剛

が、亜鉛イオンを包み込むような構造をしているユニットで、指のようにＤＮＡの溝から塩基を認識する（図４－５ｂ）。このユニットがいくつも連続して存在すると、長い塩基配列パターンを認識できる。

　さらに、真核生物の転写では、ヌクレオソームやヘテロクロマチンなどのクロマチン構造に対応する必要がある。たとえば、固く凝縮した（閉じた）ヌクレオソーム構造の一部をなすＤＮＡ中に転写因子の認識配列があっても、その直接の認識は困難であろう。一般に、当面使用されないゲノム領域がヘテロクロマチン化されていれば、その部分は紫外線などに対してより安全であるし、必要な遺伝子にアクセスする際にオープンクロマチン領域だけを探せばよいのであれば効率的であると想像される。

　しかし、いざ条件的ヘテロクロマチン領域内の遺伝子が必要になったときに、どうやって必要な場所を認識し、その構造を開くのかという問題が生じる。それらの仕組みは、まだ十分に解明されているとは言えないが、次節以降で現在の大まかな描像を紹介する。本節では以下、真核生物における基本的な転写開始の仕組みについてまとめておく。

基本転写因子の働き

一般に転写は、(1)ＲＮＡポリメラーゼがコアプロモーターに結合し、二本鎖ＤＮＡを解離させて、鋳型鎖と相補的なｍＲＮＡの合成を10塩基長程度まで開始するステップ、(2)その後、転写産物を伸長させていくステップ、(3)最後に転写を終結させるステップ、に分けられ、それぞれに異なるタンパク質群が関わる。

特に(1)の開始ステップでは、ＴＦⅡＡ、ＴＦⅡＢ、ＴＦⅡＤなどの6種類程度の基本転写因子とよばれるタンパク質群が関わるが、それらは転写因子といっても、必ずしも特異的な塩基配列を認識して結合するわけではないので、その多くは通常の意味での転写因子ではない。また、その多くはそれ自身がタンパク質複合体であり、ＲＮＡポリメラーゼがコアプロモーターと結合して、転写開始前複合体（ＰＩＣ）とよばれる１００種類ほどのタンパク質が集合した複雑な構造の形成を助ける。コアプロモーターにはあまり明確な配列上の特徴はみられない。

例外的にＴＡＴＡボックスという配列（第2－3節）が有名であり、ＴＦⅡＤのサブユニットであるＴＢＰによって認識されることが知られているが、ＴＡＴＡボックスをもつコアプロモーターはむしろ少数派であるとも言われている。

いわゆるコアプロモーター単独でも、わずかな量の転写は起こり得るが、広大なゲノムＤＮＡ

中で転写されるべき遺伝子を正確に選び出し、また十分な量の転写を行うためには、プロモーター領域やその他の領域に存在するエンハンサーなどのシス制御領域の存在が必要であると考えられている。シスとは、ラテン語でこちら側という意味で、この場合は標的遺伝子と同じDNA上にあることを指す（したがって、プロモーターや〈転写制御領域ではないが〉複製起点〈第2-10節〉もシス制御領域の一種である）。その反対はトランスで、標的DNAとは異なる分子、すなわち転写因子などのタンパク質などをトランス制御因子とよぶこともある。エンハンサーについては、次節以降で詳しく紹介する。

基本転写因子の中で、TFⅡHは10個のサブユニットからなる複合体で、ヘリカーゼ活性をもち、プロモーター付近のDNA二本鎖をほどいたり（これを英語では「溶かす」と表現する）、Pol ⅡのC末端ドメインをリン酸化して、転写開始前複合体の構造を変化させたりするなど、特に重要な役割を果たす。TFⅡHはさらに第3-8節で紹介したDNA修復（ヌクレオチド除去修復）にかかわることが知られている。

4・6 転写を増やす働きをするエンハンサー

上述のように、高等真核生物では、適切なタイミングや細胞において、適切な遺伝子が選択され、必要量のmRNAが合成されなければならない。そのような情報は、（コア）プロモーターには十分に記されているわけではなく、主に付加的なシス制御領域（エンハンサー）の働きに頼っているものと考えられている。

エンハンサーについては、まだわかっていないことも多く（第４-７節）、したがってその定義も確定していない状況であるが、普通は１００〜１０００塩基長程度のゲノムＤＮＡ上の領域で、ターゲットとなる遺伝子の転写量（発現量）を大きく上昇させる働きをするものを指す。同様にターゲット遺伝子の転写量を抑える働きをする領域をサイレンサーとよぶこともあるが、通常は、両者をことさらに区別せず、これもエンハンサーの一種（負のエンハンサー）として扱われる。

エンハンサーが作用する遺伝子（ターゲット遺伝子）は、エンハンサーの近くにあることが多いが、その位置はかなり自由で、エンハンサーがターゲット遺伝子の転写開始点の上流にあることも、下流のイントロン内部にあることも、さらには遺伝子の下流側にあることも珍しくない（図４-６ａ）。エンハンサー領域のターゲット遺伝子の転写方向に対する向き（ＤＮＡストランド）にも特に制限がないようであるし、転写開始点からのゲノム配列上の距離にもばらつきがあり、半数程度はターゲット遺伝子から2万塩基長（20ｋbp）以内、多くは10万塩基長（１００ｋbp）以内に存在するが、時には１００万塩基長（１Ｍbp）以上、離れていることもある。一方、エンハンサーはゲノム上の一定距離内にある遺伝子すべてに作用するわけではなく、近くの遺伝子を飛び越えて、より遠くの遺伝子に作用することもある。

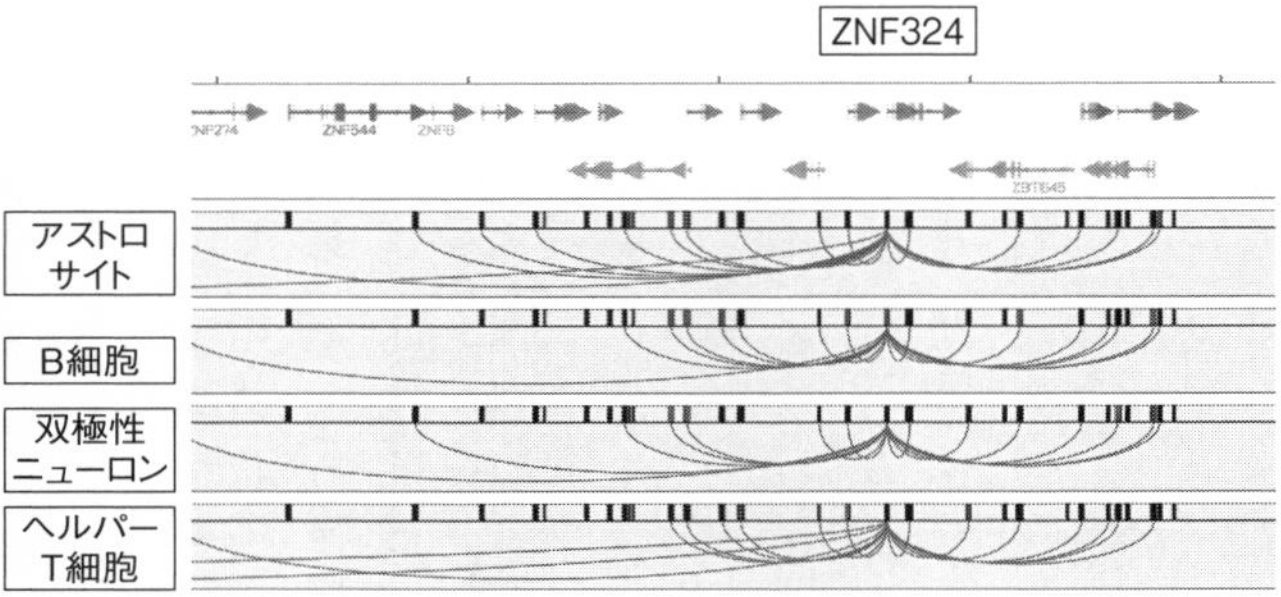

図4-6a　エンハンサーとターゲット遺伝子
ゲノム上に多数存在するエンハンサーのうち、ZNF324という遺伝子と相互作用しているものが、細胞の種類によってどう変わるかを推定したもの（著者らの研究から）。

これらの性質はエンハンサーがどのように作用するかに深く関わっており、基本的にはエンハンサーに複数の転写因子が結合し、結合した転写因子がコアクティベータータンパク質群を介して、ターゲット遺伝子のプロモーター上に形成される転写開始前複合体と相互作用するものと考えられている（図4－6b）。代表的なコアクティベーターとして、メディエーター複合体という、ヒトでは30ほどのサブユニットをもつ巨大なタンパク質複合体の役割が重要である。もっとも、この複合体の存在がエンハンサーの作用に必須というわけではないらしい。

ともあれ、このメディエーター複合体などを介して、ゲノムDNAはエンハンサーとプロモーターでつながれたループ構造をとるため、エンハンサーはターゲットに対する位置や向きの自由度をもつものと考えられる。

エンハンサーはゲノム上に多数存在する（図4－

6a）。ある推定によると、ヒトゲノム中におよそ27万個以上存在するため、各エンハンサーは平均3個の遺伝子に作用し、逆に各遺伝子も平均3個程度のエンハンサーに制御されているという。しかし、複数のエンハンサーがどのようにターゲット遺伝子に作用するかについてはよくわかっていない。おそらく、エンハンサーと遺伝子の相互作用は安定的なものではなく、多くのエンハンサーが確率的に相互作用するものと思われる。遺伝子の転写も一定の強度で行われるのではなく、転写バーストといって、転写のオン状態とオフ状態がミクロに切り替わっており、エンハンサーはその切り替え頻度を変えるものと考えられている。

エンハンサーが細胞種特異的な遺伝子発現の主な担い手であるということは、まず特定のエンハンサー群が細胞種特異的に活性化され、次に活性化されたエンハンサーが周囲の特定ターゲット遺伝子に作用することで実現されているものと考えられる。図4-6aのように、エンハンサーと遺伝子の相互作用のパターンは細胞によって、時に大きく変わることになる。

興味深いことに、活性化したエンハンサーは自身の内部を転写開始点として、その両方向に転写された短い（0・5から2kb程度）RNA（エンハンサーRNA：eRNA）を産出することが知られている（図4-6c）。

eRNAはmRNAのようなプロセシングを受けず、ポリA配列などをもたないために合成後速やかに分解される。一部の例外を除くと、eRNAが何のために合成されているのかは不明で、多くの場合は単なる副産物なのかもしれない。

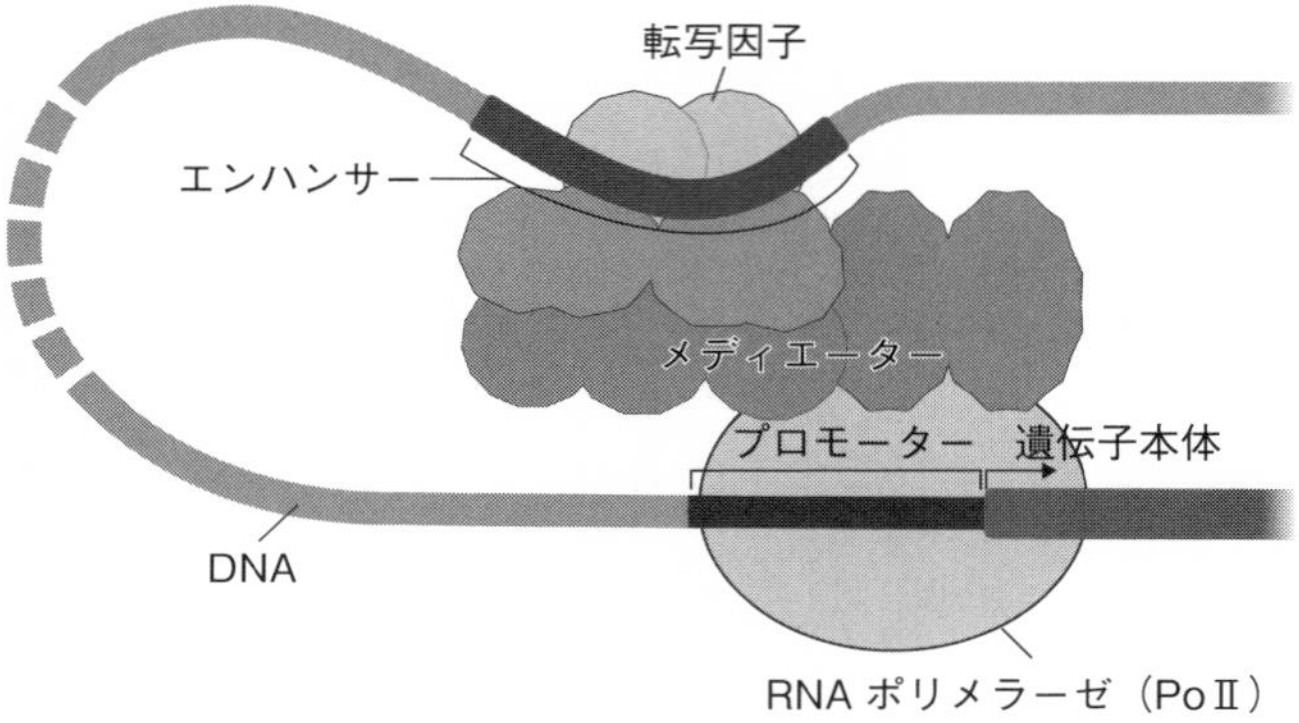

図4-6b　エンハンサーとプロモーターの相互作用の模式図
図中のRNAポリメラーゼは、PICとした方が正確。非常に多くのタンパク質が関与する複雑なプロセスで、正確なところはまだわかっていない。

エンハンサーの活性化状態を知るには

さて、ある領域が（活動中の）エンハンサーであるかどうかを判断するにはどうすればよいだろうか。歴史的には、原点の定義に立ち返って、レポーター遺伝子とよばれる、その発現が容易に検出できる遺伝子に候補領域を連結した実験系を準備して、互いの距離や向きの依存性を調べていた。しかし、近年はエンハンサーの数も、調べるべき細胞の種類も非常に多いため、もっと簡便な方法が使われている。

エンハンサーRNAを網羅的に検出するのもその一つであるが、通常は前述のヒストン修飾情報に、他のいくつかの情報を組み合わせて判断している（実験法については、第5

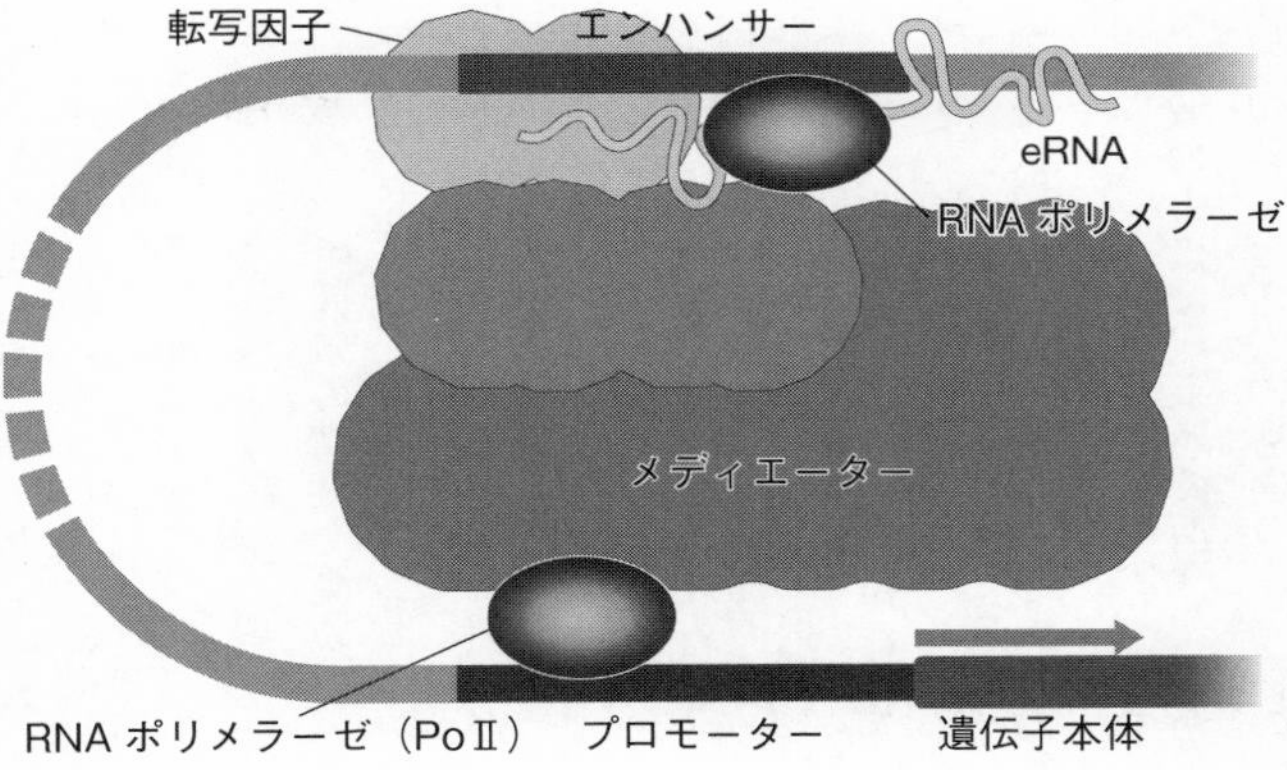

図４-６c　エンハンサー RNA
図4-6bで、実はエンハンサーにもRNAポリメラーゼが結合して、特殊なRNAを合成している。

−7節)。一般に、ある細胞における染色体状態をいくつかのヒストンマークの組み合わせで定義するコンピュータプログラムが開発されている。

クロマチン状態は、たとえばこの領域が今、「(活動中の)エンハンサー」の状態であるとか、「ヘテロクロマチン」状態であるとか、「活発に転写されている」状態である等と分類された状態のことである。もちろん状態を何種類に分類するかや、その分類にどのエピジェネティック情報を用いるか、には任意性があるが、通常は5種類程度の主要なヒストンマークを用いて、全体を15種類程度に分類することが多い。

あるゲノム領域がどのクロマチン状態をとっているかは、当然細胞の種類等の条件によって異なる。ちなみにエンハンサー領域の目印になる代表的なマークはH3K4me1すなわちヒストンH３のN末端から４番目にあるリシン残基がモノメチル化されている状態である。このヒストンマークによる情報と、別の実験で得られる情報（その領域がオープンクロマチン状態であるかどうかや、ＣＴＣＦ、さらにｐ３００などのコアクティベータータンパク質のゲノム上の局在情報など。第５－７節）を組み合わせて、エンハンサー同定の精度を高めている。

ここで注意してほしいことは、ある領域が活性化されたエンハンサーであることがこの方法で推定され、その付近の遺伝子領域が活発に転写されていることが観測できたとしても、その領域にあるエンハンサーがその遺伝子を直接のターゲットとしているかどうかは確定できないことである。今のところ、多数の細胞において多数のエンハンサーのターゲット遺伝子を網羅的に同定することは容易ではない（もちろん、ほとんどの場合は、近くの遺伝子に作用しているのだが）。

また、エンハンサーのとる状態として、活性化された状態と、不活性状態の2状態だけではなく、もう少し中間的な状態が存在することも知られている。たとえば、活性化のための準備の整ったエンハンサー状態（プライムド・エンハンサー）というものの存在が知られており、そのような状態は、ある種の転写因子の結合によって、速やかに活性化状態に移行する。この種の状態は、基本的には付近のヒストンマークから読み取ることができると考えられている。このような領域の中には、上述の活性化にかかわるマークと不活性化にかかわるマークを同時にもつ両義的な状態をとるものもあり、一種の中間状態であると考えられている。

4・7 エンハンサーの謎

明確な特徴が見えないエンハンサー配列

エンハンサーについてはまだまだわからないことが多い。一般に、エンハンサー領域には（複数の）転写因子が結合して作用するので、当然そこには転写因子の認識配列が存在する。しかし、たとえばプロモーター領域にもそのような結合配列は存在するし、ゲノム塩基配列上に、同様の転写因子結合可能配列は無数に存在する。それらと本物のエンハンサーを区別するような特別な配列上の特徴を人間の目で見出すことは難しい。

おそらく転写因子結合配列の組み合わせが重要なのだろうと考えられるが、今のところ、エンハンサーを特徴づける明瞭な転写因子の組み合わせや相互の位置関係などの法則は見つかっていない。一般にゲノム上の機能部位は進化的に保存されて、配列パターンが変化しにくいので（第2-8節）、近縁種の間で対応する領域を比較すると、自然と重要領域が浮かび上がることが多い（系統フットプリント法）。しかし、エンハンサーの場合、その配列の保存性にはばらつきもあり、進化上の保存はそれほど明瞭ではない。むしろ、進化の過程で比較的自由に生成消滅している様子がうかがえる（つまり、進化を活発に推し進める担い手はタンパク質コード領域での変化よりも、むしろエンハンサーなどの制御領域での変化なのかもしれない)。

一方で、個人間のいろいろな体質や疾患の有無などに対応するゲノム塩基配列の違い(多型)は、しばしばエンハンサー領域の転写因子結合部位に起こっていることが観察され、これらの現象からもエンハンサーが細胞種特異的遺伝子発現の主な担い手であることが裏付けられている。さらに、実験的にヒトのエンハンサーを魚の細胞に組み込むと、ヒトと同じような細胞でレポーター遺伝子を発現させたという報告もあり、見た目以上にエンハンサーの構造は進化的に保存されているらしい。

スーパーエンハンサーの働き

エンハンサーが細胞種特異的遺伝子発現の主な担い手であるということと関係して、特に細胞種特異性の決定にかかわるエンハンサー群はゲノム上で近接して存在することが多く、通常のエンハンサーの10倍以上の領域にわたって存在しているという説がある。これをスーパーエンハンサーなどとよぶ。別の言い方をすると、それぞれの細胞の個性はおよそ100個から1000個程度のスーパーエンハンサーによって特徴づけられるという説であり、それぞれのスーパーエンハンサーはごく一部の細胞種でしか活性化しないことになる。

このようなエンハンサーの集合体が、構成成分のエンハンサーの足し算として作用するのか、互いの相乗効果のようなものを示すのかどうかについては、まだよくわかっていない。今後の研

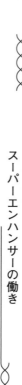

究で細胞の運命決定と遺伝子発現調節プログラムとの関係の理解が劇的に進むことを期待したい。

上の議論とも関連するが、生命現象ではしばしば、いくつかの要素の作用が個々の作用の足し算ではなく、掛け算的に働くことがある。これを協同現象とか、非線形現象とよぶ。この種の現象は生命現象に限らずいろいろな例が知られているが、生命の重要な特徴の一つである。協同的な効果は、複数のシス制御因子の組み合わせでもしばしばみられる。すなわち、ある転写因子がその結合部位に結合して転写を活性化する効果と、別の転写因子が別の部位に結合して同じ遺伝子の転写を活性化する効果は、両者がそれぞれ同時に結合したときに単独のときの足し算ではなく、ずっと大きな効果がみられることがある。そして、前述のように高等真核生物の転写制御領域には様々な転写因子が結合することが知られており、時には同じ結合部位を複数の転写因子が取り合ったりすることもある。

シス制御因子にみられる協同現象はいろいろな要因によるものと考えられるが、その有力な要因として、転写因子とクロマチン構造との相互作用があるとされている。すなわち、多くの転写因子は固く凝縮したクロマチン領域内部にある結合部位には結合できない（もしくは非常に結合しにくい）。しかし、最初にある転写因子が結合を果たし、それによって、直接クロマチン構造がこじ開けられるか、あるいはその因子がクロマチンリモデリング複合体を呼び寄せる等の作用によって、第二、第三の転写因子がその領域に結合しやすくなり、転写活性化が格段に進むと考えられる。このように、凝縮したクロマチン中の結合部位に結合が可能な転写因子をパイオニア転写因子などとよぶ。

上述のように、細胞種特異的遺伝子発現の主な担い手が特異的なエンハンサーの活性化によるのであれば、おそらくそれらのエンハンサーが最初に活性化されるのは、パイオニア転写因子の働きによるものと考えられる。パイオニア転写因子としていくつか知られている例から、あるものはヒストンH1と似た部分構造をもつとか、DNA結合ドメインとしてジンクフィンガー構造をもつものが多いなどと報告されている。しかし、パイオニア転写因子と他の転写因子との間には特に大きな差はみられず、ある因子がパイオニアとして働くかどうかは、状況によるのかもしれない。したがって、パイオニア転写因子の働きだけでは、どのように特異的遺伝子が選択されているのかという問題は説明できないようである。これも解決すべき大きな謎であろう。

4・8 インスレーターの二つの機能

上述のように、エンハンサーはDNAのループ構造を介して、ゲノム上で遠く離れた遺伝子（のプロモーター）にも作用できるが、近くにあるすべての遺伝子に作用するわけではない。その仕組みはまだ十分には理解されていないが、この仕組みに関連するシス制御因子として、インスレーターがある。

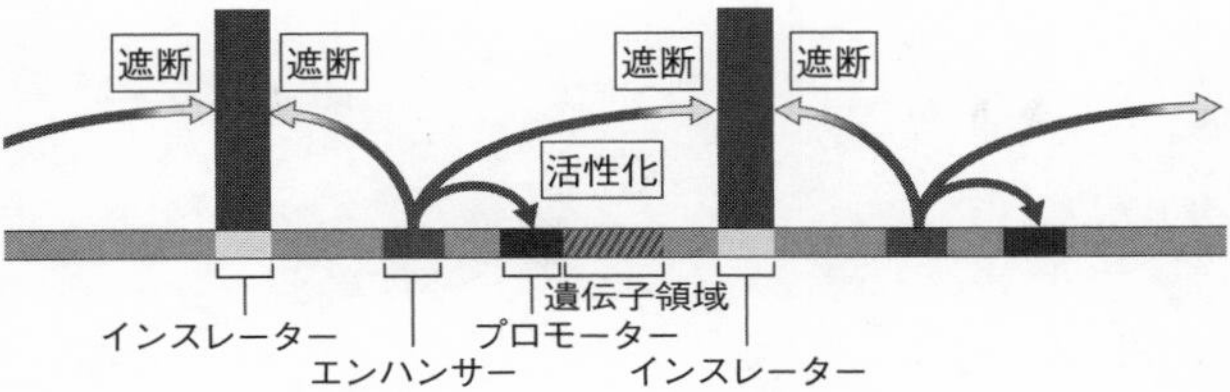

図4-8a　インスレーターの遮断作用
エンハンサーはインスレーターを越えた位置の遺伝子には作用しない。

インスレーターとは絶縁体の意味で、インシュレーターと表記されることもある。インスレーター領域は、およそ３００〜２０００塩基程度の大きさであると言われている。インスレーターには二つの機能があるとされる。その一つはエンハンサーの作用を遮断（ブロック）することで、もう一つはヘテロクロマチン領域の広がりを止めるバリアとしての機能である。

エンハンサーの遮断作用

インスレーターのエンハンサー遮断作用とは、図４－８ａに示すように、エンハンサーがゲノム上でインスレーターを越えては作用しないということである。この仕組みについては、比較的よく研究されていて、インスレーターにＣＴＣＦタンパク質が結合し、さらに別のインスレーターと、ＣＴＣＦ同士の結合を介して、ＤＮＡループを形成する（図４－８ｂ）。エンハンサーとプロモーターの相互作用は、この二つのインスレーターによって区切られた領域内でのみ許され、領域外との相互作用は起こらないものと考えられる。これを（あえて日本語に翻訳すると）絶縁近

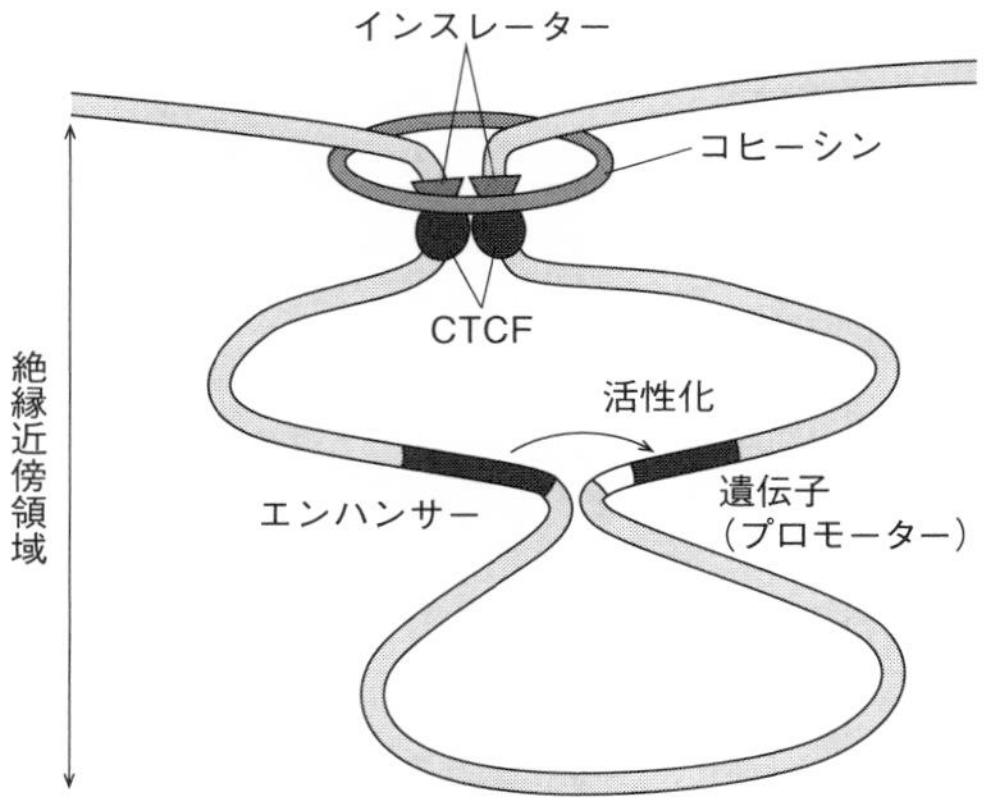

図4-8b　インスレーターと絶縁近傍領域

2ヵ所のインスレーターが、結合したCTCFを介して、ループの境界を形成し、その内部は絶縁近傍領域として、エンハンサーとプロモーターの相互作用が起こる。

傍領域とよぶ。

絶縁近傍領域の実体は第4－1節で紹介した高次クロマチン構造の一種であるTADやその内部構造であるサブTAD（クロマチンループ）であると考えられる。すなわちTAD内部ではDNA領域間の相互作用が比較的密に起こっており、TADが独立した領域として存在するということである。実際、TADの両端にはインスレーターがよく観察され、CTCFが結合することが多い。

ここで重要なことは、DNAループの端に存在するインスレーターのペアの組み合わせは、細胞の種類によって変化し得るということである。つまり、細胞の種類によって、TADなどの領域が変化すれば、内部のエンハンサーやプロモーターの構成も変化し、遺伝子の細胞種特異的発現を実現できるかもしれない。

ちなみに、ＣＴＣＦはジンクフィンガードメインによって、ＤＮＡに結合し、ホモダイマーを形成する。ＴＡＤの構造変化は、環状のタンパク質複合体であるコヒーシンがＡＴＰ分解によるエネルギーを使って、ループをダイナミックに送り出す反応によって起こされると考えられている。一方、これまでの研究では、ＴＡＤ境界には、むしろ細胞種や生物種を超えた共通性が（ある程度は）存在することが報告されている。もう少し変化が大きいとも言われるサブＴＡＤについても、その違いはおよそ3割程度であるらしい。不思議なことに、ＴＡＤやエンハンサーとは違って、ＣＴＣＦ遺伝子は多くの脊椎動物がもっているにすぎないことにも注意が必要であろう。

いずれにしても、どのようにして、異なる細胞種で正確に絶縁近傍領域の境界を決めているのかという問題は残る。また、前述のように、今のところ、エンハンサーとそのターゲット遺伝子の対応を網羅的に検出するのは容易ではないので、エンハンサーのターゲット選択機構については、まだよくわかっていないのが現状である。

ヘテロクロマチンに対するバリア効果

一方、インスレーターのもう一つの機能としてあげられるヘテロクロマチンの作用に対するバリア効果については、さらに謎が多い。がん細胞などにおいては、転座といって、染色体の部分領域がちぎれて、別の染色体に結合するような事象がしばしば観察される。この転座などによっ

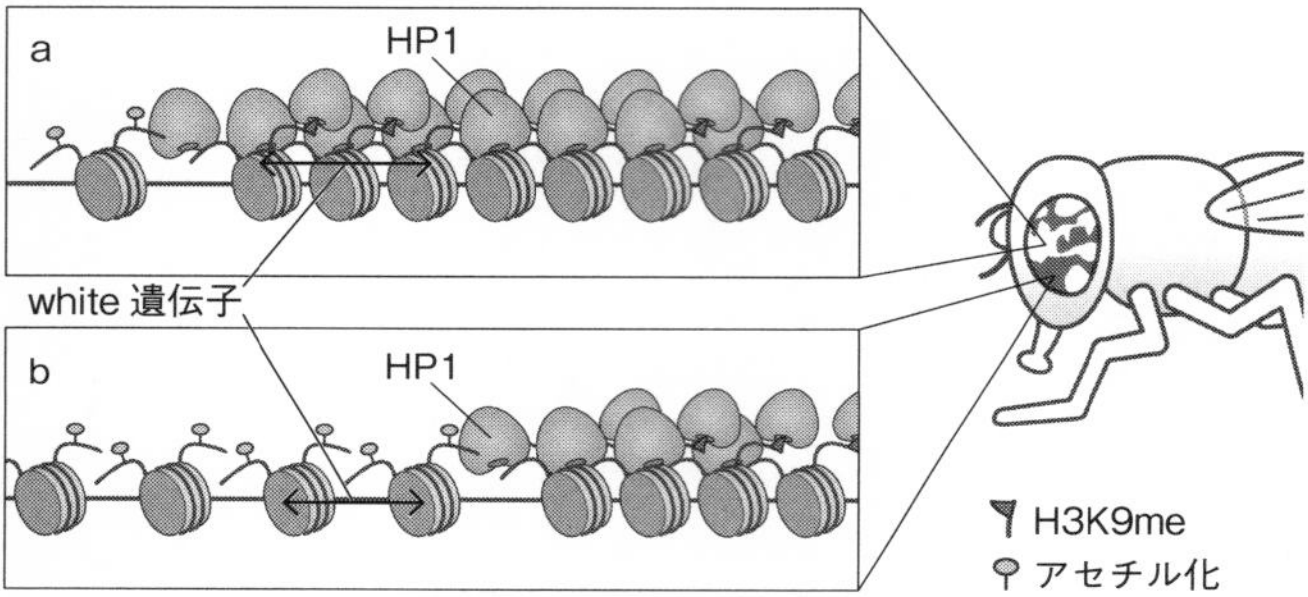

図 4-8c　位置効果

aの細胞では、white遺伝子の位置が変わってヘテロクロマチンの内部になり抑制されるため、目が白くなってしまう。一方、bの正常細胞ではwhite遺伝子がヘテロクロマチンの外部にあるため目が赤くなる。

て、遺伝子がセントロメアやテロメアなどのヘテロクロマチン領域の近傍に位置するようになると、その遺伝子の発現は通常抑制される。

この現象はショウジョウバエの眼で最初に観察され、遺伝子発現が染色体上の位置によって変化するという意味で、位置効果とよばれる。また、ヘテロクロマチンによる遺伝子のサイレンシングともいう。

この効果はヘテロクロマチン構造が周囲のユークロマチン領域まで拡張しようとすることで生まれるものと考えられている（図4-8c）。そして、このヘテロクロマチン拡張のバリアとして働くのが、インスレーターのもう一つの機能である。このバリア機能が、上述のエンハンサーのブロック機能と同様に、CTFタンパク質の結合などによって起こっているのかどうかはまだはっきりしないが、ゆくゆくは両者の機能は統一的に理解されていくのかもしれない。

ここで強調しておきたいことは、ヘテロクロマチン構造の周囲への拡張のように、エピゲノム構造はたえず動的に変化しようとしている点であり、この変化の制御が遺伝子の発現制御と深く関係しているらしいことである。

4・9 核構造と相分離

膜で区画されない構造体

光学顕微鏡や電子顕微鏡で観察すると、核の内部は均質ではなく、いくつかの構造（核内構造体とか核顆粒などともよばれる）の存在が認められる。しかし、それらは核そのものや、その他の細胞小器官とは異なり、膜で区切られていないのが特徴である。

核内構造体のうちでもっともよく知られているのは、核小体であろう（図4‐9ａ）。これは、核内部に一つか二つ程度存在し、そこでは主にｒＲＮＡの合成とリボソームの分子集合、シグナル認識粒子の合成などが行われている（第2‐7、2‐8節）。いくつかの染色体の特定の部分領域が、核小体結合ドメイン（ＮＡＤ。第3‐3節で説明したＮＡＤＨの関連分子とは別物）を構成して、核小体と相互作用していると言われている。ＮＡＤ領域にある遺伝子はその発現が抑制される傾向がある。

同様に、核内構造体ではないが、核膜の内側には核ラミナとよばれる中間径フィラメント（第2－6節）などで構成された網状の構造体が存在し、染色体の特定領域がラミナ結合ドメイン（LAD）として、結合していることが報告されている（図4－9b）。LADはゲノム中に1400ヵ所程度存在し、ゲノムの約4割を占めるとも言われる。ヘテロクロマチン領域を多く含み、NAD同様、遺伝子発現は抑制されているらしい。これらはクロマチンの組織化にかかわっているものと思われる。

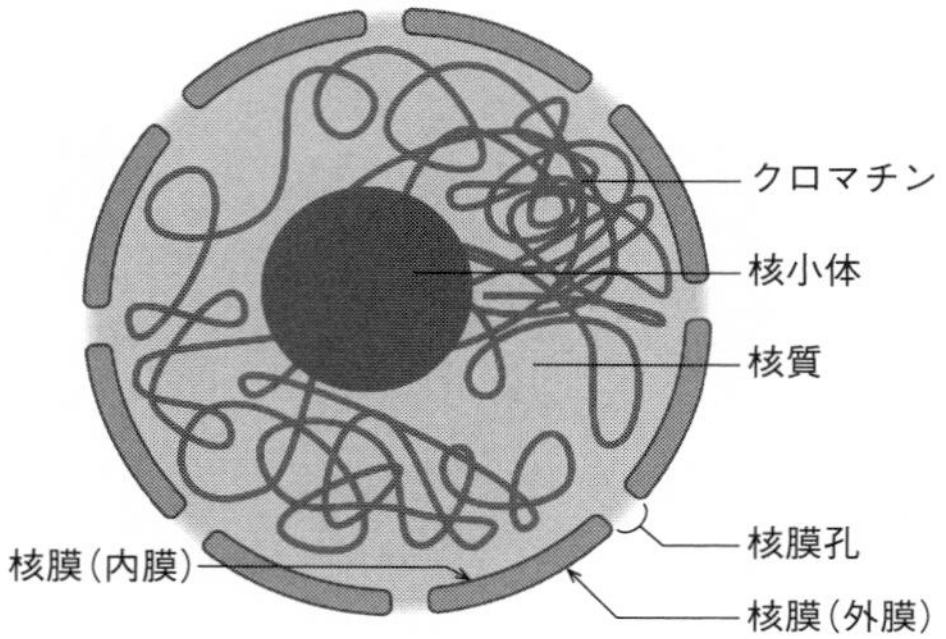

図4-9a　核小体
核小体は膜に囲まれていないことに注意。

また、転写の活性化などにかかわっていると思われる構造体もある。たとえば、核スペックル（斑点の意味）と呼ばれる不定形の構造体が核内に20から50個程度存在することが知られている。核スペックルは、最初はRNAスプライシングが盛んに行われていることが報告されていたが、最近の研究では同様に転写も盛んに行われていると言われている。

一方、第5－7節で紹介する高次クロマチン構造検出法（Hi－C法など）によって、ゲノムは

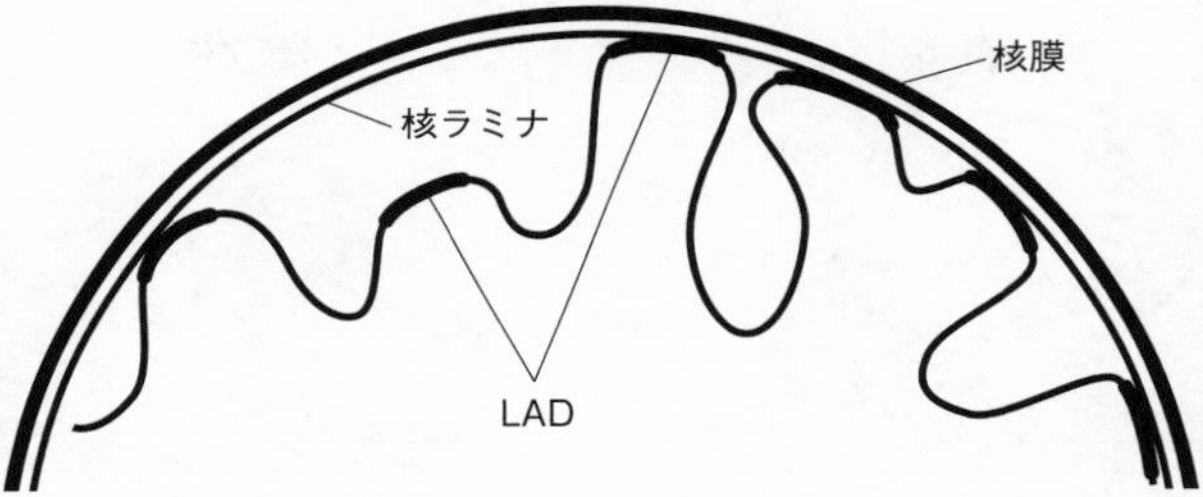

図４-9b　ラミナ結合ドメイン

Ａコンパートメントとよばれる、それぞれ数百万塩基程度の領域から構成されていることが提唱されている（図４－９ｃ）。Ａコンパートメントでは転写が比較的活発で、核の中央付近に位置する傾向があるとされる。他方、Ｂコンパートメントでは転写が不活発で、比較的核膜周辺に位置する傾向がある。

このＡ／Ｂコンパートメントと、ＴＡＤやＬＡＤなどの構造との正確な関係はまだよくわかっていないが、おそらくＡコンパートメントはおおざっぱに言ってユークロマチンに対応し、Ｂコンパートメントはヘテロクロマチンに対応するものと思われる。ＢコンパートメントはまたＬＡＤを包含しているのであろう。

相分離は生命の謎を解く鍵なのか

さて、膜で区切られない構造体は、一体どのようにして形成されているのだろうか。この問題に対する明確な答えはま

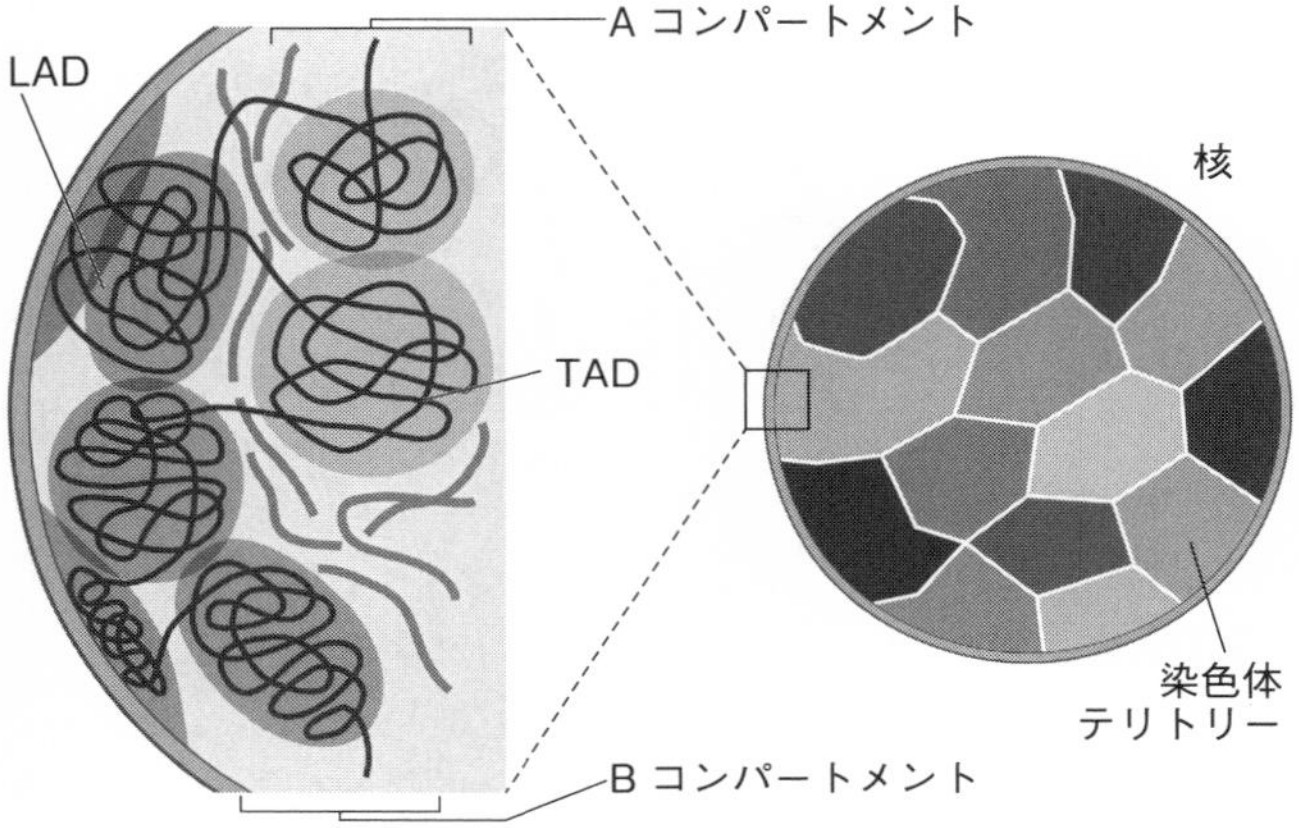

図 4-9c　A/Bコンパートメントの想像図
図4-1cも参照。

だ得られていない。個々の例によって事情は異なるのかもしれないが、近年この問題と関連して、細胞内の相分離（液－液相分離、LLPSともいう）という現象が注目されている。

相分離の基本については、本書の冒頭（第1－1節）でも触れたが、サラダドレッシングを放っておくと、自然に水と油に分離してしまうのが典型的な例である。水と油でなく、基本的には水が詰まった細胞内でもこのようなことが起こる。すなわち、ある種のタンパク質や核酸が多くの相手と弱く相互作用をすることによって、相互作用をする分子同士のネットワークが形成され、それが契機となって、相分離が起こり、液滴が形成されるらしい。

相分離を引き起こすタンパク質として、第

2–5節で紹介した天然変性タンパク質が重要な役割を果たしていると言われている。相分離による液滴の形成には、ATP分解などのエネルギーを必要とせず、また微妙な条件の違いによって、可逆的に液滴が生成したり消滅したりするとも言われている。

相分離が細胞の中で果たしている役割については、慎重な意見もあり、まだまだ仮説ととらえるべきかもしれないが、この現象によって、生物学の多くの分野における謎が解けるのではないかと期待されている。

たとえば、転写開始における複合体が液滴の中で形成されているとすれば、どのように複数のエンハンサーがその作用に関与できるのかを説明できるかもしれない。第4–7節で述べたスーパーエンハンサーや上述の核スペックルも、そのような活発に転写されている領域が集合して大きな液滴を作り、転写に関与する様々な因子の効率的な利用を行っている現象として説明できるのかもしれない。また、ヘテロクロマチン形成に関係するHP1やPcGタンパク質は、ヘテロクロマチン領域を液滴中に閉じ込めることで、転写の抑制を実現しているのかもしれない。その他、相分離は様々な現象に興味深い視点を与えてくれるので、相分離生物学ともいうべき、研究の一大潮流に成長していくことが期待されている。

第5章

生命科学を大きく発展させるDNA解析技術

本書の最後の章である本章では、DNA（やRNA）に関する主な実験法の原理を紹介する。これまでの章で述べた内容は、ここで述べる実験法を用いて明らかにされてきたものであるが、逆に本章の内容は高度なものを含み、その理解にはこれまで述べてきた内容の十分な理解が必要と思われる。一読して理解が難しい場合は、以前の章をじっくり読み返していただきたい。

5・1 DNAを扱う基本操作

制限酵素——細菌の生体防御システムを応用

DNAを扱うための基本操作はいろいろあるが、特定の塩基配列をもつ部位を切断する操作は非常に有用で、これを行う制限酵素という一群の酵素の単離と実験への応用が、遺伝子組換えや遺伝子工学などとよばれる、1970年代の新しい分子生物学の流れを作ったと言われている。

制限酵素とは、もともと真正細菌や古細菌が外来のウイルス（バクテリオファージ）からの感染を防ぐために備えている制限修飾系という生体防御システムで用いられているものである。すなわち、一部の細菌は、外部から侵入してきたDNAを認識し、これを切断することで排除しようとする。

問題はどうやって外来のDNAを認識するかだが、実際には単純に特定の配列パターン（たと

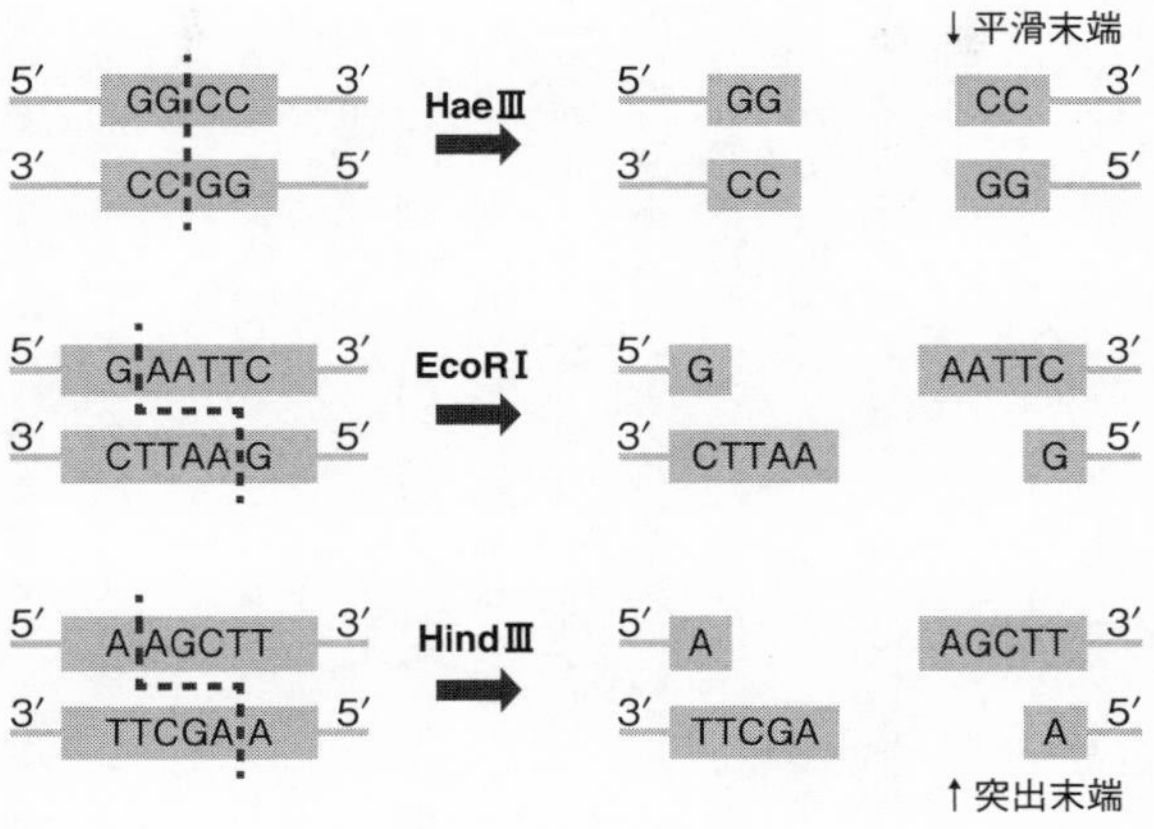

図５-1a　制限酵素の認識配列

えば、GAATTC）が存在すれば、その部分を切断する。それでは自分のゲノムにはこのパターンが存在しないのかというと、そうではなく、前もって自分のゲノムにあるこのパターン内のアデニンもしくはシトシンをメチル化しておくことで、自己切断を防いでいる（この場合のシトシンのメチル化は、第４-４節で説明した哺乳類のＤＮＡメチル化とは異なる位置にメチル基が付加される）。この認識配列のパターンは４～10塩基長程度であり、通常どちらの鎖でも同じパリンドローム（回文）配列になっている（第４-５節）。

図５-１ａにいくつかの制限酵素の認識配列と切断のパターンを示す。このように、切断は単純に二本鎖を同じ場所で切ってしまう場合と、それぞれ異なる場所で切断する場合がある。前者では平滑末端とよばれる切り口ができ

る。一方、後者の場合は突出末端とよばれる切り口ができるので、ＤＮＡリガーゼという酵素を使って、元のようにつなぎあわせることが比較的容易にできる。

あるいは、同じ制限酵素で生成した別のＤＮＡ断片同士（大腸菌とヒトなど、別の生物種由来であってもよい）をつなぎあわせることができる。これが組換えＤＮＡとよばれる技術であり、このような技術を用いて、生物の遺伝子やＤＮＡを有用な形に操作しようという学問が、遺伝子工学である。

なお、制限酵素の特徴として、その配列認識が非常に厳密なことがあげられる。これはこの酵素が元々細菌の生死に関わるシステムに用いられていることから見ても当然である。すなわち、本来の認識配列からずれた配列まで切断してしまうと非常に危険であるので、一塩基でもずれた配列は認識しないようになっている。この点は、転写因子などの行う配列認識とは大きく異なっており、生物がその気になれば、いくらでも厳密な配列認識が可能であることを示している。なお、第５−８節で紹介する、ゲノム編集でよく用いられているCRISPR/Cas（クリスパーキャス）というシステムも、もともとは真正細菌や古細菌で用いられている生体防御システムを応用したものである。

電気泳動は分子の「ふるい」

さて、制限酵素で切断したＤＮＡの断片を確認したり、分離したりするには、ゲル電気泳動法

（主にアガロースゲル電気泳動法）という方法を用いる。これは、図５‐１ｂに示すように、寒天などに含まれるアガロースという多糖類を固めた（ゲル化した）ところに、ＤＮＡを加え、両端に電位差をかけてやると、ＤＮＡはリン酸部分のもつ負電荷により、プラス極の方に移動する性質を利用している。

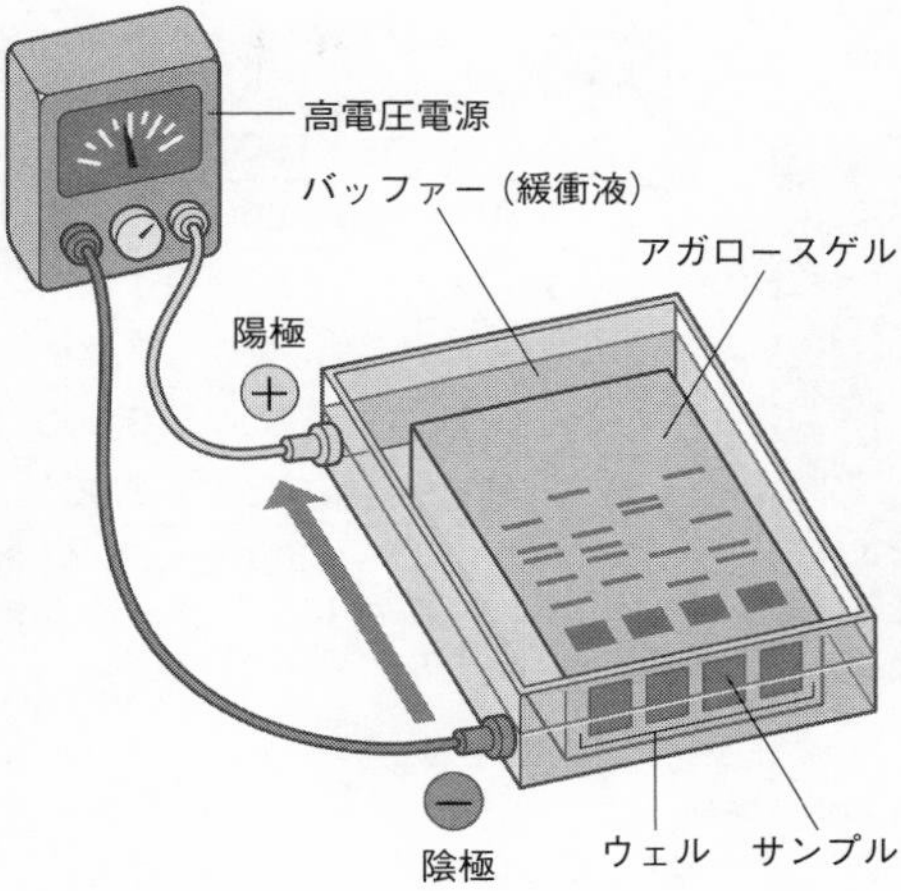

図5-1b　ゲル電気泳動法

アガロースは多数の糖がひも状につながった構造をしており、ゲル化すると、それがからみあった構造を作る。その網目のすきまをＤＮＡが通り抜けていくが、ＤＮＡは構造が均質なので、一定長あたりにかかる力は同じとみなせる。しかし、短い断片ほど容易に移動し、長い断片は移動が遅れるので、両者が混ざり合ったサンプルが同じスタート地点から移動を始めて一定時間経過すると、異なる断片のゲル内での位置が異なってくる。これを分子ふるい効果という。

ゲル中のＤＮＡを染色すれば、それぞれ

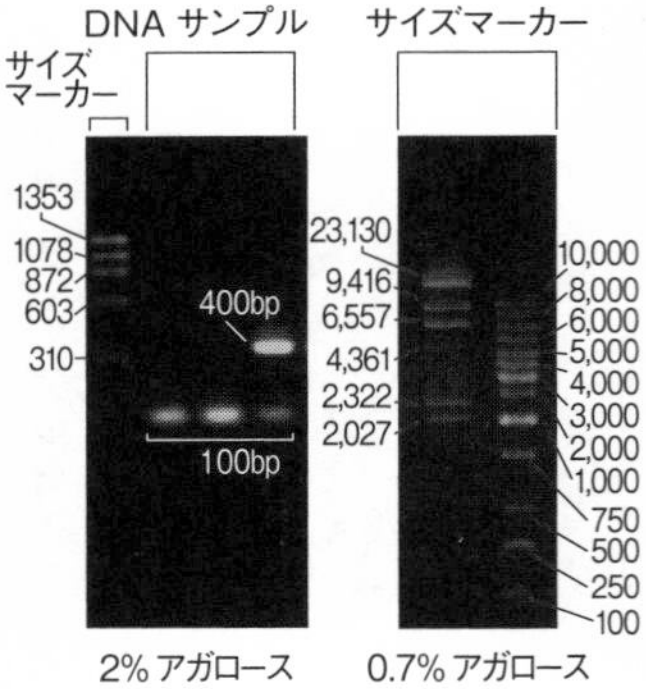

アガロースゲル濃度（w /v）	分離できるDNAサイズ(bp)
0.50%	1000 ～ 30,000
0.70%	800 ～ 1,200
1.00%	500 ～ 1,000
1.20%	400 ～ 7,000
1.50%	200 ～ 3,000
2.00%	50 ～ 2,000

ゲルのアガロース濃度（w/v: 質量パーセント濃度）に応じて分離できるDNA断片のサイズが異なる。

図5-1c　アガロースゲル電気泳動
ゲルの濃度により、分離できるDNAのサイズが異なる。
写真提供：国立遺伝学研究所・平田たつみ

のＤＮＡの位置はバンド（縞）として観察できる（図５－１ｃ）。ＤＮＡ断片の長さの違いは分子量の違いであり、連結したヌクレオチド数の違いでもある。あらかじめ長さのわかっている断片をいくつか同じ条件で泳動させてやれば、大体の分子量（長さ）も推定できる。適当なバンドを含むゲルを切り取れば、そこに含まれるＤＮＡを分離することもできる。

この方法は、ゲルの濃度などの条件を調節することにより、１ヌクレオチド単位の長さの違いを検出したり、25kb程度の長い断片を分離したりすることも可能である。同様の原理で、ヒトの染色体のような、ずっと巨大な断片を分離することもできる。

ハイブリダイゼーション
――核酸の相補性を利用

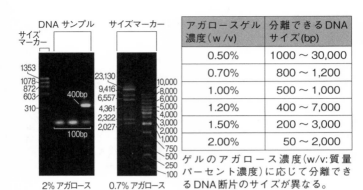

核酸が相補的な二本鎖でできていることを利用するハイブリダイゼーション法（ハイブリッド形成法）は、もっとも核酸らしい基本実験と言えるかもしれない。ここでのハイブリッド（雑種）の意味は、元々二本鎖を作っていた相補鎖とは別の相手と形成した二本鎖のことである。

たとえば、ある遺伝子のＤＮＡ断片をもっていて、この遺伝子（もしくは別生物種の相当遺伝子〈相同遺伝子という〉など、類似配列をもつもの）がサンプルＤＮＡやＲＮＡの中に（どの程度）含まれているかを知りたい場合を考える。この調べたいＤＮＡ断片をプローブ（検出用の探り針の意味）とよび、あらかじめ、放射性同位体や蛍光物質などで標識しておく。加熱や変性剤によってプローブやサンプル（ＤＮＡの場合）の核酸を一本鎖に分離し、ゆっくり冷やしてやると、あるものはサンプル中の対応ＤＮＡ／ＲＮＡとハイブリッド二本鎖を形成する。プローブを軽く

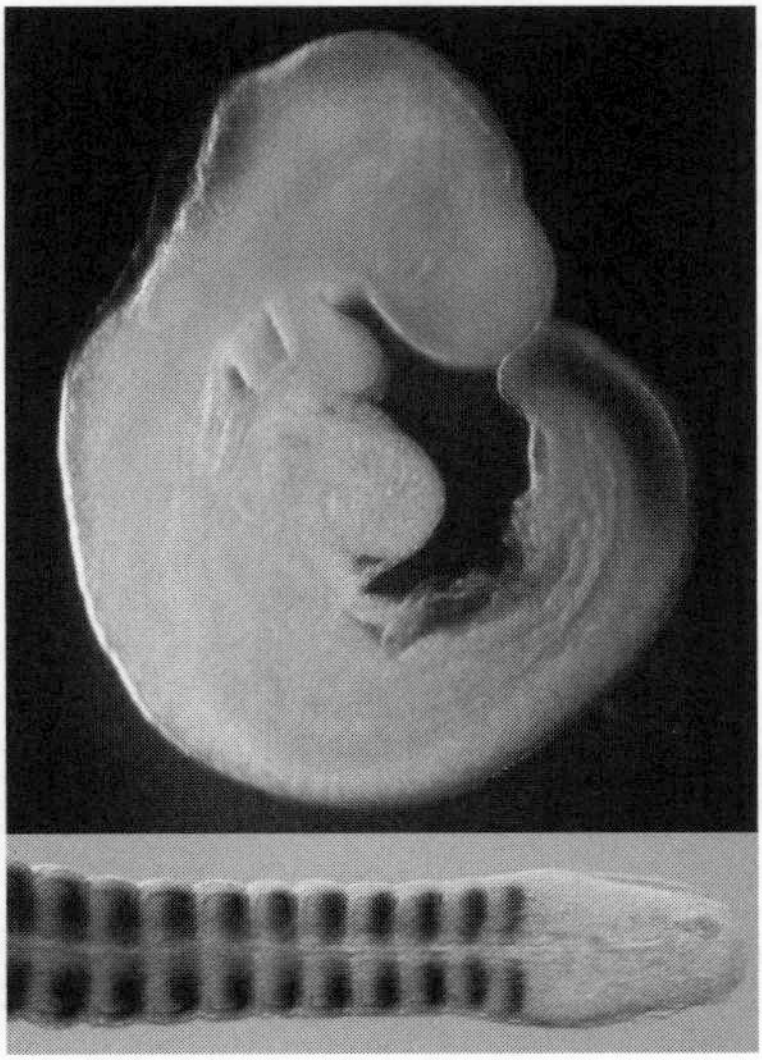

図５-1d　*in situ*ハイブリダイゼーション

(上)マウス胚発生期9.5日の尾部で発現する遺伝子の様子　(下)マウス胚発生期の体節で発現する遺伝子の様子

写真提供：国立遺伝学研究所・相賀裕美子

洗い流しても安定に残った分子として、サンプル中に存在する標的遺伝子を同定することができる。

なお、この温度を下げる（徐冷）操作をアニーリングというが、これはもともと冶金における焼きなましの意味である。温度を下げる速度やどこまで下げるかなどの手順によって、プローブと完全に同じ配列だけを検出したり、少々異なっていても検出したりするなど、検出感度を調節できる。この方法で、たとえば、臓器などの組織のどの部分にプローブ遺伝子が転写されているか（発現しているか）を可視化することができる（第5-6節）。

これを*in situ*（イン・サイチュー）ハイブリダイゼーション（ISH）という（図5-1d）。また、サンプルのDNAやRNAをあらかじめ、ゲル電気泳動で分子量の違いによって分離しておき、ナイロン膜などに吸着・固定させた後に、ハイブリダイズさせることによって、サンプル中のDNA／RNAの存在を同定することができる（膜に吸着させるのは、主にゲル内で直接ハイブリダイズさせるのが難しいため）。

この方法を、制限酵素で断片化したDNAが対象のとき、サザン・ブロッティング（サザン法）、RNAが対象のとき、ノーザン・ブロッティングとよぶ（ブロットはしみの意味。もともとサザンという研究者が1975年にサザン〈南方の意味〉法を発表したので、そのRNAに対する応用を洒落でノーザン法とよんでいる）。サザン法は、たとえば、既知の部位の突然変異による遺伝病の検出をしたいときに、その部位をあらかじめ適当な制限酵素で切断しておくことができれば、切断の有無によって変異の有無を検出するのに用いることができる。ノーザン法は、ある遺伝子がそのサンプルで発現しているかどうかを調べるために用いられる。

5・2 遺伝子のクローニング

第1－4節で、同じ遺伝情報をもつクローン生物について紹介した。分子生物学では、これとはスケールが異なるが、あるＤＮＡ断片（典型的にはある遺伝子領域）を取り出して（これを単離という）、大量にコピーする、もしくはいつでも増幅が可能な状態で安定的に保持することを、クローニング（クローン化）という。

クローン生物などとの区別をはっきりさせるために、分子クローニングとか、ＤＮＡクローニング、遺伝子クローニングなどともいう。具体的には、目的とするＤＮＡ断片をベクターとよばれる特別なＤＮＡに組み込み、これを大腸菌などのホスト生物に取り込ませている。

大腸菌は、冷凍庫に保存しておくことができ、栄養や温度条件を設定することで、必要に応じて大量に増やすことができる。大腸菌が増えると、内部に取り込まれたベクターやそこに組み込まれたＤＮＡ断片も増えることになる。なお、ここで用いる大腸菌はもちろん毒素などはもっておらず、万一外部に流出したとしても、それ自体が人体に被害をもたらすことはない。

また、通常クローニングされるＤＮＡはホスト以外の生物種に由来するが、地球上の生命は基

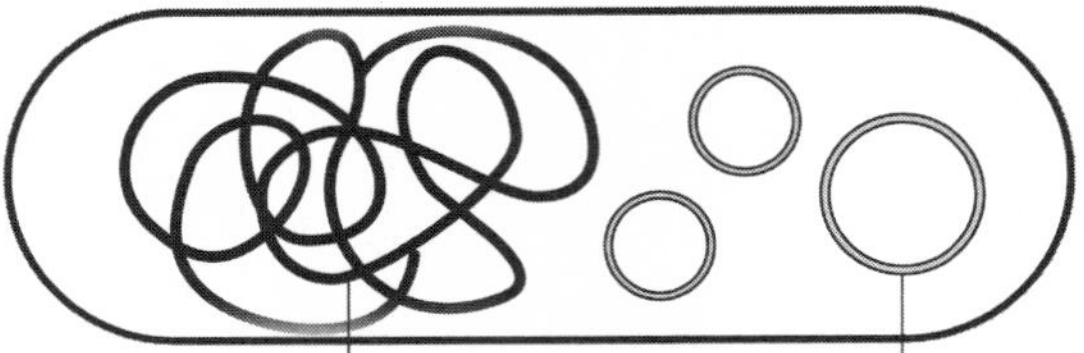

図5-2a　プラスミド
第3-2節で述べたとおり、細菌のゲノムDNAもプラスミド同様に環状である。

本的に皆、DNAによって遺伝情報を保持しているので、原理的にはどんな生物のどんなDNAでも、同じ操作でクローニングができる。この場合、大腸菌などのホスト生物は異種生物の（もしくはまったく人工の）DNAを保持することになる。これを組換えDNA技術とよび、異種生物の遺伝子DNAをもった生物を遺伝子組換え体（遺伝子組換え生物、GMO）という。後述のように、遺伝子組換え体を実験室の外に出すことは、法律で規制されている。

様々なベクターによる遺伝子組換えと規制

ベクターとは、数学でいうベクトルと同じ言葉で、運び屋とも訳され、外来DNAをホスト生物に取り込ませるときの容器のような目的で用いられる。いろいろなタイプが存在するが、もっとも古典的なものは、プラスミドという、もともと細菌内部の染色体外に存在する環状二本鎖DNAを利用したタイプである（図5-2a）。

プラスミドは、複製起点配列（第２－10節）をもっており、細菌がもつ複製装置を用いて、自律的に細胞内で増殖することができる。その意味で、ウイルス（バクテリオファージ）と似たような存在であるが、ホストとはどちらかと言えば、共生のような関係にある。たとえば、あるプラスミドは特定の抗生物質を無毒化するような薬剤耐性遺伝子をもっていて、このプラスミドをもつ細菌は、その抗生物質を投与しても生き延びることができる。

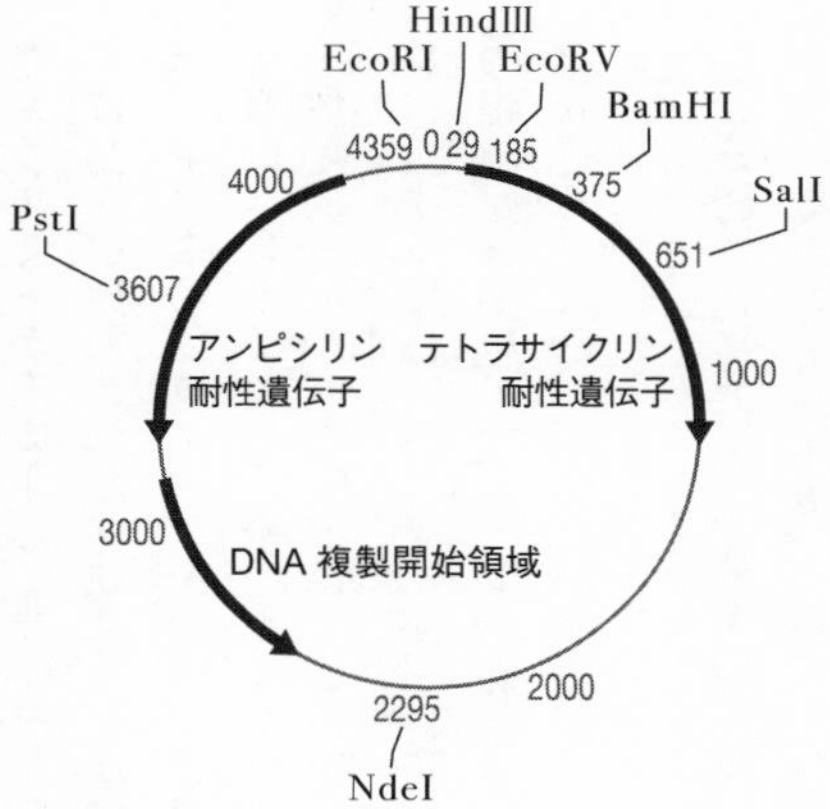

図 5-2b　pBR322

約4.4kbpの古典的クローニングベクター。EcoRI, HindIIIなどは、それぞれの制限酵素認識部位を示す。

クローニングに便利なように人工的に設計されたクローニングベクターが開発されている。pBR322というプラスミド（図５－２b）はその古典的な例で、複製起点（*ori*）、二つの薬剤耐性遺伝子（アンピシリン耐性〈*amp*〉とテトラサイクリン耐性〈*tet*〉）の他に、いくつかの制限酵素認識部位をそれぞれ１ヵ所ずつもっている。したがって、組み込みたいＤＮＡ断片をそのどれかの制限酵素で作っておき、同じ制限酵素で切断したクローニングベクターを混ぜて、ＤＮＡリガーゼを加えてやれば、ある確率で、その断片を含んだプラスミドが生成する（ライゲーション）。

ＤＮＡが挿入されたプラスミドは、たとえば電気泳動を用いて区別することができる。大腸菌ホストにこのプラスミドを導入するには、大腸菌に電気パルスを与えて瞬間的に穴を開けるエレクトロポレーション法や、カルシウムイオン存在下で冷却することで外来ＤＮＡを取り込みやすい状態（コンピテントセル）にするなどの方法を用いる。目的のベクターが取り込まれた大腸菌を選抜するには、ベクターが耐性遺伝子をもつ抗生物質を与えれば、他の細胞は死滅して、目的の細胞だけが生き残ることを利用する（図５－２ｃ）。ただし、生き残ったことは、ベクターを取り込んだことの証明にはなるが、そのベクターが目的のＤＮＡ断片を含んでいることの証明にはならない。

pBR322にはないが、典型的なクローニングベクターには、ＤＮＡ断片を取り込む制限酵素部位が*lacZ*などのマーカー遺伝子（目印として用いられる遺伝子）内部にあり、ＤＮＡ断片が取り込まれるとそのマーカー遺伝子が破壊されるように設計されている。正常な*lacZ*遺伝子をもっている大腸菌は、ある種の色素で容易に区別できるので、ベクターを取り込ませる大腸菌が*lacZ*を欠損している場合は、この染色によって、目的の断片を取り込んだ大腸菌を区別することができる（図５－２ｃ）。

このように、ベクターを細菌のホストに導入することを形質転換（トランスフォーメーション）と呼ぶが、これはもともと、アベリーが始めた、細菌に外来ＤＮＡを取り込ませて、その遺

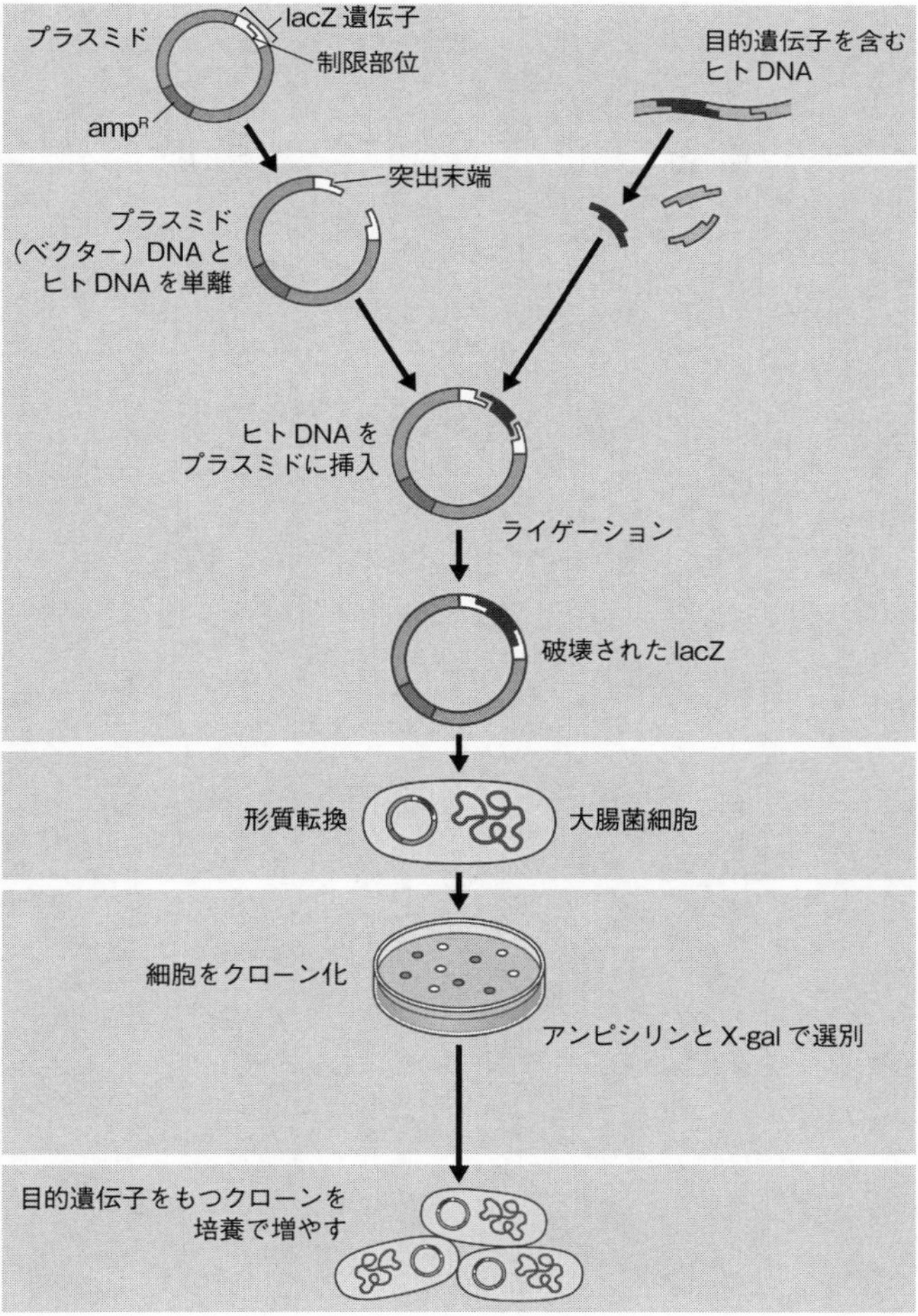

図5-2c　**DNAクローニングの手順**

伝的性質（形質）を変えることに由来している（第2－1節）。

なお、大腸菌の中で取り込んだ遺伝子を発現させたい（タンパク質を合成したい）場合は、発現ベクターという、転写に必要なプロモーター配列や翻訳に必要なリボソーム結合配列（真核生物用にはコザック配列。第2－7節）などを含んだものを用いる。これを使って、原理的には任意のヒトの遺伝子産物を大腸菌で大量に合成することが可能になるが、真核生物と真正細菌ではたとえば、タンパク質の翻訳後修飾を行う仕組みが異なっているなどの違いがあり、機能タンパク質の合成が簡単にできるとは限らない。

また、合成されたタンパク質を効率よく大腸菌から取り出して精製する必要もある。さらに、プラスミドはもともと細菌の染色体と比べるとずっと小さいので、プラスミドベクターに挿入できるDNA断片の長さは15kb程度までである。これより長い断片のクローニングをしたい場合は、他のベクターを用いる。

たとえばコスミドベクターは、30kbから45kb程度のDNA断片に用いられる。コスミドとは、プラスミドにラムダファージのもつ*cos*配列というものをもたせた人工的なベクターである。*cos*配列はラムダファージが自分のゲノムDNAをファージ粒子の中に取り込む（パッケージングという）ためのシグナルの役割を果たす。

したがって、挿入配列を含むコスミドベクターは、ラムダファージのタンパク質粒子の中に取り込まれ、ファージ同様に大腸菌に感染することで、大腸菌内部に取り込まれる、すなわち形質

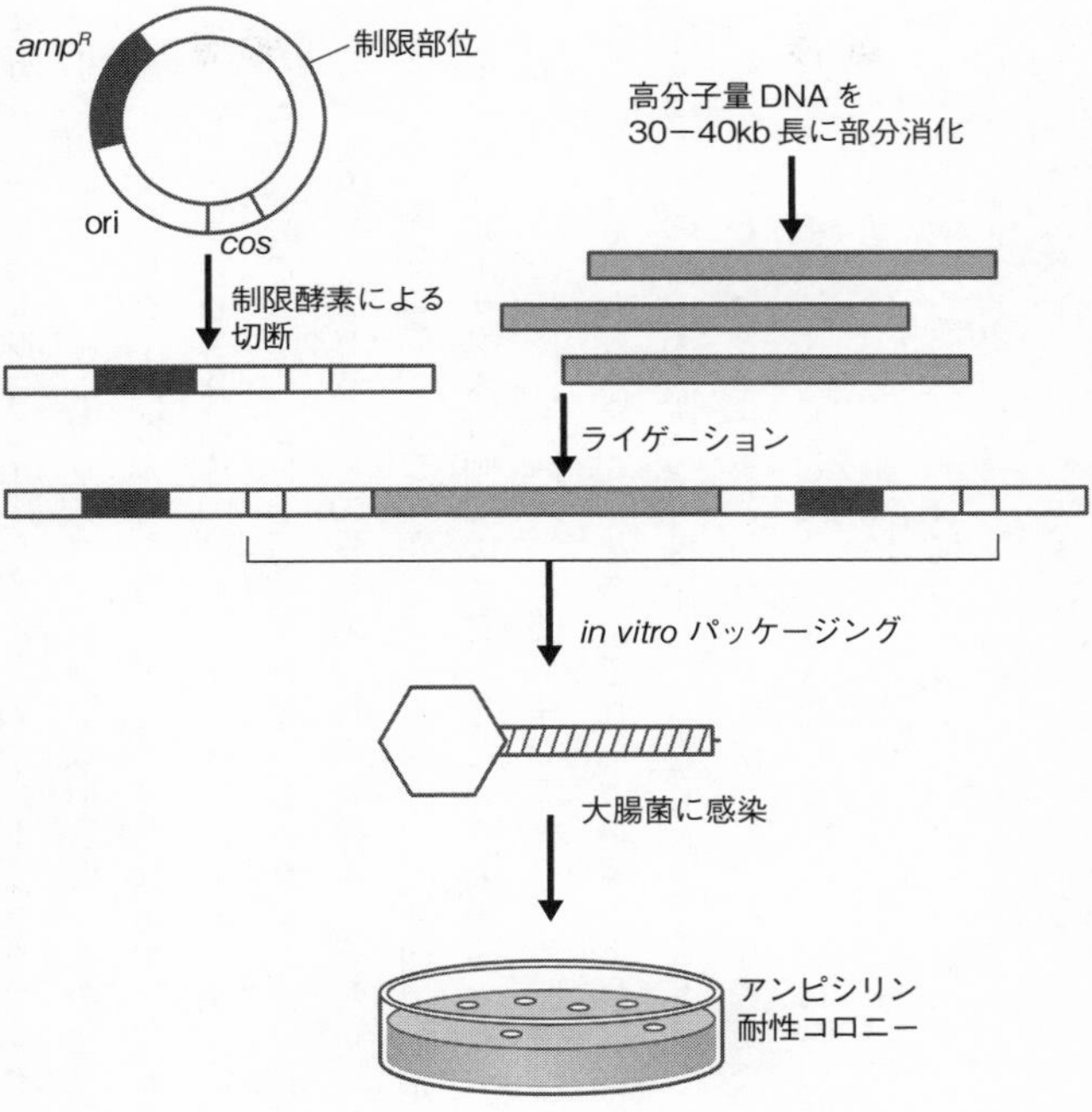

図5-2d　コスミドベクターによるクローニング

転換される（図５－２ｄ）。もっと直接的に、ファージやウイルスの増殖能力や複製能力を欠損もしくは制限したものを利用するウイルスベクターも広く用いられている。

特に、ホストがヒトなどの真核細胞である場合は、アデノウイルスやアデノ随伴ウイルスなどを用いた様々なベクターが用いられる。真核細胞へのベクターの導入の場合は、トランスフォーメーションという言葉が一種のがん化という意味にも用いられるためか、トランスフェクション、あるいは特にウイルスベクターを用いた場合にトランスダクション（形質導入）などと呼んでいる。

ウイルスベクターに挿入できるDNAの長さは基本的にそのウイルスゲノムの大きさに相当する。もっと長いDNA断片のクローニングには、人工染色体がベクターとして用いられる。たとえば酵母人工染色体を意味するYACベクターは、複製起点配列、セントロメア、テロメアなどをもち、300kbもの長さのDNAを挿入できるが、互いのDNA同士で相同組換え（第3-8節）を起こしてしまいがちであるなど、長期間の安定的な保持にはあまり向いていない。そのため、ヒトゲノム計画では、BACという大腸菌の人工染色体が用いられた。

また、単一のDNAを挿入するばかりではなく、多種類の断片を大腸菌の集合体などに取り込ませることも行われる。こうして得られた大腸菌の集合をライブラリーと称する。たとえば、脳や心臓などの特定の組織から抽出してきたRNAをもとに、ポリAテール（第2-4節）に相補的なオリゴdTプライマーというものを使って逆転写酵素などで処理し、さらに相補DNAを合成して、二本鎖DNAとしたcDNAを作製する。それらの断片を大腸菌に取り込ませたcDNAライブラリーは、その組織においてどのような遺伝子が転写されているかという情報を含むので、その後のいろいろな解析に用いることができる（図5-2e、第5-6節）。

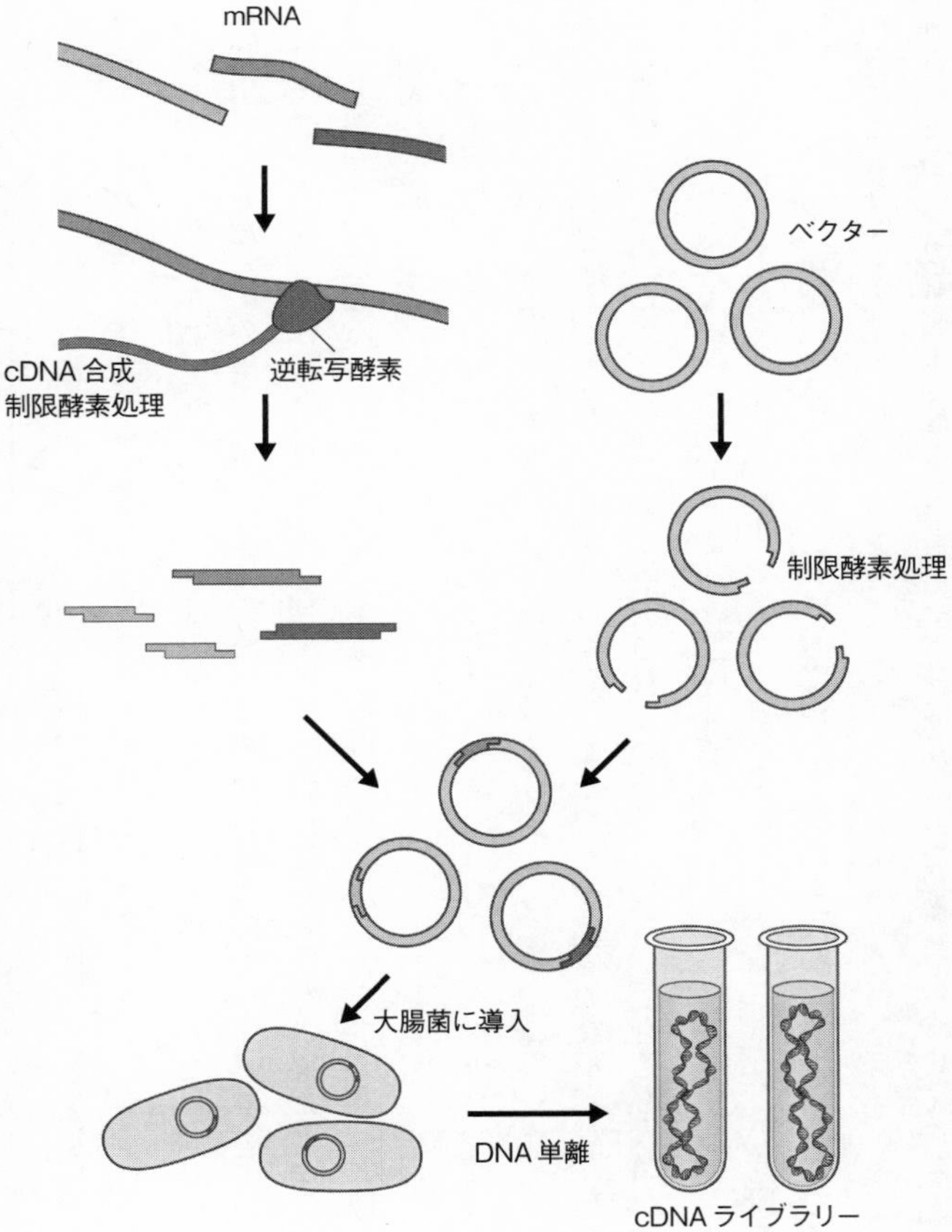

図5-2e　cDNAライブラリーの作製

遺伝子組換えの応用と規制

以上、ざっと説明してきた遺伝子組換え技術は、様々な応用の可能性をもつ。たとえば、品種改良である。農家は伝統的に、病気に強いイネとおいしいイネを掛け合わせるなどして、優れた品種を作り出してきた。この場合は、自然に行われる相同組換えによって、遺伝子の組み合わせを変えることになるが、遺伝子組換え技術を使えば、この作業から偶然の要素をかなり排除できるので、作業が効率的になるばかりでなく、本来は掛け合わせが行えないような異種生物のもつ遺伝子の導入が可能になる。

一方、その影響はやってみないとわからないところがある（もちろん掛け合わせでも何が起こるかわからないという要素はあるが）。さらに、ウイルスベクターの性質によって、トランスフェクションされた細胞ががん化してしまう危険が高まるなどの技術的な不安が存在する。将来の技術の進歩によって、このような不安が解消されていくとしても、そもそも人類が生物の遺伝子を操作して良いのかという点に疑問を感じる人もいるだろう。

第5－8節でも述べるが、遺伝性の疾患を遺伝子操作によって治療しようという研究も盛んに行われている。特に生殖細胞を操作すると、その影響が子孫にも及んでしまうので、さらに高いレベルの慎重さが求められる。

遺伝子組換え技術が確立してきた当初から、その潜在的危険性についての議論が起こり、

１９７５年には米国のアシロマで、世界の科学者が会議を開いて、組換え体の封じ込めについてのガイドラインが制定された（アシロマ会議）。さらに、１９９９年にコロンビアのカルタヘナで行われた会議に始まる一連の国際会議により、２００３年にカルタヘナ議定書が締結され、日本国内ではこれに基づいた通称カルタヘナ法（２００４年施行）に基づいて、遺伝子組換え生物などの使用が規制されている。

5・3　すっかりおなじみになったPCR

前節で述べた遺伝子組換え技術やこれに基づく遺伝子クローニング技術は１９７０年代に分子生物学に新たな大発展をもたらした。さらに１９８３年にマリスによって開発されたPCR法は分子生物学のさらなる発展に大きく寄与したばかりでなく、現在でも広範囲に応用されている。マリスはこの功績により、１９９３年にノーベル化学賞を受賞した。

PCRとは、ポリメラーゼ連鎖反応の略称で、DNAの特定領域を試験管内で多量に増やす（増幅する）方法である。前節で紹介したDNAクローニング法でも、特定のDNA断片をベクターに組み込み、さらに大腸菌などに取り込むことで、DNAを保持したり増やしたりすることができた。しかしそれには大腸菌などのホスト生物を用いなければならず、手軽に行える技術とは言い難かった。

一方、2‐10節で述べたように、細胞内でのDNAの複製は、（ラギング鎖合成のややこしさを無視すれば）DNAポリメラーゼという酵素と、合成の原料になる4種類の塩基をもったデオキシリボヌクレオチド（単にヌクレオチドとよぶ）があれば、可能なはずである。ただし、一本鎖の鋳型DNAに対して、DNAポリメラーゼが合成を開始するためには、鋳型に相補的なプライマーというものが必要であり、DNAポリメラーゼはプライマーの3′末端に、鋳型に相補的なヌクレオチドを付け加えていく。

そこで、図5‐3aのように、ある二本鎖DNAと、そのそれぞれの鎖に対して相補的な部分配列をもつ短い（20～30塩基長程度の）一本鎖DNA断片（オリゴヌクレオチドという。オリゴは「少ない」の意味）のペアが用意されているとする。この程度の長さのDNAであれば、PCR開発当時でも任意の配列のものを化学合成することができた。二本鎖DNAを分離できれば、それぞれにこの相補断片をハイブリダイズさせ、これをプライマーとして、二本鎖DNAを合成できる。つまり、二つのプライマーに挟まれた領域のDNAを倍に増やすことができる。そうなれば、再度DNAを一本鎖に分離するなど、同じ手順を繰り返して、DNAをさらに倍増させられる。これができれば、いわゆる倍々ゲームでDNAを指数的に増やせることになる。

二本鎖DNAを分離するには、第5‐1節で述べたようにDNA溶液を100℃近くにまで加熱する（熱変性）。その後、アニーリングを行う。すなわち、温度を60℃程度まで下げて、プライマーを相補配列領域とハイブリダイズさせる（急冷して、さらにプライマーを大過剰に加える

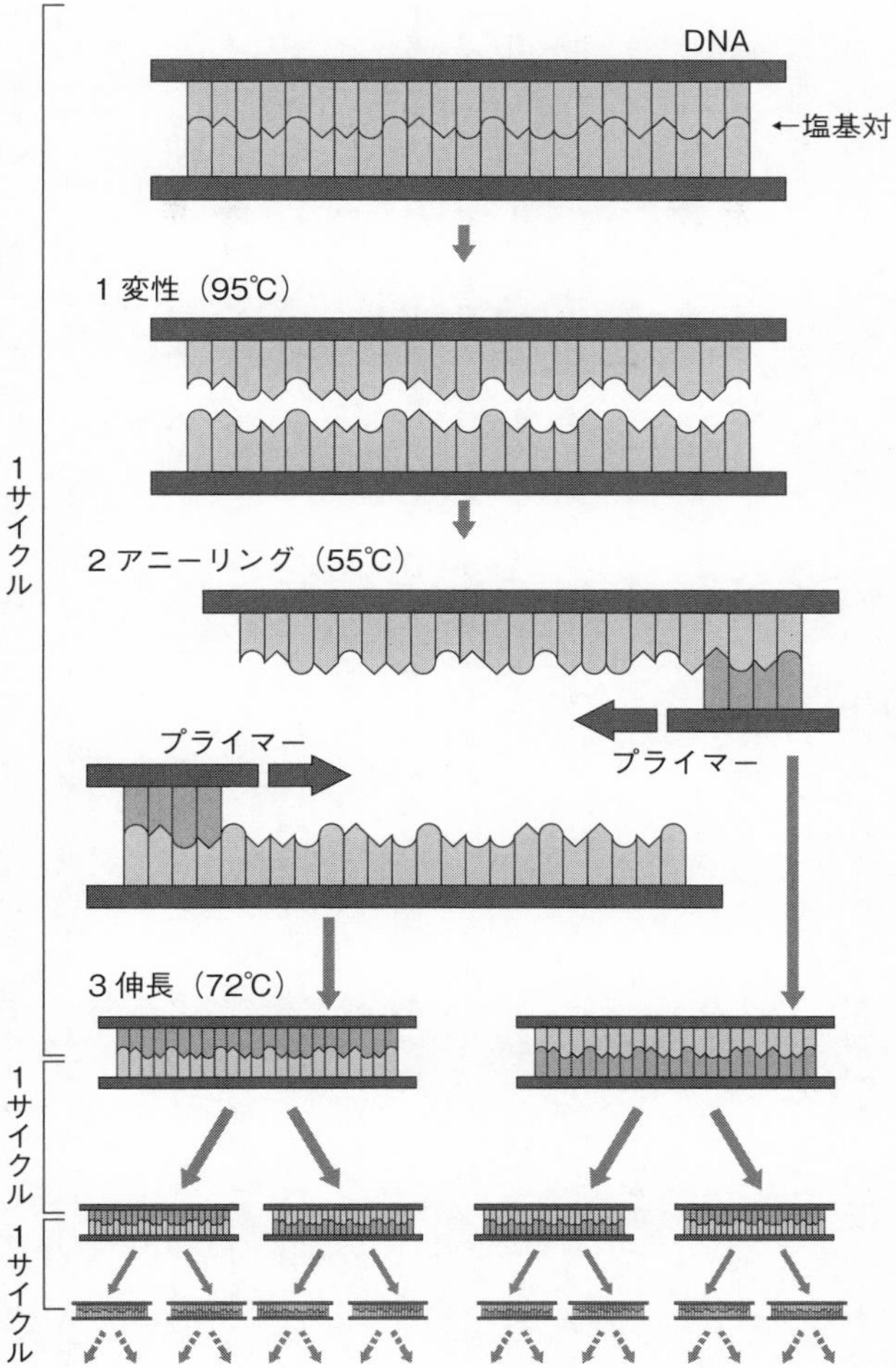
DNA
←塩基対
1変性（95℃）
2アニーリング（55℃）
プライマー
プライマー
3伸長（72℃）
1サイクル
1サイクル
1サイクル

図5-3a　**PCRの原理**

る。

と、本来の二本鎖に戻る可能性を抑えられる)。さらに、DNAポリメラーゼと原料となる4種類のヌクレオチドを加え、温度をポリメラーゼが働く適正温度にまで上げて、DNAを合成する。

これを伸長ステップとよぶ。すなわち、PCRでは、熱変性、アニーリング、伸長の3ステップによって、鋳型DNAが倍増する。この単位を1サイクルとよび、極微量(数分子)のDNAサンプルに対しても、20サイクルほど反応を繰り返せば、数mg程度の量にまで増幅することができる。ただし、実際にこのサイクルを繰り返すと、DNAポリメラーゼが熱のために変性して活性を失ってしまい、使い続けることができなくなるという問題があった。

そこで、好熱性細菌から採取した耐熱性のDNAポリメラーゼ(Taqポリメラーゼなど)が利用されており、現在では30から40サイクル程度の反応が可能である。なお、伸長反応の終わりは指定していないものの、サイクルを繰り返せば、増幅DNAのほとんどは二つのプライマーで挟まれた領域に限られるようになる。そこで、二つのプライマーで挟まれた領域を、増幅の単位という意味で、アンプリコンとよぶ。

このように、PCRではすべての反応を試験管内(*in vitro*:イン・ビトロ)で行うことができる簡便さと、非常に少量のサンプルでも扱うことのできる高感度性が特徴である。ただし、あらかじめ増幅したい領域を挟む部分配列(すなわちプライマーの相補配列)が既知である必要がある。また、ゲノムDNAの一部分を増幅したいときなど、プライマーが相補結合する場所が一ヵ所に限られる必要がある。さらに、ＰＣＲでは鋳型ＤＮＡと二つのプライマーの熱変性温度の違いが重要なので、実際にＰＣＲを行うときにはどの場所をプライマーにとるかがその成否に関わってくる。

ＤＮＡの熱変性温度はその長さにも依存するが、その中に含まれるＧ：Ｃ塩基対の数などが重要になる。それは、第1-7節で述べたとおり、Ｇ：Ｃペアの方がＡ：Ｔペアよりも結合が強く、熱的に安定だからである。したがって、ＰＣＲを行うときには、まずどの部分をプライマーに設定するかを決めること（プライマー設計）が重要であり、これを支援するソフトウェアなども存在する。

応用範囲の広いＰＣＲ

ＰＣＲの応用の一つとして、蛍光色素を使って、ＰＣＲ反応における増幅の様子を実時間（リアルタイム）で計測し、その増加率を適当な比較対象のそれと比べることで、サンプルの量を計測するリアルタイムＰＣＲがある。この方法は、逆転写酵素と組み合わせることで、ｍＲＮＡの定量、すなわち遺伝子の発現量測定に用いることもでき、その方法はRT-qPCRなどともよばれる。

ＰＣＲの高感度性は、様々な分野で利用される。極端な例としては、ネアンデルタール人などの過去の人類やマンモスなどの絶滅種のＤＮＡの分析にも利用されている。犯罪現場や大規模な事故現場などから採取した極微量ＤＮＡが、たとえば容疑者や災害犠牲者候補のＤＮＡと一致するかを調べる、いわゆるＤＮＡ鑑定（正確にはＤＮＡ型鑑定）にも用いられる。その場合、たとえば第３－９節で紹介したＶＮＴＲという反復配列の反復数が、個人によってかなり異なる（しかし、親子の間で基本的には受け継がれる）ことを利用して、複数のＶＮＴＲ座位における反復数の組み合わせを用いることで、高い信頼性を確保しようとしている。しかしながら、高感度な方法ゆえに、微量のノイズの影響を大きく受けてしまう危険性も指摘されている。

応用例の最後に、ウイルスの感染状況を高感度で知る方法として、特に２０１９年から世界的に流行したSARS-CoV2ウイルスの検出に広く用いられたことを付け加えておく。被験者の唾液などに含まれるＲＮＡ（ウイルスゲノムがＲＮＡであるため）を調べることで、いわゆる感染症の症状を伴わない場合でも、感染の有無をかなり正確に検出することができ、また、重要な変異の位置を含む領域を増幅することで、ウイルスの変異株の検出にも威力を発揮した。

5・4 ＤＮＡ塩基配列決定法の基本

サンガー法――ジデオキシヌクレオチドを利用

ＤＮＡの塩基配列（シークエンス）を実験的に決定することをシークエンシングともよぶ。現代ではＤＮＡの塩基配列データが、データベース管理者が悲鳴を上げるほどあふれかえっている。

しかし、歴史的には塩基配列決定法が開発される前に、タンパク質のアミノ酸配列を決定する方法が開発されている。これは、イギリスのサンガーが１９５３年に牛のペプチドホルモンの一種であるインスリンが53個のアミノ酸が結合した構造をしていることを示したのが最初である（サンガーはこの功績により１９５８年にノーベル化学賞を受賞した）。

そのため、初期のタンパク質のアミノ酸配列データベースには、直接タンパク質から決定された配列データが収められていた。タンパク質のデータベースがタンパク質から得られた情報を収めるのは当然のように聞こえる。しかし、その後に開発された塩基配列決定法の効率が決定的に良かったために、現在のアミノ酸配列データベースは、基本的にはすべて塩基配列を翻訳して得たデータに基づいている（もちろんタンパク質レベルで得られた情報も貴重なので、情報が得られたときには適宜付加されている）。

さて、実用的な塩基配列決定法を最初に開発したのは、米国のギルバートとマクサムのグループ（１９７３年頃）と、またしても英国のサンガーのグループ（１９７７年頃）であった。この功績により、ギルバートとサンガーは、組換えＤＮＡ技術の開発で功績のあったバーグと共に、１９８０年にノーベル化学賞を受賞している。２０２２年にシャープレスが受賞するまでは、ノーベル化学賞を2度受賞したのは、サンガーただ一人であった。

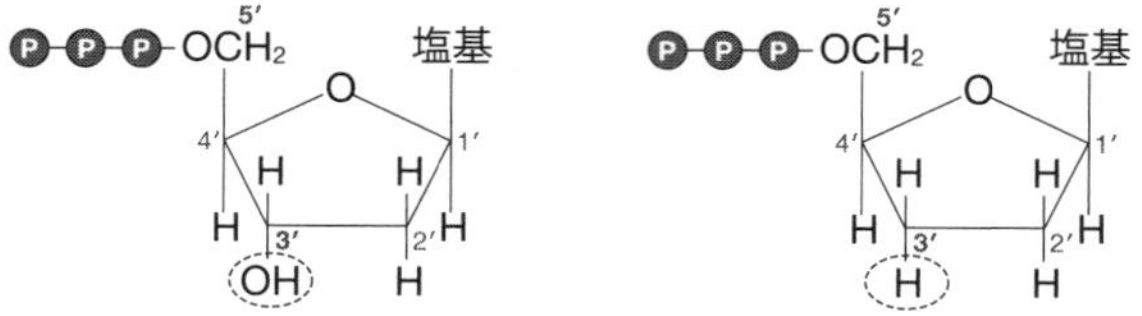

dNTP
（デオキシヌクレオチド）

ddNTP
（ジデオキシヌクレオチド）

図5-4a　**dNTPとddNTP**

さて、ギルバートらが開発した方法（マクサム・ギルバート法）は化学分解に基づく方法で、後述のように酵素を用いるサンガーらが開発した方法（サンガー法とか、ジデオキシ法などとよばれる）とは若干異なっていたが、その後、実験の容易さなどの点で、サンガー法が広く用いられるようになり、後に開発されたＤＮＡシークエンサーという自動装置もこの方法に基づいていた。さらに、次節で述べる次世代シークエンシング法が一般化した現在でも、その簡便さと信頼性の高さから、しばしば用いられ続けている。そこで、本節ではサンガー法の原理を説明しておく。

サンガー法では、ＤＮＡポリメラーゼを用いる。塩基配列を決定したい鋳型ＤＮＡに適当なプライマーをアニーリングさせて、相補鎖を合成していくのは、ＰＣＲと同じである。このとき、合成の材料となる4種類のヌクレオチドに、特定の塩基に対応する少量のジデオキシリボヌクレオチド（単にジデオキシヌクレオチドともいう。塩基の種類を特定しない場合はddNTPと記す）を加えておく。

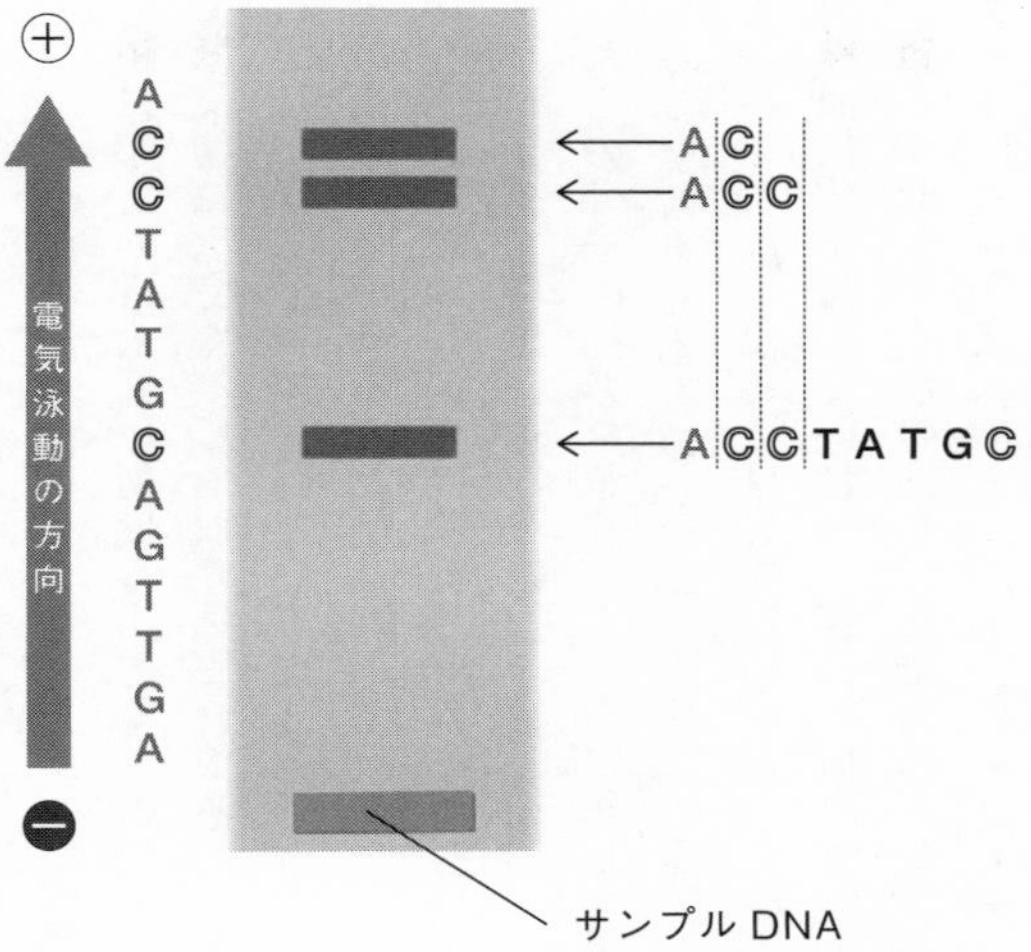

図5-4b　サンガー法の原理
ここではddCTPを使った場合を示す。これを四種類の塩基でやれば、塩基配列を読むことができる。

図5-4aに、デオキシリボヌクレオチド（dNTP）とジデオキシリボヌクレオチド（ddNTP）の構造の模式図を示す。ここで「ジ」とは、「2つ」という意味で、通常のデオキシリボヌクレオチド（dNTP）から、さらに3′部位のヒドロキシ基（-OH）が水素に置換されている（第1-7節）。この部位のヒドロキシ基は、DNAポリメラーゼが5′から3′方向に伸長反応を行う場所であり、ここが水素であると、これ以上、デオキシリボヌクレオチド（dNTP）を付け加えることができず、合成がストップしてしまう（第2-10節）。そのため、こ

のｄｄＮＴＰをターミネーターともよぶ。

さて、ここでこのジデオキシリボヌクレオチド（ｄｄＮＴＰ）が少量混ぜられているところがミソで、合成のために取り込まれる位置が確率的に決まる（図５-４ｂ）。すなわち、合成される鎖にＣという塩基は何度も出てくるが、多数の鋳型分子に対して反応を行ったとき、ある分子では最初に出てくるＣで取り込まれてそこで反応がストップし、また別の分子では次に出てくるＣで反応がストップし、というようにして、いろいろな長さの相補ＤＮＡができるが、どれも最後の塩基がＣであることは共通している。

もともとの（大量の）鋳型ＤＮＡを４つに分けて、それぞれ別の塩基に対するジデオキシリボヌクレオチドを用いれば、それぞれ４種類の塩基で終わるいろいろな長さのＤＮＡが得られる。これらの分子の長さを第５-１節で紹介したゲル電気泳動にかけると、１ヌクレオチド単位の長さの差を検出できるので、４つのレーンのバンド情報を総合して、塩基配列が読めることになる。バンドは、たとえば合成に用いるデオキシリボヌクレオチド（ｄＮＴＰ）やプライマーが放射性同位体を含んでいれば、容易に検出できる。

以上がサンガー法のあらましである。配列を決定したいＤＮＡ配列は、既知のクローニングベクターに取り込まれているか、ＰＣＲで大量に増幅済みであるので、プライマーの位置選びは通常は問題にならない。ただし、現実には、ＤＮＡ断片の配列などによっては、どうしても配列決定が難しいこともある。

ショットガン法——もっと長い配列を読む

なお、サンガー法で注目してほしいことは、この方法を延々と続けていくわけにはいかないことである。クローニングベクターに組み込めるＤＮＡの長さにも限界はあるが、サンガー法では確率的にｄｄＮＴＰが取り込まれたところで合成が終わるので、いくらｄｄＮＴＰの量を減らしたとしても、検出できる長さには自ずと限界がでる。その長さはおよそ１kb程度である。

それではもっと長い配列を読みたいときにはどうするかというと、近年は後述のように塩基配列決定がほぼ自動化されているので、ショットガン・シークエンシング法（ショットガン法）という、やや力任せの方法を用いることが多い。

ショットガン法では、まず読みたいＤＮＡを大量に準備しておき、超音波などによって、ランダムな位置で切断して、得られた短い断片をまとめてクローニングする。次にそれらを一つ一つ配列決定する。もとのＤＮＡは多くのコピー数が用意されていたので、その切断部位も分子によって異なり、得られた配列をコンピュータで比較すると、重なりの配列を連結していくことができる（図５‐４ｃ）。

この連結作業を断片配列のアセンブリーとよび、連結された配列をコンティグとよぶ。読まれるＤＮＡの性質にもよるが、もとの配列の長さの10倍程度の長さを読めば、多くの場合、コンティグが全体をカバーする可能性は高くなる。

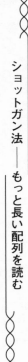

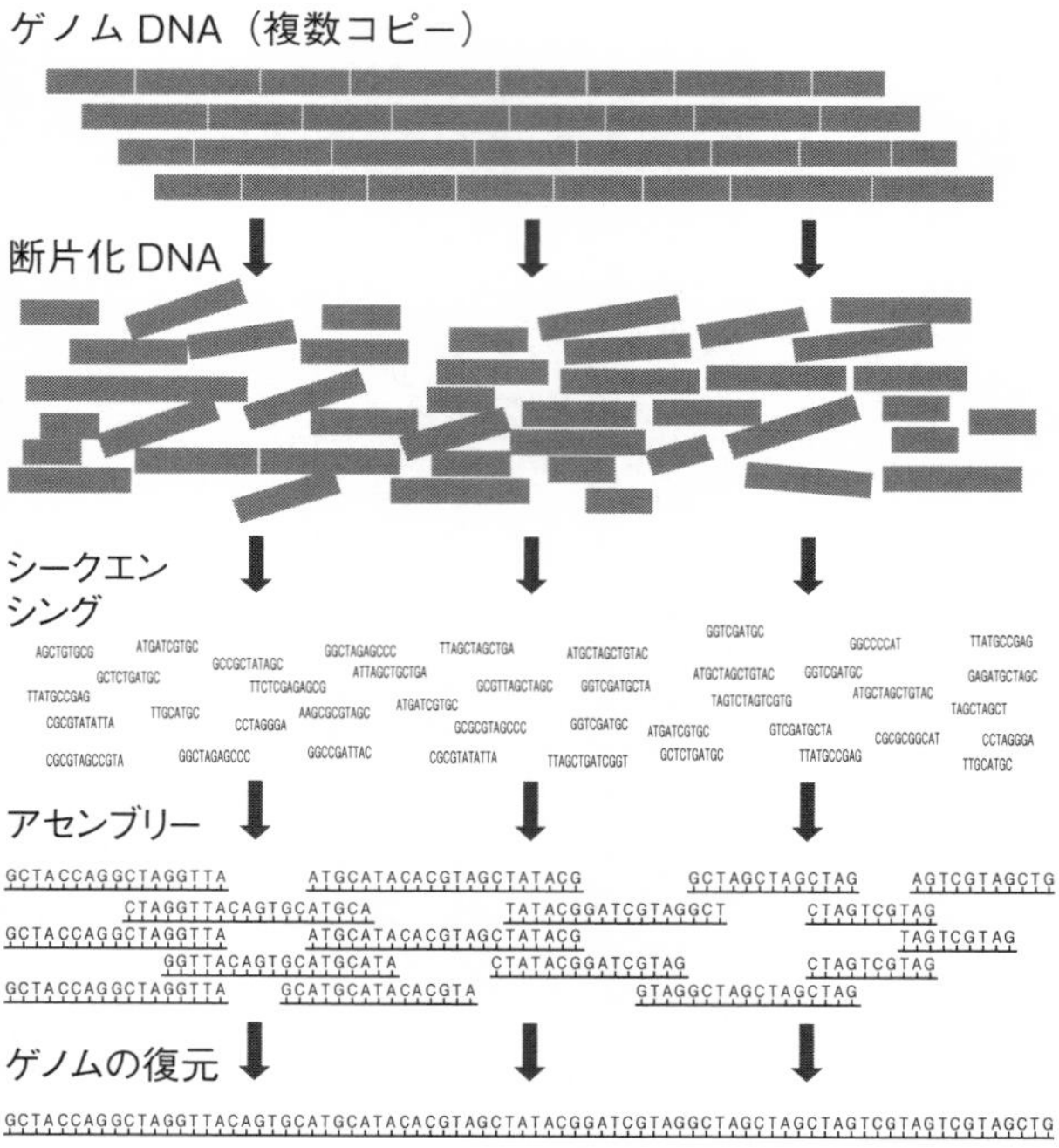

図5-4c　ショットガン法の原理

ただし、第3－4節で述べたとおり、ヒトゲノムにはＳＩＮＥやＬＩＮＥなどの様々なレベルの反復配列が含まれているので、アセンブリー作業は決して容易に済むとは限らない。大きめのゲノム配列を決定するには、非常に多くの組み合わせを調べる必要がある。この問題を少しでも回避するために、あらかじめ選んでおいた大まかな長さの範囲の配列断片の、両端部分の配列を読むことが行われている。これをペアード・エンド法（対になった両端の意味）という。

この方法を使うと、ある程度離れた領域の配列情報がわかるので、反復領域を飛び越えるなどして、アセンブリーの成功率が高まることになる。このような工夫を加えつつ、ショットガン法によって、１９８１年にはカリフラワーモザイクウイルスの全ゲノム配列（約８kb）が決定された。第３-１節で述べたように、１９９５年にヘモフィルス菌、２０００年にショウジョウバエのほぼ全ゲノム配列が同じ原理に基づいて決定された。さらにはヴェンダーらによるヒトゲノムの塩基配列決定もこの方法に基づいているが、全ゲノムが完全につながったわけではなかった（ただしこれはショットガン法だけの問題ではなく、別の方式を用いた国際チームのほうでも多くのギャップが残った）。

本節の最後に、サンガー法を自動化した、初期のＤＮＡシークエンサーについて、ごく簡単に紹介しておく。

自動化にあたって、特に重要であった技術は、キャピラリー電気泳動とダイターミネーターである。前者は、毛細管（キャピラリー）の中に特殊な高分子溶液を入れて、ゲルを用いずに電気泳動を行う技術である。これによって、並行して何本もの泳動を行うことや、多数のサンプルを順に連続して泳動させていくことが容易になった。ダイターミネーターのダイとは、染料の意味で、ここでは蛍光物質を意味する。４種類のｄｄＮＴＰに対して、４色の（レーザー照射によって４種類の波長の異なる蛍光を発する）物質を付加しておくことで、１本のレーン（キャピラリー）を用いて、4種類の塩基をすべて検出することが可能になった。また、放射性物質を用いる必要もなくなり、取り扱いが容易になった。

いわゆるヒトゲノム計画では、これらのシークエンサーがフル回転したが、現在では大規模なシークエンシングには、次節で述べる次世代シークエンサーが専ら用いられている。

5・5 「次世代」のDNA塩基配列決定法

すでに何度も触れてきたが、今世紀に入ってから、サンガー法に代わる新しいシークエンシング法が急速に発展し、塩基配列決定にかかわるコストを大幅に下げている。早晩、個人の全ゲノム塩基配列を決定するのに100ドルで済む時代が来るのではないかと言われている（第3−1節）。

このような新しい技術は、次世代シークエンシング技術（NGS）と総称されているが、今なお発展中である。したがって、今後の主流がどうなっていくのかはわからないが、ここでは2022年現在で代表的な方法として、イルミナ社の次世代シークエンサーで採用されている方法とオックスフォード・ナノポア社の方法の原理を紹介しておく。

イルミナ社のスタンダードな方法

イルミナ社の方法では、サンガー法同様、鋳型DNAの相補鎖を合成する際に取り込まれる塩基を検出する。しかし、その際に可逆的ダイターミネーターというものを用いる。このターミネーターが取り込まれると、サンガー法同様、そこで伸長反応が一旦終了する。しかし、適当な操作を行うことで、次のステップで、また次の塩基をつなぐことができる。これが「可逆的」の意味である。

取り込まれた塩基は蛍光の波長（色）によって、4種類の区別ができる（「ダイ」の意味）。したがって、この方法では、いわゆる電気泳動を行わずに、塩基を一つずつ読んでいくことになる。一つずつ読むと決まっているので、普通のヌクレオチドと混合する操作や電気泳動は必要ない。したがって、電気泳動で必要なキャピラリーなどを用いずに大量の配列決定を並列的に行うことができる。とはいえ、一分子の発する蛍光を正確に読み取ることは難しいので、まずDNA断片を以下のような一種のPCR反応で1000倍程度に増幅する。

具体的には、ショットガン法同様、まず配列を決定したいDNAを超音波などで無作為に適当な長さに切断したあと、断片の両端にそれぞれ別の特殊なオリゴヌクレオチドを結合する（アダプターという）。これは3種類の配列（ここではフローセル結合配列、インデックス配列、シークエンスプライマー配列とよぶ）を組み合わせたものである。得られた両端アダプター付き断片DNAの集合をライブラリーとよぶ。フローセル結合配列は、その相補配列を含め、フローセルとよばれるシークエンス反応を行うスライドグラス上にも高密度に植え付けられている。そこにライブラリーＤＮＡを一本鎖にアルカリ変性させて加え、片方のアダプターをフローセル上に植え付ける。すると、このＤＮＡは折れ曲がって（ブリッジを形成して）、付近のフローセル上に存在する、あらかじめ植え付けられたもう片方のフローセル結合配列の相補配列と結合する。次にこの相補鎖をプライマーとして４種類のヌクレオチドとＤＮＡポリメラーゼを加え、アダプター付き断片配列全体の相補鎖を合成する。

もとの鋳型鎖と合成された相補鎖はそれぞれ、一端がフローセルに結合しているので、熱変性させると、反対向きの鎖のコピーが一つできたことになる。ＰＣＲ同様、これを１サイクルとして、この操作を繰り返すと、フローセル上に増幅されたＤＮＡ断片のクラスターが高密度（１㎠あたり１０００万個程度）に植え付けられたものができる（この操作をブリッジＰＣＲと称する）。もとのアダプター配列にはシークエンシング用のプライマー（もしくはその相補配列）も含まれているので、ここに上述の４種類の可逆的ダイターミネーター、プライマー、ＤＮＡポリメラーゼを加えて、相補鎖の合成を１ヌクレオチドごとに行う。ヌクレオチドが取り込まれるたびに、フローセル上の各クラスターに取り込まれた塩基を、レーザー照射によって発生する蛍光の画像として読み取る（図５-５ａ）。

一度の読み取りで、数十億個のクラスターの塩基を読めるとすると、数十億本の塩基配列を同時に読んでいくことになる。１５０回ほどのサイクルで読み取られた大量の塩基配列をショットガン法同様、コンピュータで連結して、塩基配列を決定する（通常の応用では、標準的なゲノム

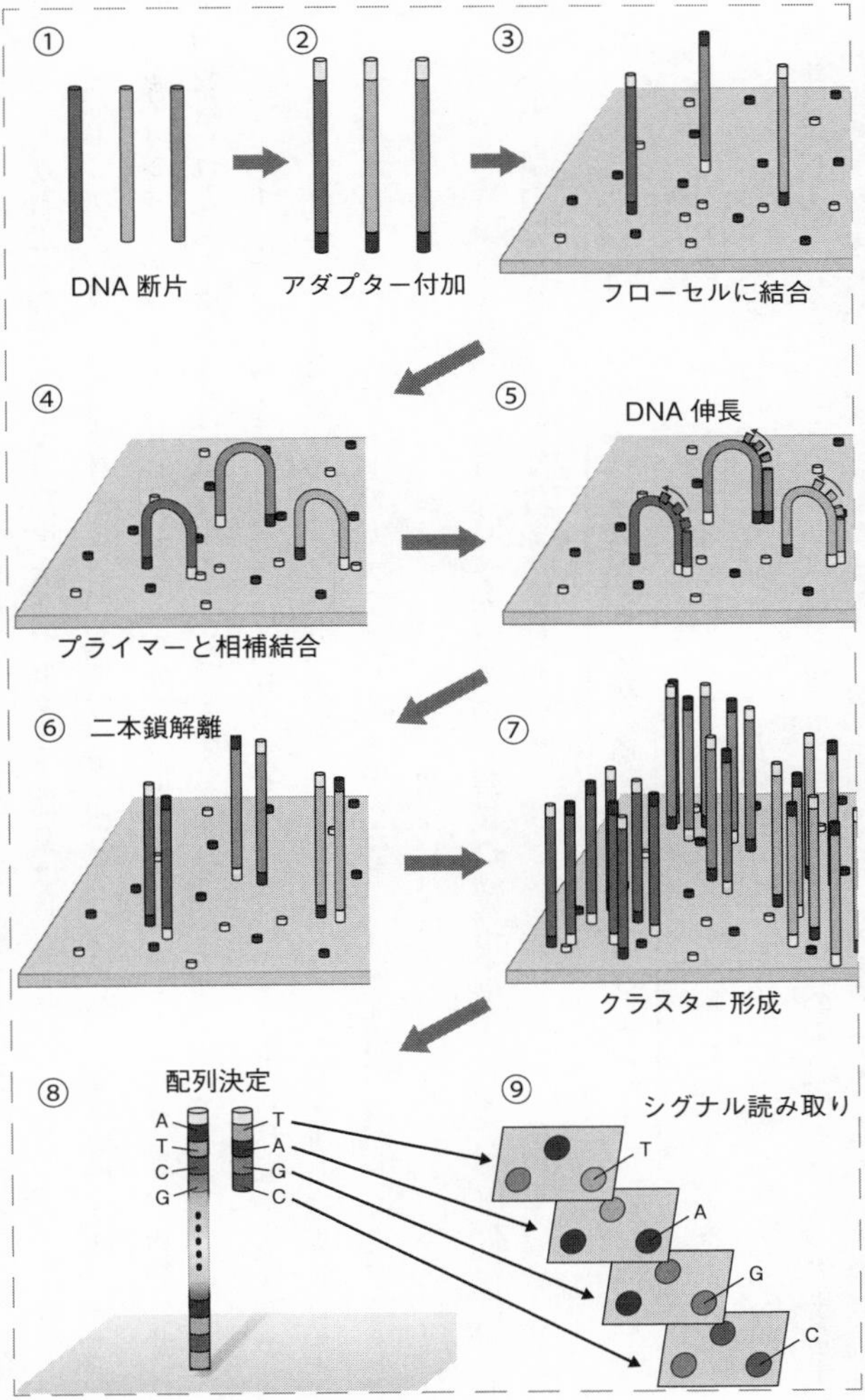

図5-5a　イルミナ社の方法による塩基配列決定法

配列に対する個人ゲノムの違いを検出するなど、あらかじめ大体の正解〈参照配列〉がわかっているのが普通なので、あまり高度なアセンブリー作業は必要ない）。

なお、アダプターに含まれる第三の配列は、異なるサンプルから得られたＤＮＡを区別するためのインデックスとして用いられる（マルチプレックス法）。これによって、複数のサンプルから得られたデータを同時に処理することができる。

以上の方法で読み取られる配列断片（リード）の長さはおよそ１５０塩基程度であり、サンガー法と比べてずっと短いので、この方式のシークエンサーはショートリード型シークエンサーとよばれる。ショートリードの方法をそのまま用いると、反復配列領域などの決定に困難をきたすことは容易に想像できる。そのため、前節で紹介したペアード・エンド法などが用いられるが、第３－９節で述べたようなヒトゲノムの大規模な構造多型（ＳＶ）の解析には、ショートリード型のシークエンサーはあまり適していない。

一度に長い配列が読めるナノポアシークエンサー

一方、これとはまったく異なる方法によって、リード長を大幅に伸ばすシークエンシング法も実用化されている。ここではその例として、ナノポア社の方法の原理を紹介する（図５－５b。第３世代のシークエンシング法とよばれることもあるが、世代の定義は人によってまちまちなのが現状である）。この分野は特に発展が著しいので、ごくおおざっぱな原理の紹介にとどめておく。

ナノポアとは、ナノメートル（10^{-9}m）レベルの大きさの穴（ポア）のことである。この穴が電解質の溶液中にあり、穴の両側の間に電位差があると、穴を使ってこの電位差を解消しようとイオンの移動が起こる。すなわち電流が発生する。このとき一緒に一本鎖のＤＮＡ（またはＲＮＡ）もその荷電のため、電気泳動の原理で穴を通過する。

その際、穴をどの塩基が通過しているかによって、電流の流れ方に特徴的な乱れが生じるので、この電流の変化を精密に測定できれば、今どの塩基が穴を通過しているかを判定できる。すなわち、塩基配列が読めるというのが、その原理である。

現在はその穴として第2-6節で述べた内在性膜タンパク質の一種がよく用いられる。内在性膜タンパク質の中には、第3-3節で述べた膜輸送体のように、イオンなどの物質を膜透過させる働きがあるが、これはタンパク質（複合体）が形成する穴を通している。

一方、ある種の病原性微生物は溶血素（ヘモリシン）とよばれる毒素を産生する。この毒素の代表的なものはポリンと総称される膜タンパク質で、宿主の赤血球の膜に潜り込んで、自身のもつ穴で赤血球をパンクさせてしまう。このポリンタンパク質がナノポアシークエンサーに用いられている（図5-5b）。

このタンパク質は脂質二重膜で区切られた二つの領域に埋め込んでおくと、複合体を形成し、直径1nm程度の穴を作る。タンパク質はシークエンシングに適したように加工され、ＤＮＡヘリ

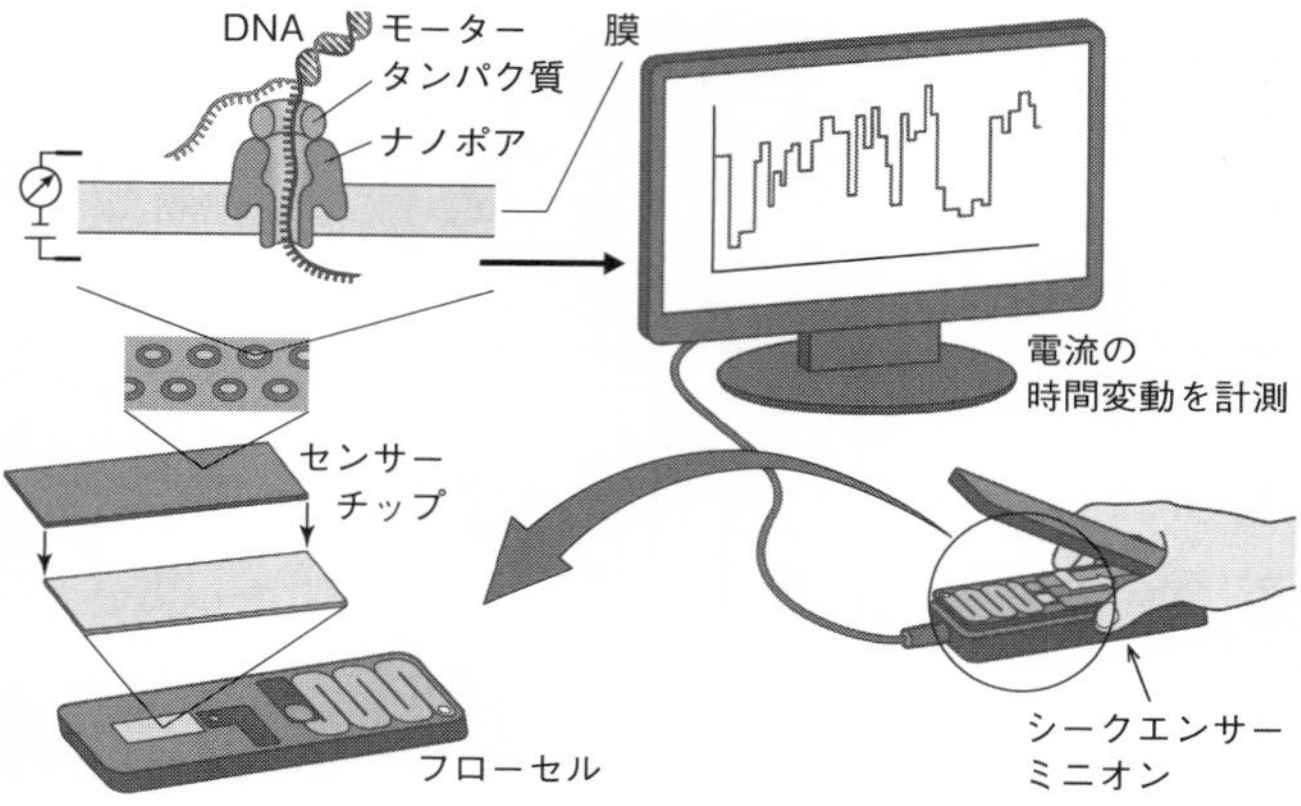

図5-5b　**ナノポアシークエンサー**
このような小型のものだけでなく、大型の大量配列決定用のものも市販されている。

カーゼなどの二本鎖DNAをほどく酵素とセットにすれば、一本鎖になったDNAが穴を通り抜けることになる。

この方法は原理が単純なため、装置が比較的単純で済むという利点がある。また一本鎖DNAやRNAが穴を通過すればよいので、原理的には読める長さの制限がない。サンプルの品質が良ければ、1リードで100万塩基読めてもおかしくない。そのため、これはロングリード型シークエンサーとよばれる。

この方式のもう一つの特徴は、理想的には4種類の塩基ばかりでなく、メチル化シトシン（第4－3節）をはじめとする、様々な特殊塩基や化学修飾の状態を検出できることである。さらに、電流の検出がそのまま配列決定につながるリアルタイム性もメリットとしてあげられる。

ナノポア社のシークエンサーは、サンプルの大量処理が可能な大型製品も用意されているが、パソコンのUSBメモリ程度の大きさの使い捨て型も開発されている（図5－5b）。この製品にサンプルDNAを注入し、パソコンに接続すれば、読み出された配列がパソコン画面に表示される。したがって、たとえば感染症の各地の拡大状況を機動的に調査することにも使える。

今後さらに技術革新が進んで、より簡便で高性能なシークエンサーが登場し、シークエンシングの価格も低下していくことであろう。この技術革新が私たちの生活様式そのものを変えていくことになるだろう。

5・6 遺伝子の発現解析法

遺伝子の使い分けを網羅——トランスクリプトーム解析

DNAシークエンサーは、本来DNAの塩基配列を決定するための装置であるが、実は未知の塩基配列を知るためだけでなく、様々な目的に応用されている。本節と次節でその代表例を紹介する。

まずは遺伝子発現解析である。第2－3節で述べたように、遺伝子発現の本来の意味はタンパク質をはじめとする遺伝子産物がその機能を発揮することである。しかし、ここでは遺伝子がオンになって、mRNA（もしくは非コードRNA）が生合成されることを指している。具体的には、心臓や脳などの臓器や組織のどこにどんな遺伝子のmRNAがどのくらいの量で存在するのかを知ることが重要である（より正確には、選択的スプライシングによってできる種々のアイソフォームを区別することも重要であるが、技術的制約もあって、今のところその点には目をつぶっていることが多い）。

特定の遺伝子の発現の様子を知る方法としては、第5-1節でノーザン法や*in situ*ハイブリダイゼーション法を紹介したが、これらの方法は網羅的な解析には適していない。第3-7節で述べたように、網羅的遺伝子発現解析をトランスクリプトーム解析という。

また、心臓や脳も実際には多数の種類の細胞による精緻な構造体であるので、近年はさらに解像度を高めて、臓器などを構成するそれぞれの細胞において、どのmRNA／ncRNAがどの程度の量で存在しているかを調べる技術が開発されている。このような技術に基づく解析を単一細胞トランスクリプトーム解析という。

DNAチップとは

歴史的には、今世紀初頭に様々な生物の全ゲノム配列が決定されると、そこにコードされた遺伝子がどのように使い分けられているかという問題設定が可能になった。

この問題に対処するために、DNAチップとか、DNAマイクロアレイと呼ばれるものが開発

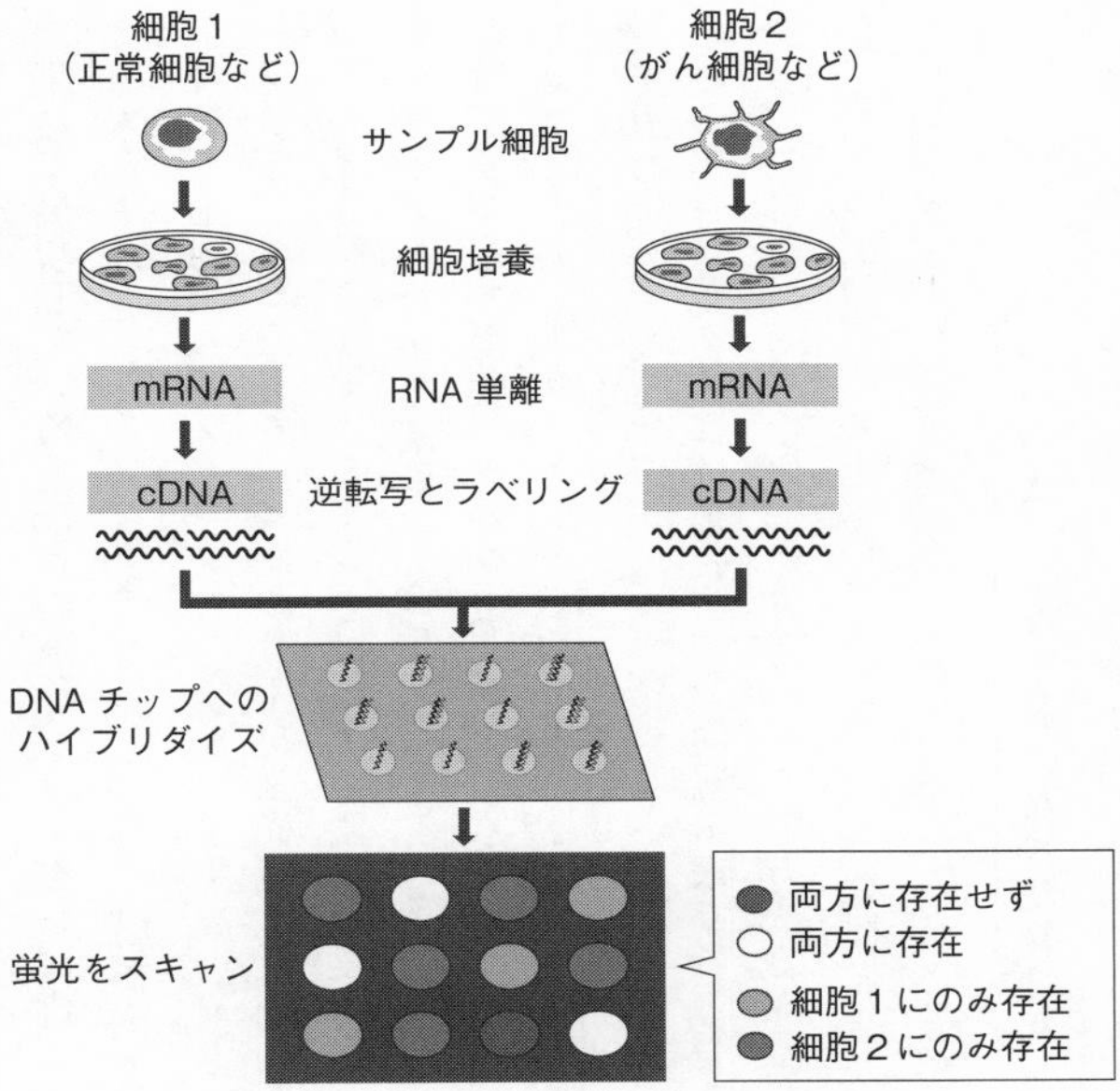

図5-6a　DNAチップ
片方だけで発現している遺伝子は赤色や緑色の蛍光で観察できる。両方で発現している遺伝子は、両者があわさって明るい色になる。

された（両者は現在では通常同じ意味で用いられる）。これは、ガラスやプラスチックなどの基板上にプローブとして多数の遺伝子の断片配列をもつ一本鎖オリゴヌクレオチドを高密度に合成、または植えつけることで配置（アレイ）したものである。たとえば、ヒトゲノムに存在する3万から4万種類程度の全遺伝子（非コードRNAを含む）に対応するプローブを持つチップが製品化されている。

一方、第5-2節で述べ

たように、ある種の臓器から抽出したmRNAをcDNAライブラリーとすると、その中にはその臓器で発現している遺伝子の断片がランダムに含まれている（この場合、必ずしも大腸菌などに組み込まれている必要はない）。しかも、臓器内で多く存在する遺伝子の断片ほど、多いコピー数が存在している。

そこでこのcDNAライブラリーを蛍光標識という処理をした上で、DNAチップ上のプローブとハイブリダイゼーションさせると、蛍光強度からどのプローブにどの程度のcDNAがハイブリダイズしたかを定量することができる（図5－6a）。これによって、元のサンプルではどの遺伝子がどの程度の量で発現しているかを知ることができる。より一般的な使い方としては、二つの関連する細胞（たとえば正常細胞とがん化した細胞）の間での遺伝子発現パターンの違いを検出することができる。

この場合、基本的には細胞中に（両親由来で）二つあるアレル（対立遺伝子）の区別（ハプロタイプ）はつけられない。ともあれ、この方法で臓器や組織などによる遺伝子発現パターン（遺伝子発現プロフィールともいう）の違いや、細胞に特定の刺激（薬剤など）を与えたときの遺伝子発現パターンの時間変動などを調べることができる。

スタンダードになったRNAシークエンシング法

DNAチップを使うと決まった種類の検査を大量に行いたい場合などに効率が良いので、今で

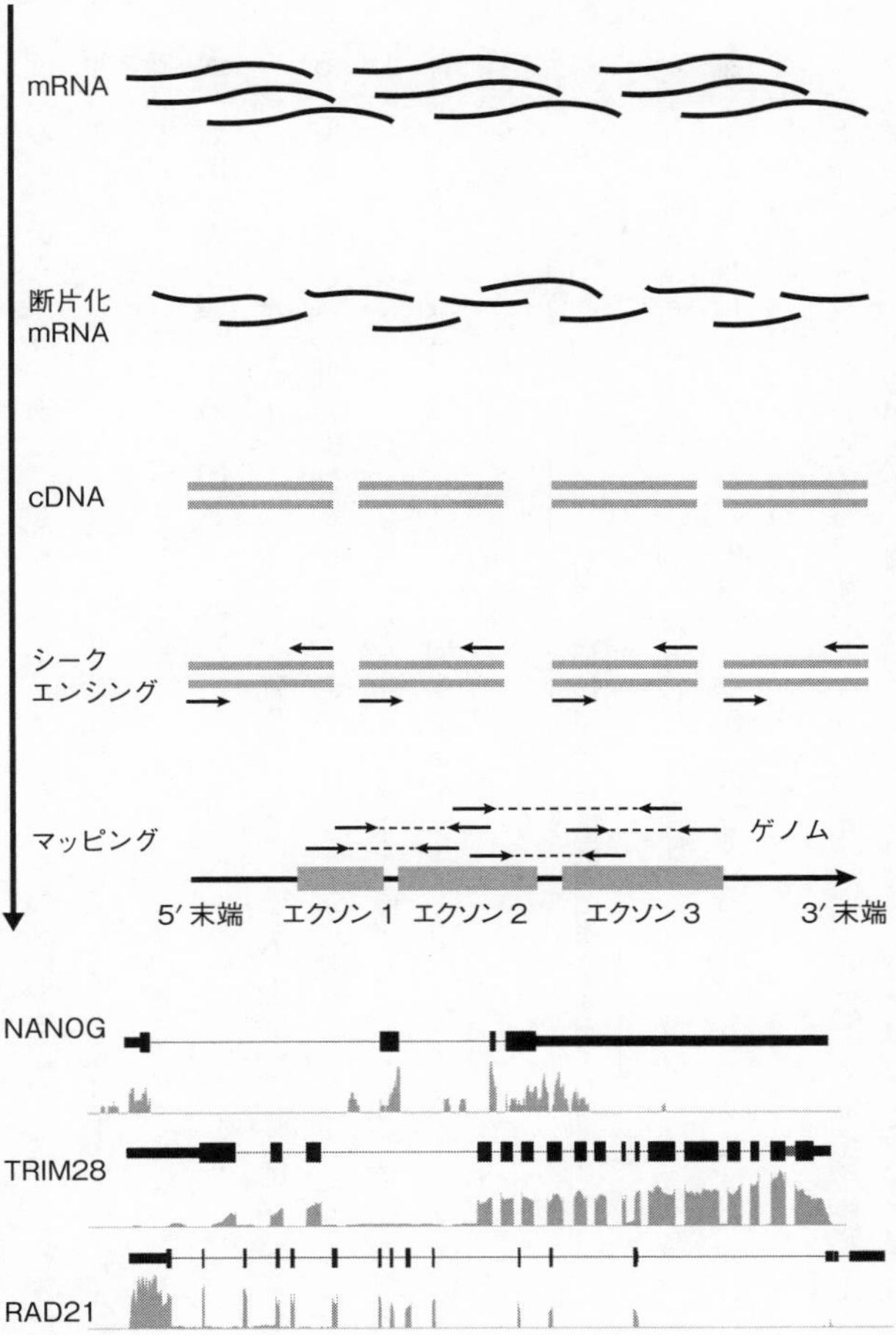

図５-6b　**RNAシークエンシング**

上に原理を、下に実例を示す。mRNAの配列をゲノムにマップするので、エクソンの部分(黒い長方形)にピークができることに注意。

図像提供：東京大学・朴聖俊

も用いられている。しかしこの方法だと、あらかじめ用意したプローブに対応する部分しか検出できないという限界がある。また、シークエンシングの価格が劇的に低下してきたことから、近年はRNA-seq（ＲＮＡシークエンシング）法といって、ライブラリーに含まれる配列（の両端）を直接次世代シークエンサーで決定して、対応するゲノム位置を決める（マッピングする）方法が一般的になりつつある（図５－６ｂ）。

図のように、ゲノム上でマップされた位置にマップされた頻度に対応するピークが観察できる。成熟ｍＲＮＡの部分配列が得られるので、エクソンの部分がピークになることがわかる。これらは、複数のスプライシングによるアイソフォームやアレルの寄与が重なって表示されるのが普通であるが、最近ではロングリード型シークエンサーを用いて、それらを区別することも行われている。

共発現遺伝子から機能を推定する

遺伝子発現解析によって、細胞の種類による遺伝子の使い分けに関する情報が得られる。通常、ある細胞種において、特定の条件で発現されている遺伝子群があれば、それらは何らかの共通の目的（機能）のために使われている可能性が高いと言える。

たとえば、マウスの特定の細胞をいくつかの発生段階で採取し、発生段階の進展に伴う遺伝子発現プロフィールの時間変化を調べると、ある種の遺伝子群が一斉にオンになったり、オフに

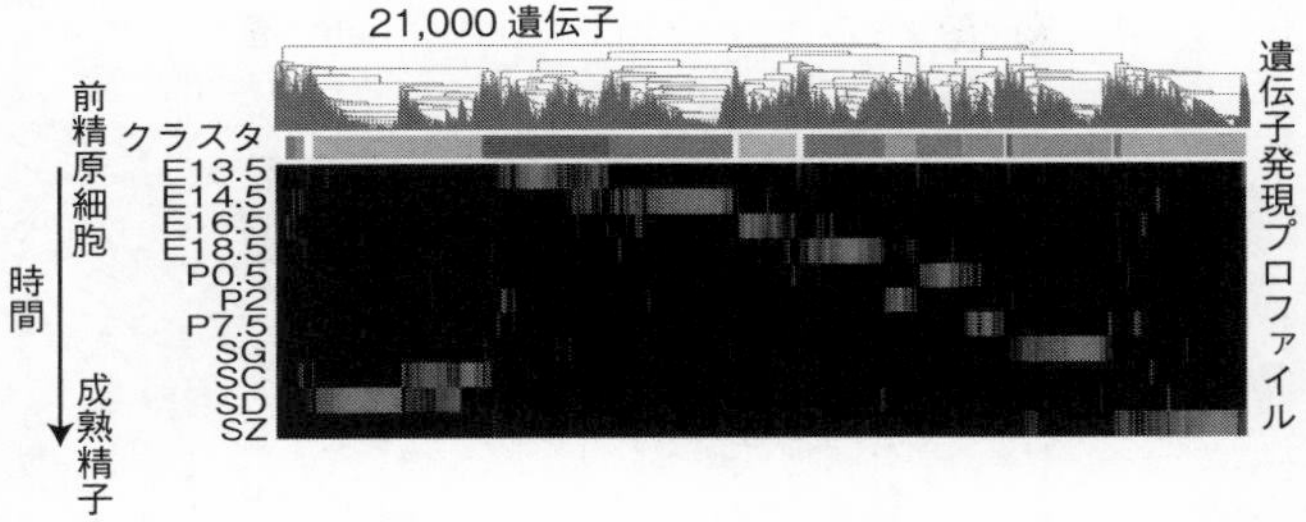

図5-6c　遺伝子の共発現
マウスの前精原細胞が成熟精子に分化するまでに、その遺伝子発現のパターンがどう変わるかを示している。発生段階に応じた発現の移り変わりが似た遺伝子が近くにくるように配置されている(クラスタリング。上の模様)。
図像提供：東京大学・朴聖俊

なったりする。さらに一定の時間が経過した後に、またそれらが一斉に変化するといった様子が観察できる（図5－6c）。これらの遺伝子のふるまいは共発現とよばれ、ある程度共通した目的に使用されるために、共通の転写制御メカニズムで制御されている可能性が高い。他の細胞ではまったく用いられずに、ある特定の種類の細胞でだけ発現している遺伝子群も、その細胞を特徴付ける機能を果たすために用いられている可能性が高いはずである。

このような同じ（あるいは類似した）パターンをもつデータをグループ化する作業をクラスタリングと呼び、そのためのいろいろなアルゴリズムが開発されている。クラスタリングによって得られた共発現遺伝子候補は、しばしば第3－7節で紹介した遺伝子オントロジーデータベースを使って、何らかの共通した機能（細胞プロセス）で特徴付けられる遺伝子が偏って含まれていないかが調べられる。もし、ある種の細胞プロセスに関する遺伝子が多く含まれている場合は、得られた遺伝子群に含まれる機能未知の遺伝子も同じ機能と関連しているかもしれず、機能解析の手がかりが得られる。

同様な目的で、遺伝子間の機能的なつながりをネットワークとして表示したデータを集めたパスウェイデータベース（我が国発のKEGGデータベースなど）と照合して、共発現遺伝子群が特定のパスウェイに偏って特徴付けられないかどうかもよく調べられる。

単一細胞RNAシークエンシング法

上述の単一細胞トランスクリプトーム解析を可能にするのが、単一細胞RNAシークエンシング（scRNA-seq）技術である。この分野も日進月歩の勢いで発展しているので、2022年現在に代表的な方法の原理を簡単に紹介しておく（図5-6d）。

まず、サンプル組織を各単一細胞に分離する。もちろんこの作業は自明ではないが、酵素処理などによって行う。一方、ゲルビーズとよばれる微粒子を、それぞれ区別できるように異なる配列のオリゴヌクレオチドでコーティングしておく（これをバーコードと称する）。実はこのバーコード配列は、いくつかの部分から構成されており、それぞれによって、ビーズの区別や、オリゴヌクレオチドの区別がつけられるほか、オリゴdT配列や全体の共通配列を備えている。微小流体力学と呼ばれる技術を用いて、このビーズと1細胞がそれぞれ1個ずつ入った液滴（油滴）

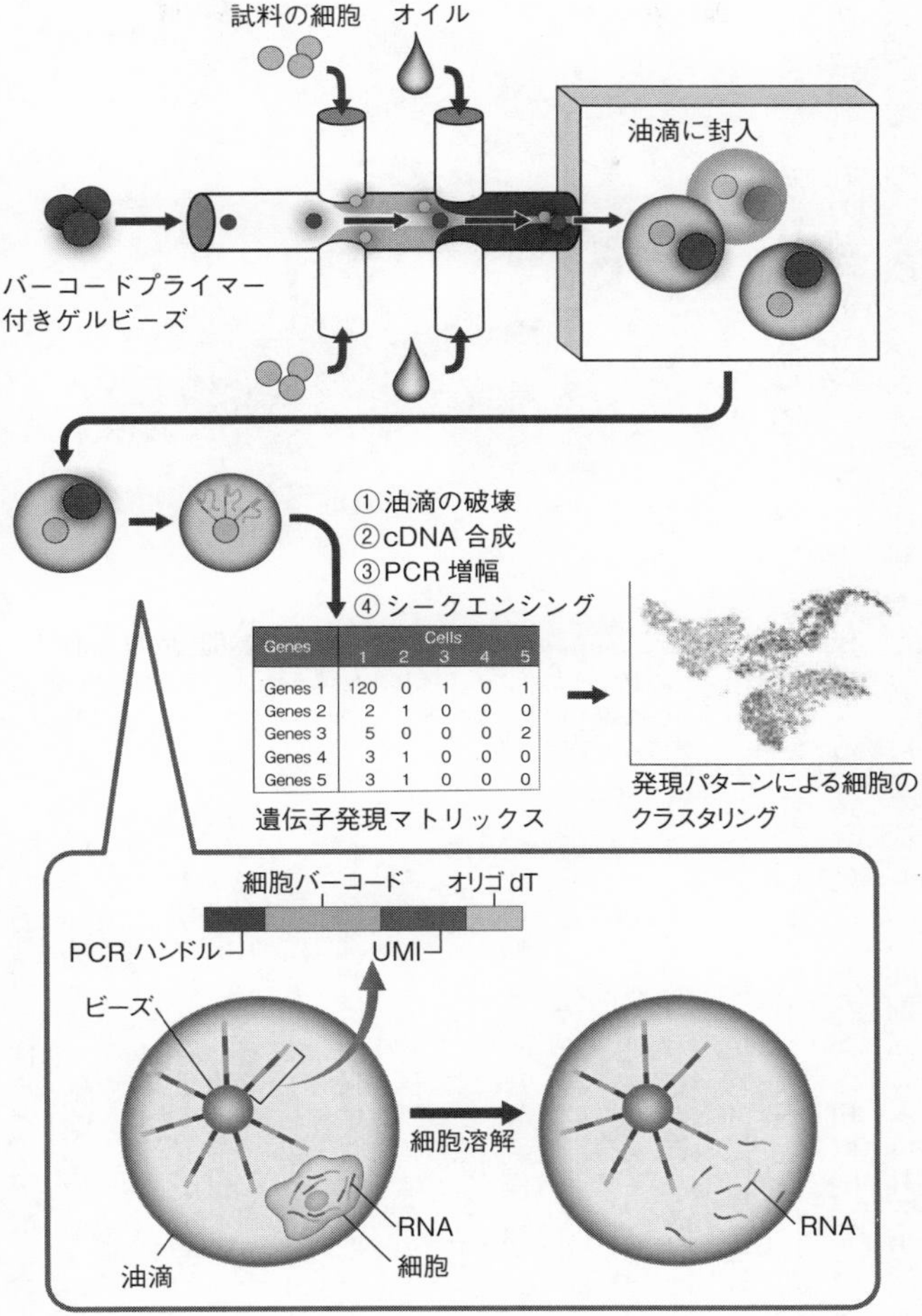

Genes	Cells 1	2	3	4	5
Genes 1	120	0	1	0	1
Genes 2	2	1	0	0	0
Genes 3	5	0	0	0	2
Genes 4	3	1	0	0	0
Genes 5	3	1	0	0	0

図 5-6d　代表的なscRNA-seq法

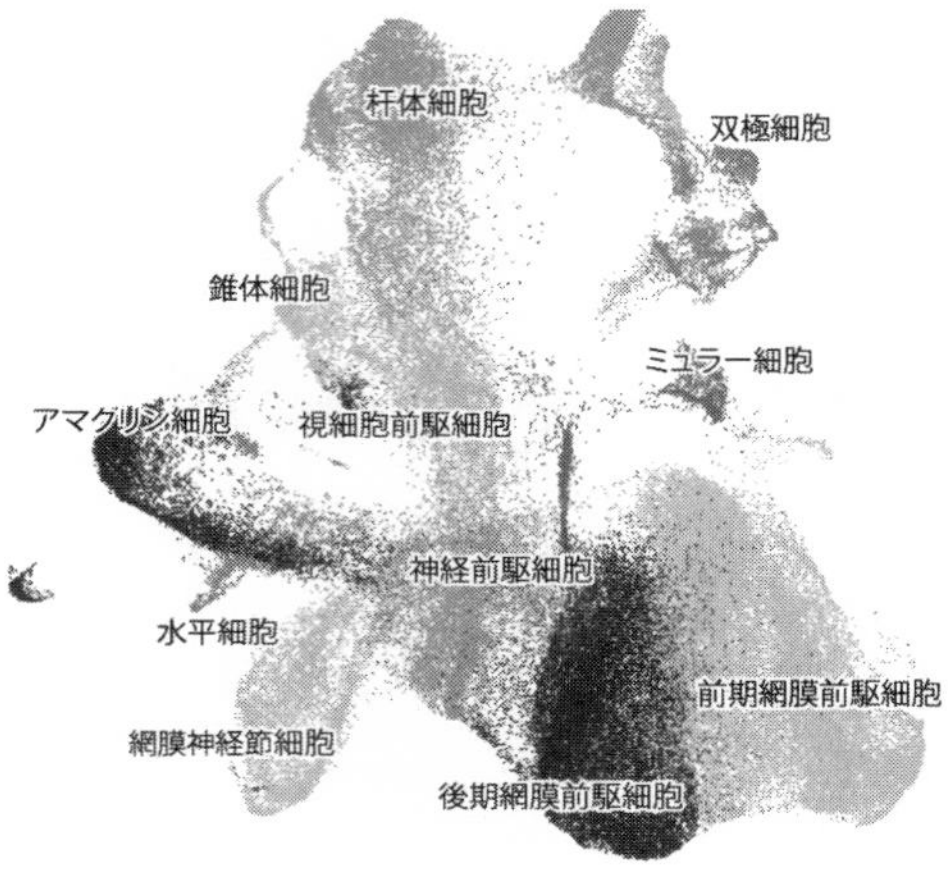

図5-6e　scRNA-seqによる単一細胞同士の関係表示
この例ではマウスの網膜発生に伴うサンプル内の細胞の関係をUMAPという方法で表示している。
筆者らの研究から

を数万個程度作ると、溶液に含まれた酵素の働きで、細胞やビーズが壊れ、中に含まれていたｍＲＮＡとバーコードオリゴヌクレオチドが結合したものが液滴中にできる。

　これによって、それぞれのｍＲＮＡがどの細胞に由来するのかをバーコード配列によって区別できるので、あとは液滴を破壊し、中の分子をまとめて、逆転写、ｃＤＮＡ作製、ＰＣＲ増幅などの処理を経てシークエンシングすればよいことになる。このデータはノイズが多いので、その処理はやや複雑になるが、原理的には、これによって一つ一つの細胞における遺伝子発現プロフィールが、数万個から数十万個程度得られる。

　次にそれぞれの細胞のもつプロフィールを比較する。それには、それらの類似度（どの遺伝子が共通してオンになっているか）を距離（の逆数）とみなし、次元削減とよばれる方法を用いて、細胞間の距離関係を近似的に二次元平面に配置すること（UMAP法など）がよく行われる（図5－6e）。

同じ種類の細胞は基本的にはほとんど同じ発現パターンを示すはずなので、二次元平面上でも凝集した集団（クラスター）として認識できる。この図を見れば、たとえばある臓器がどのような細胞によって構成されているのかを、おおよその量比も含めて推定できる。第1－3節で細胞の種類を客観的に定義するのは容易ではないことを述べたが、遺伝子発現プロフィールは細胞の種類を定義していく上で、非常に重要な手がかりになる。

また、scRNA-seq法は細胞が分化していく過程を調べるためにも大変有用

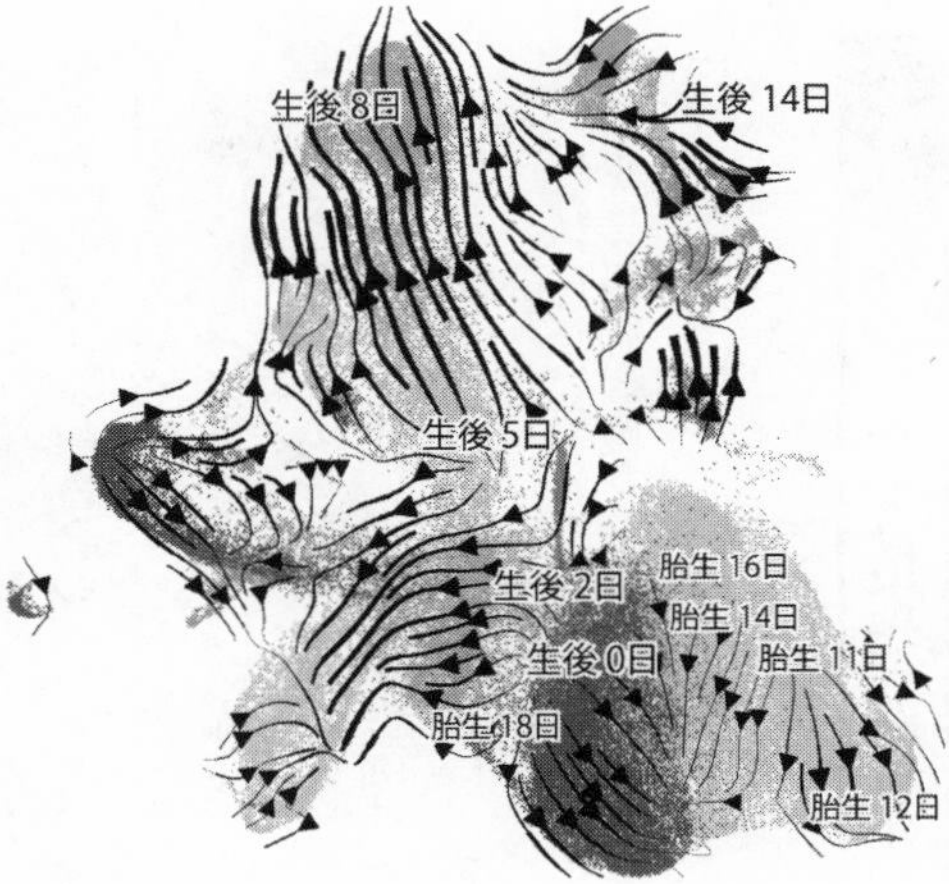

図5-6f　scRNA-seqによる細胞発生のトラジェクトリー表示
図5-6eの結果に特殊な方法で推定した発生の道筋を矢印で示している。図4-2aの実データ版といえる。
筆者らの研究から

である。一つのサンプルに複数の発生段階の細胞が含まれているものを使ったり、連続的な発生段階のサンプルを組み合わせたりして解析すると、細胞の分化は連続的に起こっていくために、細胞がその性質を変えていく道筋（トラジェクトリー）を観察できる（図5－6f）。

時には、ある細胞が擬似的な時間が経過するにつれて、細胞運命の転換点を超え、2種類の細胞に分かれていく様子が認められる。これはまさに第4－2節で述べたウォディントンのエピジェネティック・ランドスケープに対応していると言える。

詳細は述べないが、近年はさらに、サンプルの複数切片から個々の細胞の三次元位置情報を含めてその発現プロフィールを得る空間トランスクリプトーム解析技術の開発が進んでいる。この技術を使えば、細胞を分離する必要がなくなるほか、空間的に細胞が分化していく過程を追跡できることになる。

5・7 クロマチン構造の解析法

第4章で述べたように、遺伝子発現の調節には様々なレベルのクロマチン構造が関係している。この種の研究の発展にはNGSの技術が大きく寄与している。

ChIP（チップ）シークエンシング法

まず、基本的な情報として、ある細胞種において、ゲノム上のどこに転写因子やＲＮＡポリメラーゼ、メディエーター複合体などが結合しているかを知る必要がある。また、ゲノム上の領域はヒストンの修飾パターンなどからいくつかのクロマチン状態に分類されるが（第４－４節）、これを知るためにはゲノム全体におけるヒストンの修飾プロフィールの情報が必要である。これらの情報はChIP-seq法という方法によって得ることができる。ChIP（チップと読む）とは、クロマチン免疫沈降の略称である。すなわち、ＤＮＡとタンパク質の複合体であるクロマチンの中で、目的の部分を抗体によって選り分けて分離する。

抗体については第３－８節でも簡単にふれたが、免疫グロブリンという、脊椎動物の免疫機構にとって重要なタンパク質のことで、抗原とよばれる異物の形を正確に認識して結合する。実験では予め認識させたいタンパク質のペプチド断片をウサギなどに注射すると、ウサギはこれを異物として認識して、その抗体を血中に作る。これを分離すれば、この抗体の中には注射されたペプチド断片だけでなく、元のタンパク質まで認識するものも含まれることが多い。このようにして作られた様々なタンパク質を特異的に認識する抗体が試薬会社から販売されている。

ChIP-seq法の場合は、たとえば調べたい転写因子に対する抗体が入手できれば、その転写因子があるサンプル中のゲノムＤＮＡのどの部位に結合しているのかを知ることができる（図５－７ａ）。すなわち、まずホルムアルデヒドなどの試薬を使って、ＤＮＡとそこに結合したタンパク質を可逆的に結合させる（クロスリンク〈架橋〉させると称する）。次に細胞を破壊し、超音

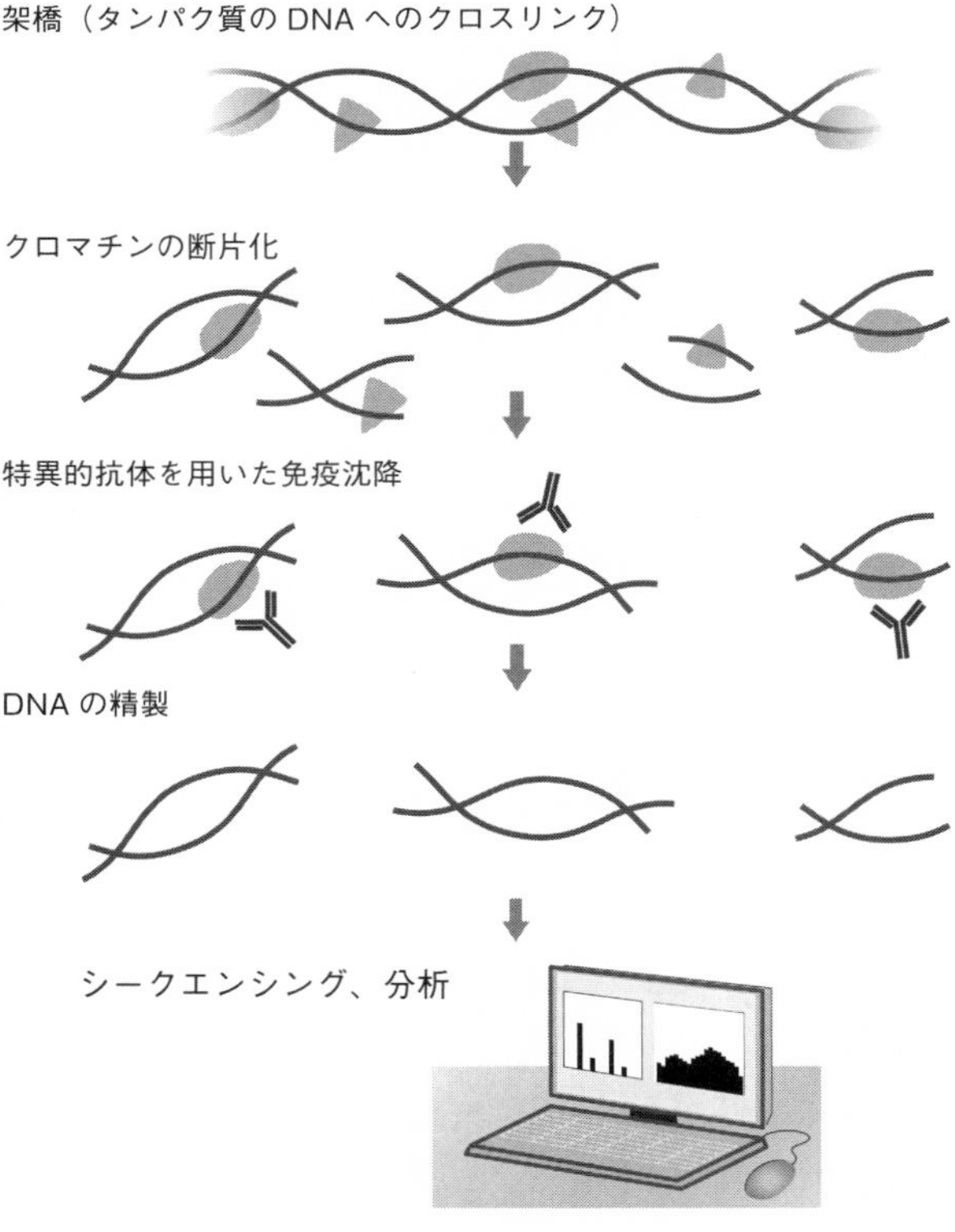

図 5-7a　ChIP-seqの原理

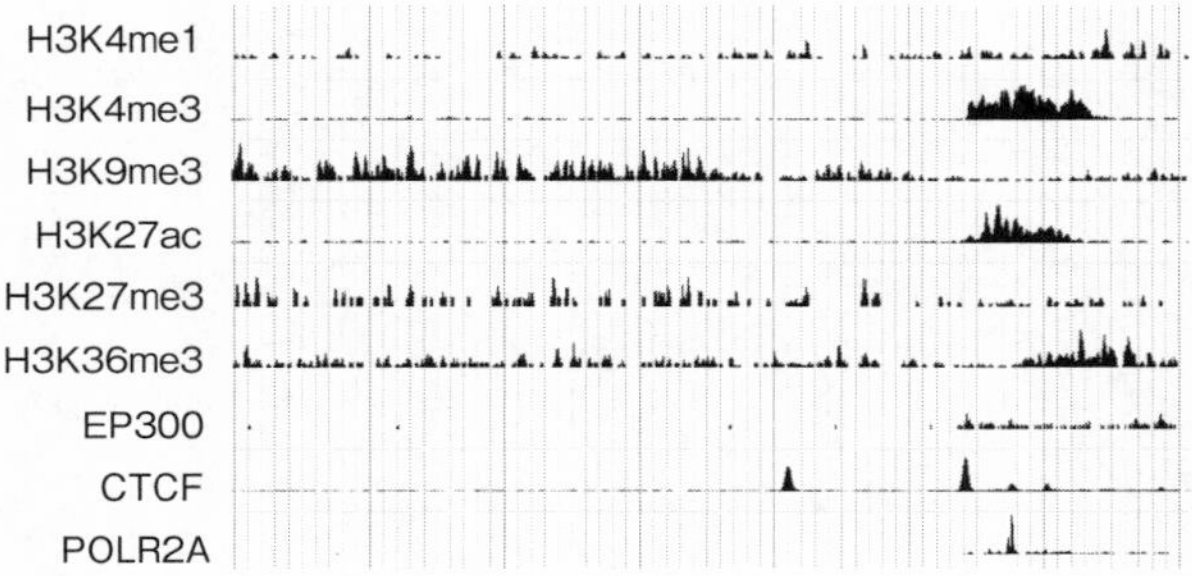

図5-7b　ChIP-seqとヒストンマーク

これらのデータはすべてChIP-seq法の結果である。前半はヒストンマークの様子を示し、EP300以降はタンパク質因子のゲノムへの結合状態を示す。

図像提供：朴聖俊

波などを用いて、DNAを適当な長さの断片になる条件でランダムに切断する。このDNA断片の中で、目的の転写因子と結合しているものを、上述の抗体（分離しやすいように磁性ビーズなどの微粒子と結合されている）を使って、選別・沈殿させることができる。

この沈殿物を遠心分離した後、加熱するなどしてクロスリンクを外し、DNAとタンパク質を分離する。得られたDNA断片にアダプターDNAを結合させて、その塩基配列をNGSで決定する。それらがゲノムのどの場所に対応するかを調べて、その位置を記録する（マッピングする）。大量の配列断片の位置をマッピングすると、それらの配列中のどこかに転写因子の結合部位が含まれる確率が高いので、マップされた位置の頻度分布を調べると、RNA-seqのときと同様に、転写因子の結合部位付近にピークが観察できる。

転写因子のような結合タンパク質の位置を調べるだけでなく、特定のヒストンタンパク質の特定部位の翻訳後修飾状態を特異的に認識する抗体（たとえばヒストンＨ３の４番目のアミノ酸であるリシンがモノメチル化されている状態〈H3K4me1〉を認識する抗体）も容易に入手することができる。これを使えば、あるサンプルにおいて、ゲノムのヒストンマークがどうなっているのかの全体像（プロフィール）を知ることができることになる（図５－７ｂ）。

一方、抗体は基本的にはタンパク質を認識するので、ChIP-seq法ではＤＮＡのメチル化などの修飾部位を検出することができない。ＤＮＡのメチル化部位を検出するには、たとえばメチル化シトシンには作用しないが、裸のシトシンには作用してウラシル塩基に変換してしまう試薬を使って、もとの配列と比較するなどの方法が用いられているが（バイサルファイト法）、やや簡便性に欠ける。将来は前述のロングリード型シークエンサーなどを使った方法が一般的になるかもしれない。

オープンクロマチン領域を知る方法

第４－１節で述べたように、クロマチンには、固く凝集している領域と、ヒストンの結合が外れるなど、ゆるんだ領域（オープンクロマチン）がある。後者は外部からいろいろなタンパク質因子などがアクセスしやすくなるので、転写などの活動が盛んに行われているものと考えられる。したがって、あるサンプルにおいて、ゲノムのどの部分がオープンクロマチン状態になって

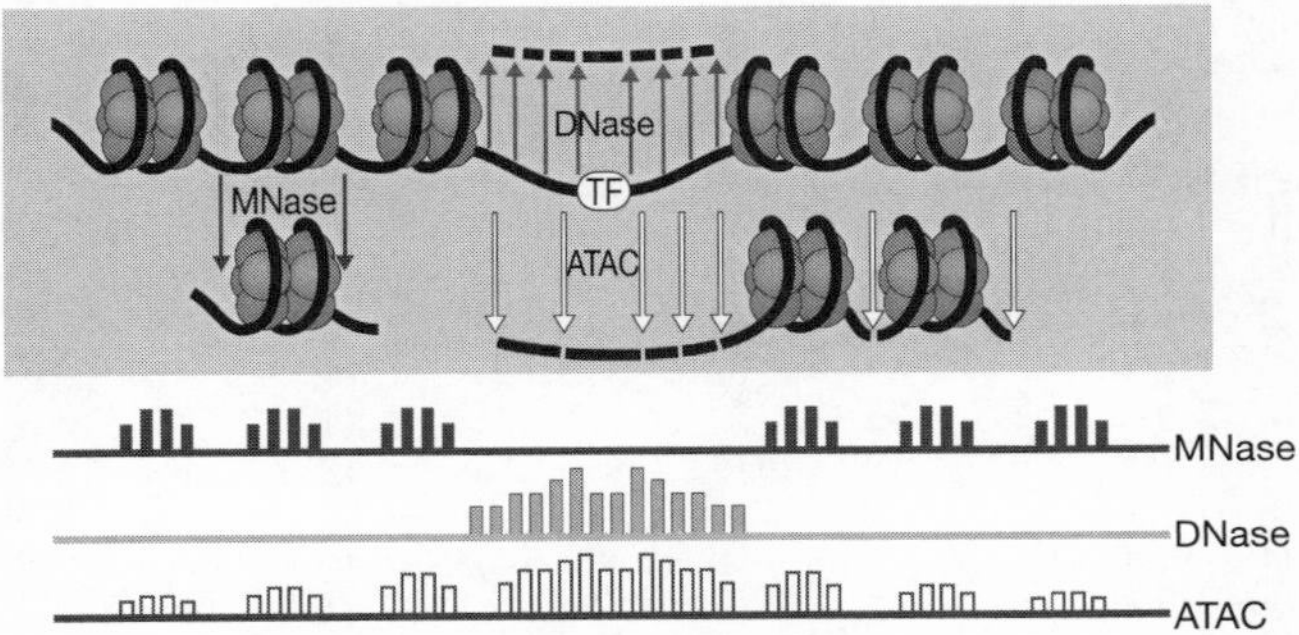

図５-7c　MNase/DNase/ATACによる切断パターンの比較
DNaseではヌクレオソームの隙間までは切断できないが、ATAC-seqではオープンクロマチン領域に加えて、ヌクレオソームの配置まで認識できる。下はそれぞれの方法によるピークの模式図である。MNase：ミクロコッカスヌクレアーゼ。

いるのかは重要な情報である。このような領域はヌクレアーゼなどの酵素によっても切断を受けやすいので、以前はこのことを利用して、DNaseI 高感受性領域（ＤＨＳ）などが検出されてきた。

近年はATAC-seq法という、より簡便な方法が考案され、よく利用されている。ATAC-seqでは、第３－５節で紹介したＤＮＡトランスポゾンのもつトランスポザーゼという酵素を利用する。具体的には、Ｔｎ５というトランスポザーゼを人工的に改変して高活性型にしたものに、ＮＧＳのアダプターを付加したものを使う。すると、この酵素はトランスポゾンをゲノムに組み込むようにゲノムを切断して、切断部位にアダプター配列をつなげてくれる。このとき切断されるのは、主にオープンクロマチンとしてアクセスしやすい領域になるため、ChIP-seqのように切断により生成したDNA断片の配列を決定して、ゲノムの対応位置にマッピングしてやると、オープンクロマチン領域がピークとして検出できる（図5-7c）。

この方法では、ChIP-seqのようにDNAを超音波などで断片化する必要がないし、得られた断片配列をそのまま配列決定に使えるので、実験の手間も少なく、必要な細胞の数も少なめで済む。さらに近年は、アダプター配列にバーコード配列を組み込むことで、単一細胞レベルのATAC-seq法も行われている（scATAC-seq）。

クロマチンが空間的に近接している場所を知る方法

クロマチンの研究では、第4-1節で述べたように、ゲノムDNAのどの部分同士が空間的に近接しているかを知ることが非常に重要である。このような情報を得るための実験法も日進月歩の勢いで進歩しているが、ここでは一例として、Hi-C（ハイシー）法の原理を説明する。Hi-C法は、クロマチン・コンフォメーション・キャプチャー（3Cと略称される）とよばれる方法の一つである。その概略を図5-7dに示す。

まず、ChIP-seqなどと同様に、ホルムアルデヒドを用いてクロスリンクを行うが、ここでは空間的に近接して存在するDNA同士を架橋する。次に、DNAを適当な制限酵素などで切断すると、ゲノム上の2ヵ所の断片配列が架橋したものができる。さらにそこに含まれるDNA断片の

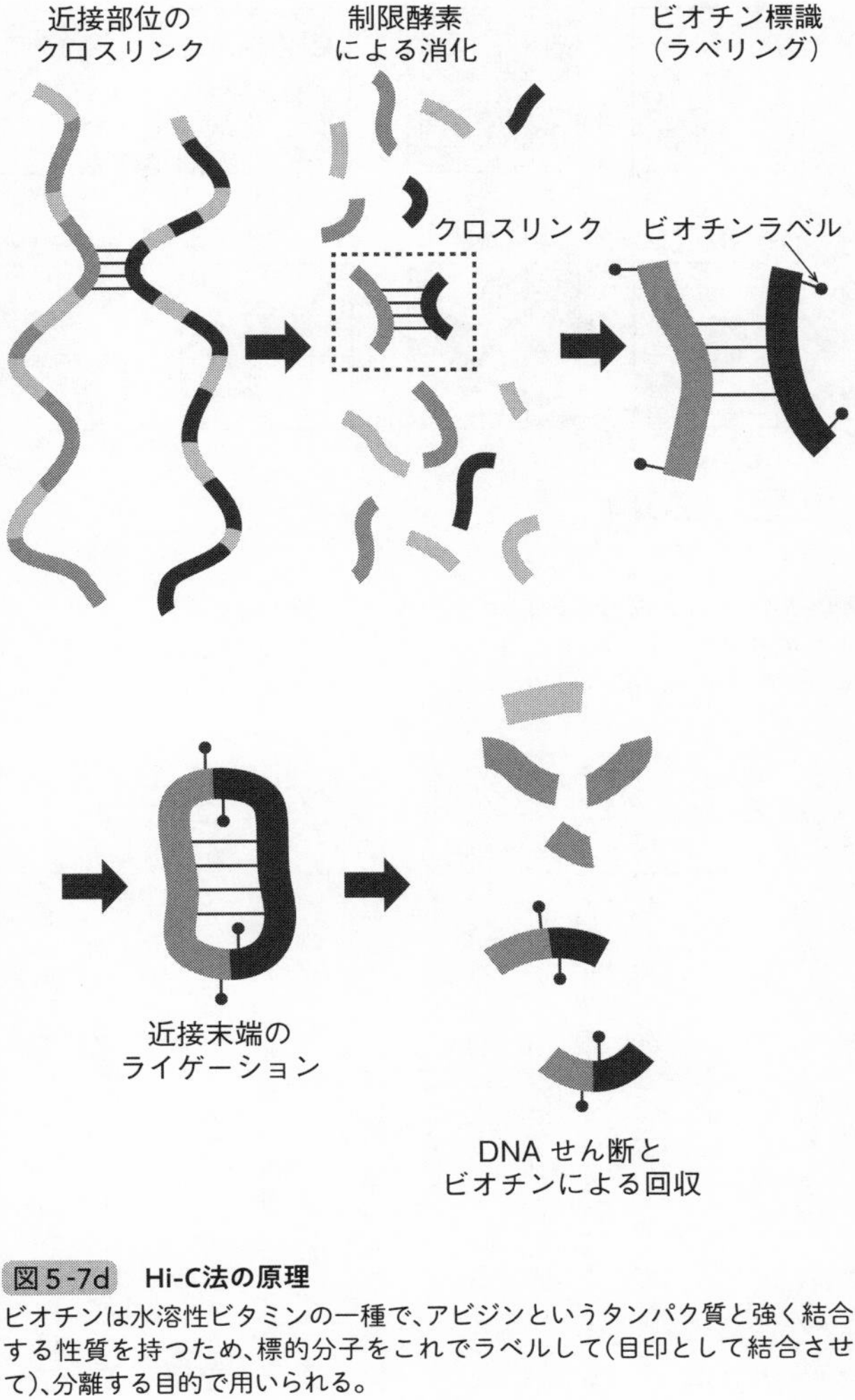

図5-7d　Hi-C法の原理

ビオチンは水溶性ビタミンの一種で、アビジンというタンパク質と強く結合する性質を持つため、標的分子をこれでラベルして(目印として結合させて)、分離する目的で用いられる。

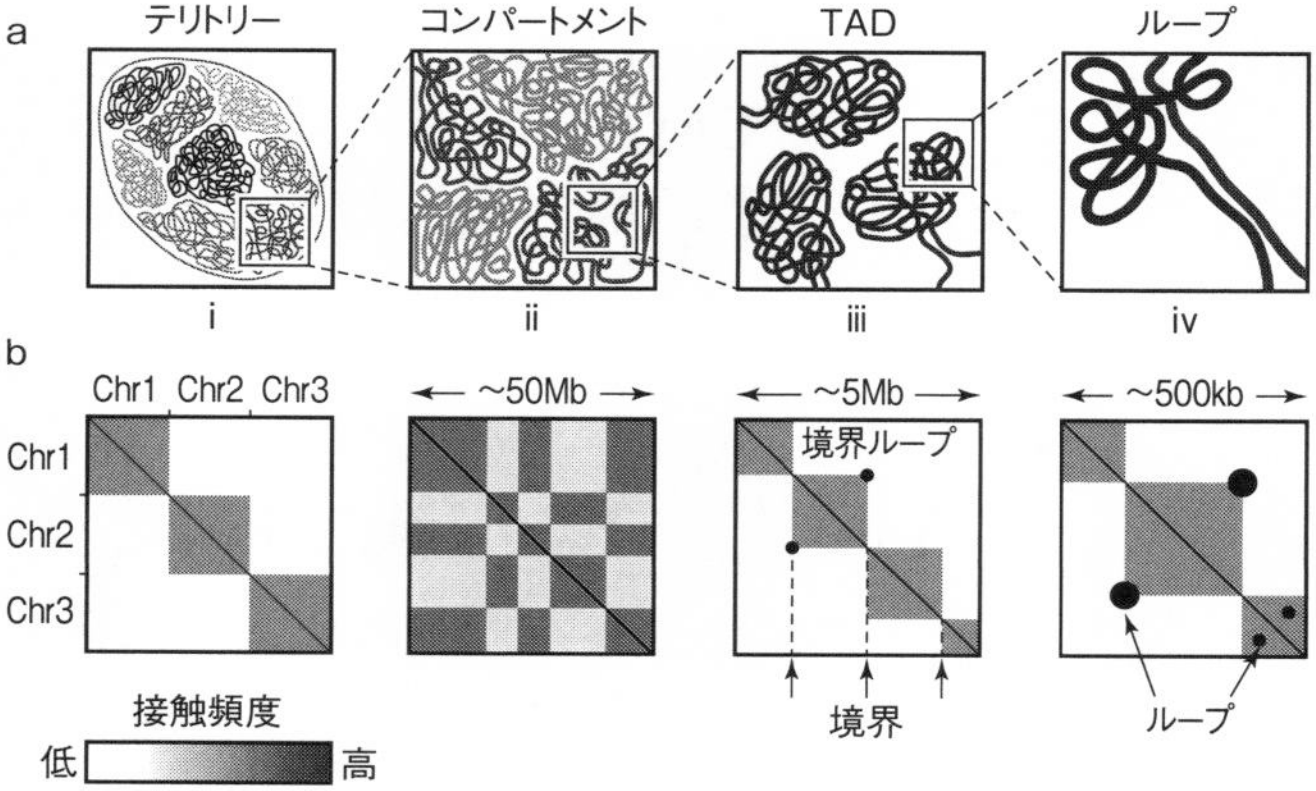

図5-7e　クロマチン階層構造のモデルとHi-C出力の概念図
図4-1cのモデルに、対応するHi-C出力(コンタクトマップ)の概念図を付記した。
Sikorska & Sexton, JMB 2020.

両端を連結させて（ライゲーション）、クロスリンクを外してやると、理想的には二つの断片が連結された環状ＤＮＡができる。

これをさらに断片化して、アダプターを付加し、両端付近の配列を決定してやる（ペアエンド・シークエンシング）。すると、ゲノム配列上で離れた領域のペアの位置情報を得られる。これらのペアで表される位置付近が空間的に近接しているとみなせるので、このようなペア情報を大量に集めて、その頻度情報を二次元的に表示すると、染色体ＤＮＡのどの部分とどの部分が近接しているかの全体像が得られることになる。

この二次元マップ（コンタクトマップ）をもとに、ＴＡＤなど、互いに近接した位置関係にある領域が同定できる（図５−７ｅ）。ＤＮＡシークエンサーという、本質的に一次元情報を得るための装置を使って、三次元的な情報が得られるところが興味深い。この方法もしくはその類似法は、今後も改良が重ねられ、エンハンサーとプロモーターの相互作用などのさらなる理解に貢献するものと思われる。

５・８　ＤＮＡ解析に変革をもたらすゲノム編集技術

ゲノム編集とはなにか

これまで述べてきたように、生物のもつ様々な性質はそのゲノムＤＮＡに含まれる遺伝子の性質として規定されている。実際にはそれぞれの性質に多数の遺伝子が関係しているために、外から観察できる性質（表現型）と遺伝子のタイプ（遺伝子型）との対応がわかりにくいことも多いが、単一遺伝子の性質によって、表現型の違いがはっきりと観察できることもある。

第５−２節でも述べたが、人類は有史以来、家畜や農作物の中でより良い性質をもつものを選抜したり、掛け合わせたりしてきた。そのことで、結果的に人類にとって望ましい遺伝子型をもつ生物を作り出してきたとも言える。植物に放射線を当てて突然変異を誘発させ、品種改良に役立ててもきた。主な家畜や農作物のゲノム情報が明らかになってきた現在、ゲノム情報を用いて、もっと効率的に品種改良ができないか、そのために狙ったゲノム領域を自由に改変できないかと考えるのは、ある意味自然な成り行きとも言えるだろう。

また、人のもつ疾病の多くは、その人のもつ遺伝子型と多かれ少なかれ関係している。ある種の疾患は親から子へと遺伝するので、この原因になる遺伝子を修復できれば、その疾患に苦しむ本人や家族にとって大きな救いになる可能性がある。さらに、これまで治療法の見つかっていない難病に苦しむ患者のゲノムを狙い通りに改変できれば、その治療にも突破口が開ける可能性があるだろう。

ゲノム編集とは、部位特異的ヌクレアーゼを用いて、狙い通りにゲノムＤＮＡを変化させる（標的遺伝子を書き換える）技術であり、原理的にはこれらの夢を叶えてくれる可能性がある。一方、後述するように、この技術には未解決の課題がある上に、そもそも生命、特に人類、のゲノム情報を人間が思うままに書き換えることは、宗教上や倫理上の理由で受け入れ難いという人も少なくない。したがって、この技術の応用に関して、何をどこまで受け入れるかという基準の設定は、たとえば国や年代によっても異なってくる難しい問題になる。

本節の主題であるゲノム編集法が開発される以前から、第５－２節で紹介した遺伝子組換え技術を用いて遺伝子を改変した動植物（遺伝子改変生物、ＧＭＯ）が作製されてきた。これには、たとえば遺伝子の機能を調べるために、狙った遺伝子の機能を喪失させた遺伝子ノックアウト（遺伝子破壊）技術によるノックアウトマウスや、外来の遺伝子を（通常はゲノムのランダムな位置に）導入することで、新しい形質をもたせるトランスジェニック生物などが含まれる。いずれもその取り扱いはいわゆるカルタヘナ法によって厳しく規制されている。その一方で、一定の審査を経て、遺伝子組換え技術によってたとえば除草剤や病害虫に対する耐性を高めたり、栄養価を高めたりした作物がすでに商品化されている。

これらの遺伝子組換え生物は、ゲノムを直接操作したのではなく、動物の場合であれば、組み込むべき遺伝子を含むベクターＤＮＡを受精卵に顕微注入し、それを母胎に戻すなどして作製されたものである。この方法は煩雑な上に、成功率も低かった。これに対して、１９９０年代後半から盛んに開発されたゲノム編集技術、特に２０１２年に発表されたCRISPR/Cas9（クリスパー・キャスナイン）技術は従来法と比べて圧倒的に簡便であったために、基礎研究から応用に至るまでの広い範囲に大きな影響を及ぼしつつある。

元々は細菌の生体防御システム

ゲノム編集技術にはいろいろなものが開発されており、また現在の主流であるCRISPR/Cas9についても改良が進んでいて、今後主流が変わっていく可能性もあるが、ここではCRISPR/Cas9法の原理を説明しておく。

第５－１節で述べたとおり、CRISPR/Cas9法は、多くの真正細菌や古細菌がもつ生体防御システムであるCRISPR/Casシステムを利用している。CRISPRとは、細菌のもつ特殊なゲノム領域

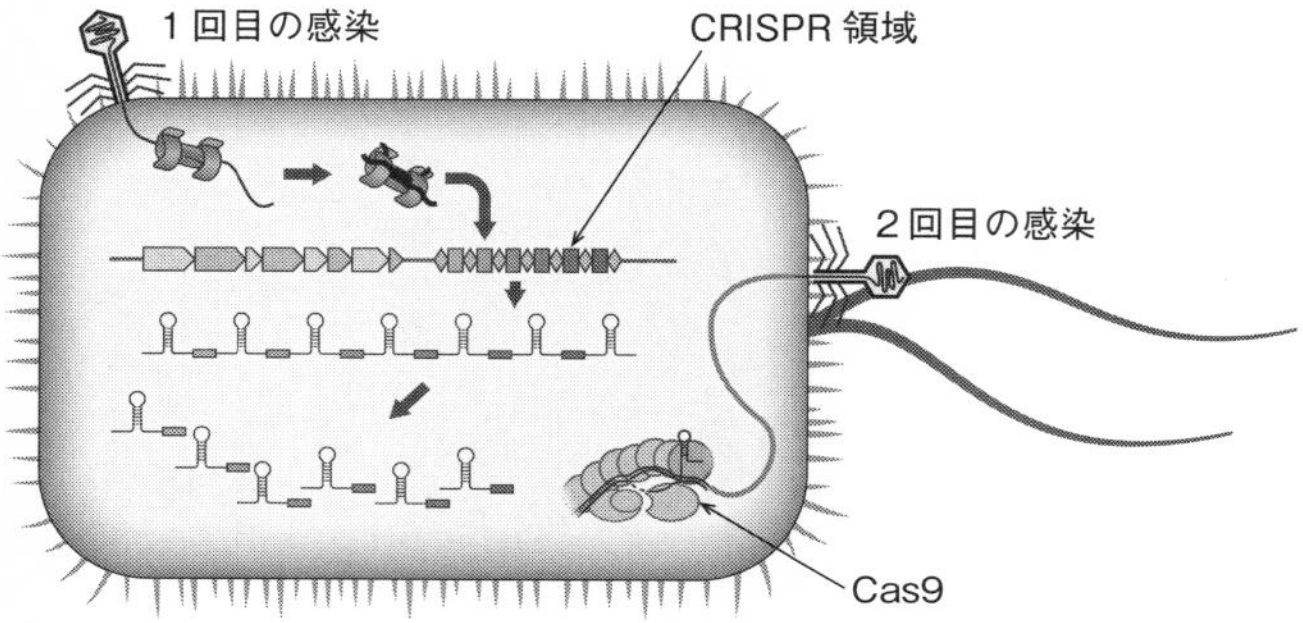

図5-8a　細菌のCRISPR/Casシステム
細菌の外側にバクテリオファージが取り付いて、最初の感染が起こると、ファージゲノムの一部が細菌のCRISPR領域に保存される。2回目の感染の時には、この配列情報をもとに、感染が速やかに検出され、Cas9タンパク質などによって、ファージゲノムが切断される。

で、25～40塩基長程度のパリンドローム（回文）に近い配列を含む配列が、同程度の長さのスペーサーとよばれる部分をはさんで、数回から20回程度繰り返されている（図5-8a）。CRISPR領域の近傍には、*cas*と総称される遺伝子群があるのが普通で、Cas9はそこにコードされたヌクレアーゼの一種である。

実はCRISPRに含まれるスペーサー配列の一部は、細菌の敵である外来ファージのゲノムやプラスミドから取り込まれたもので、この配列（プロトスペーサーという）をもとに、細菌は外敵の情報を記憶している。CRISPR領域は転写され、切断される。これによって得られるRNAをもとに、プロトスペーサーをもつ外来DNA／RNAが認識され、Cas9などのヌクレアーゼによって切断される。

この切断にはプロトスペーサーの下流にプロ

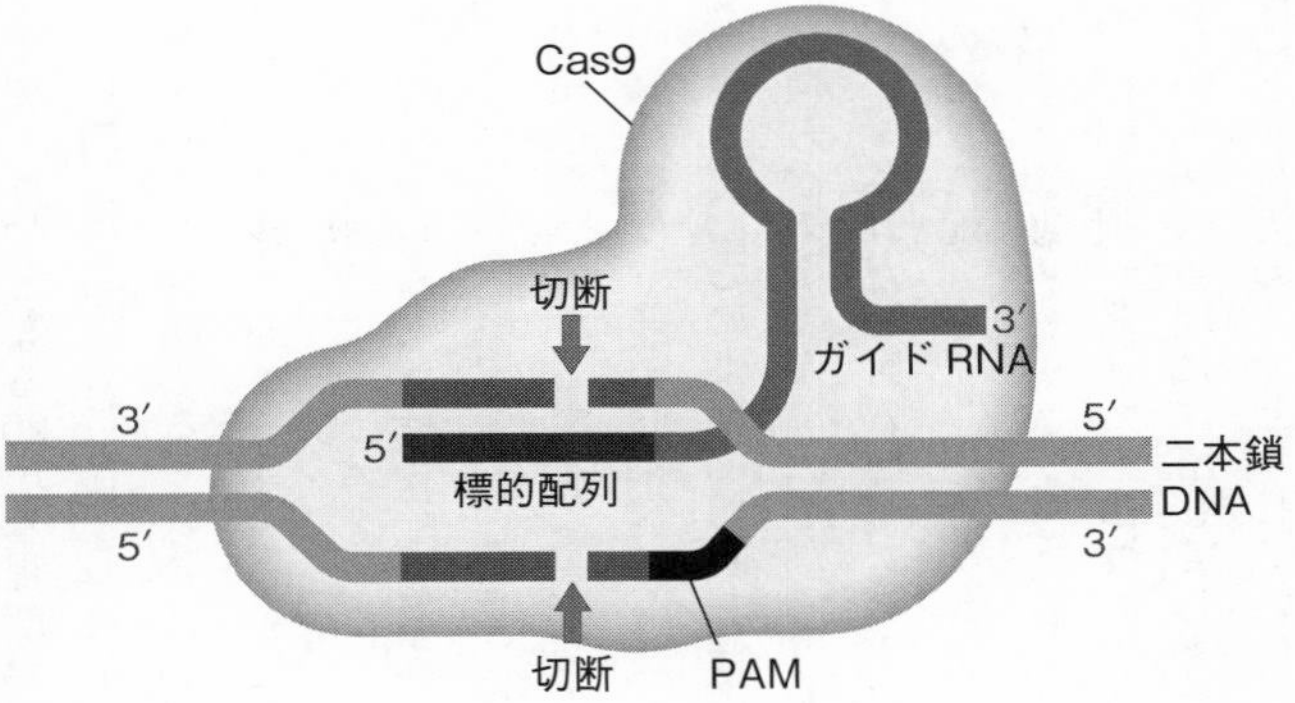

図５-8b　CRISPR/Cas9法
gRNAの情報をもとにDNAの標的部位を切断する。

トスペーサー隣接モチーフ（ＰＡＭ）とよばれる３塩基長のパターンが必要である。このパターンはCasタンパク質の種類や由来生物種によって異なるが、実験でよく用いられる連鎖球菌のCas9では、ＮＧＧと表記されるパターンになる（Ｎは任意の塩基を表すので、実質的にはＧＧという２塩基パターンが必要になる）。切断はＰＡＭの３塩基上流の位置で起こる。

現在のスタンダード CRISPR/Cas9 法

CRISPR/Cas9がゲノム編集に利用できることは、２０１２年にシャルパンティエとダウドナによって発表された（二人はこの業績により、２０２０年にノーベル化学賞を受賞した）。現在用いられている方法の概略は以下のとおりである（図５-８ｂ）。

まず、標的となる20塩基程度の配列を決める（その下流にはＧＧ配列があるような場所にする）。この相補配列とパリンドローム配列（トランス活性化配列）を含むＲＮＡ（ガイドＲＮＡ、ｇＲＮＡ）を合成する。ｇＲＮＡとCas9タンパク質を目的とする細胞の核内に注入する。これにはエレクトロポレーション法（第５－２節）や、プラスミドやウイルスベクターが用いられる。

Cas9はトランス活性化配列を介してｇＲＮＡと複合体を形成し、自身のもつ核移行シグナル（第２－８節）の働きなどにより核内に移行する。そして、ｇＲＮＡに相補的なゲノムＤＮＡの二本鎖を切断する。すると、第３－８節で述べたＤＮＡ修復システムにより、ＤＮＡが修復される。修復には、非相同末端結合（ＮＨＥＪ）、または相同組換え（ＨＲ）機構が用いられる。前者の場合、Cas9によって切断と修復が何度も行われることもあって、修復が不正確に行われるために何らかの変異が導入される可能性が高くなる。後者の場合、別に相同組換えを起こすようにデザインされたＤＮＡをベクターに組み込むなどして導入しておくと、狙ったゲノム上の位置にそのＤＮＡ配列を組み込むことができる（ノックインという）。

以上の説明からわかるように、この方法ではｇＲＮＡを自由にデザインすることができるので、標的選択が簡便で自由度も大きいことが特徴である。一方、現実にはｇＲＮＡが本来望んでいないゲノム領域に作用してしまう、オフターゲット効果と言われる副作用を生じる可能性が残ることが最大の問題とされている。そのため、ｇＲＮＡの設計は慎重に行って、できるだけゲノム上の他の位置に類似配列が存在しない配列を選択することが重要になる。

ゲノム編集のメリットとデメリット

以上、述べてきたように、ゲノム編集技術は生命科学の広い範囲にわたって急激な変革をもたらしつつある。まず品種改良であるが、外来ＤＮＡを導入せず、ゲノムに突然変異を導入するだけであれば、原理的には放射線を用いた変異誘発などと同じであるとみなせる。実際、数塩基程度の変化を起こしただけでは、後からゲノムを調べても、人工的に導入されたものかどうかを調べることも難しい。

そのような理由から、２０２２年現在、日本ではゲノム編集食品などの販売には、届けは必要だが、遺伝子組換え食品（ＧＭＯ）のような規制はかけられていない。すでに、たとえばゲノム編集によって肉付きを良くしたマダイなどの試験販売が開始されており、今後消費者に受け入れられていくかどうかが注目されている。

一方、ゲノム編集技術をヒトゲノムに応用することに関しては、より慎重な態度が要求される。特に生殖細胞の操作は、上述のような遺伝病の治療などに有効であると考えられるが、オフターゲットの影響が子孫にまで残ったり、良かれと思って導入した変異の長期的な影響がはっきりしなかったりするなど、倫理的な問題が大きい。しかし、２０１８年には中国の研究者がゲノム編集によって、ヒト免疫不全ウイルス（ＨＩＶ）への耐性を付与した新生児を誕生させたと発表して、世界にショックを与えた。

この技術の潜在的危険性として危惧されているのは、ヒトの知能や運動能力を向上させる誘惑に駆られて、不法に人体実験のようなことが行われたりしないかということである（デザイナーベビー問題）。また、ゲノム編集技術を応用した生物兵器の開発も懸念材料となっている。現在は、技術の進歩に法律などの整備が追いついていない状況であり、今後どのようにメリットとデメリットのバランスをとって規制していくべきなのかが、世界的な問題となっている。

5・9 新次元のゲノム情報をもたらすメタゲノム解析

培養困難な微生物やウイルスの存在も推定

微生物とは、顕微鏡などを使ってはじめて観察できるような微小生物を指し、真正細菌、古細菌、さらに真菌などの一部の、主に単細胞の真核生物が含まれる。ウイルスは通常、生物には分類されないが、便宜上、しばしば微生物の中に含められる。

第1−2節で述べたように、従来の微生物学研究では、様々な環境に合わせて生息する微生物群（微生物叢《そう》、マイクロビオータなどとよばれる）の中から単一の種を分離・培養して、その詳しい性質を調べることが行われてきた。しかし、地球上に存在する細菌やウイルスの種類は膨大であり、それぞれが異なる培養条件をもっていたり、単独では生存できなかったりするので、このアプローチで調べることのできる微生物の種類は限られている。

そこで、サンプルに含まれる微生物の全体像をＤＮＡシークエンシングによって探ろうというアプローチが試みられた。細菌の場合であれば、基本的にはすべての種がもっている遺伝子（通常は16ＳｒＲＮＡ遺伝子というリボソームＲＮＡ遺伝子の一種が多く用いられる）をＰＣＲで増幅して、その配列の組成からサンプルに含まれる細菌の構成をある程度まで推定することができる。しかし、ＰＣＲの増幅がどの種に対しても均等に行われる保証はないし、一つの遺伝子で種の分布を推定するには少々無理がある。

そこで、次世代シークエンシング技術のパワーを生かして、サンプルに含まれる全ゲノムＤＮＡの混合物をまとめてショットガン・シークエンシングしてしまおうというアプローチが今世紀初頭頃からとられるようになった。これをメタゲノム解析とよぶ（メタゲノミクスや環境ゲノミクスなどともよばれる）。また、メタゲノム解析によって得られる遺伝情報の全体をマイクロバイオームとよぶ。広義には、上述の特定の遺伝子に注目した解析もメタゲノム解析の一部とみなされている。

メタゲノムのメタとは通常のゲノム解析より高次元というような意味合いである。もちろん、ショットガン法によって、サンプルに含まれる微生物のゲノムが種間できれいに分離されたり、正確に連結されたりする保証はないが、ゲノムアセンブリー技術（アルゴリズム）の進歩とロングリード型シークエンサーの進歩によって、かなり実用的なデータが得られるようになり、以下に紹介するように、いろいろな分野に大きなインパクトをもたらしている。

メタゲノム解析は、まず様々な環境において採取されたサンプルに含まれるウイルス群や細菌群を網羅的に探索することで有名になった。ヒトゲノム解析で有名なヴェンター（第3−1節）は、世界の海水を採取して、そこに非常に多くの新種の細菌やウイルスが含まれることや、その分布を明らかにしている。その他にも酸性鉱山排水や土壌など、様々な環境から採取されたＤＮＡが解析されている。

関連した話題として、最近では空気中に含まれるＤＮＡを解析することで、たとえば密林中でなかなか姿を見せない生物の存在を検知したりすることも可能になっている。また、２０１９年から流行が始まったSARS-CoV2ウイルスを検出するために、いろいろな場所の下水を調べることが早期検出に有効であることが示された。

個人ゲノム情報と常在菌のメタゲノム情報の組み合わせ

これらの解析は、生態学や診断に有効であるばかりでなく、新しい抗生物質を合成したり、汚染された環境を浄化したりするのに役立つような新しい遺伝子の発見につながる可能性もある。

一方、現在もっともマイクロバイオーム研究が盛んなのは、ヒトの常在菌を対象としたものである。ヒトは、母親の体内にいるときは無菌状態にあると考えられているが、誕生後はその皮膚、口腔、腸を始めとする消化管内などに多数の細菌が生息している。これらの細菌は互いに共生関係にある生態系を構成しているばかりでなく、病原性の細菌の侵入を阻んだり、腸内では食物繊維の消化に寄与したりと、宿主であるヒトとも共生関係にある。

中でも、腸内細菌については、免疫・アレルギーなどと深く関わっているばかりでなく、肥満や精神疾患などを含む多様な疾患と関わっていることが明らかにされつつある。以下、主に腸内細菌（細菌以外の微生物も含む）について解説する。

腸内細菌叢（花畑のように多数の細菌が存在しているという意味で、腸内フローラと呼ばれることもある）の情報は、主に糞便のメタゲノム解析から得られる。その全貌はまだ明らかではないが、個人あたり数千から数万種類の細菌が１００兆から１０００兆個程度（およそ１・５kg程度）存在すると言われている。一般に細菌はヒトの細胞に比べてずっと小さいので、これは人体を構成する細胞の十数倍の個数にもあたる。その名称から受ける印象に反して、大腸菌がその中で占める割合はごくわずかである。

腸内細菌叢の組成は、個人によって異なるし、同一人物でも年齢や生活習慣、体調などの違いによって変化するが、大きな分類では食習慣が似ている国などの集団などによってある程度グループ化することができる。将来的に、個人のゲノム情報に基づく個別化医療を推進していく上で、個人の核ゲノム情報だけでなく、その人の腸内細菌叢などのメタゲノム情報も、セットとして付け加えていくことになるかもしれない。

上述のように、実に様々な疾病と腸内細菌叢が関係していることが明らかになりつつある。腸内細菌ではないが、胃の中に存在するピロリ菌が胃がん発症の原因になることは広く知られている。腸内細菌が作り出す様々な物質が血流に乗って全身を巡り、たとえば脳内の神経伝達物質の分泌などにも影響することで、精神疾患にも関係しているらしい。健康な人の腸内細菌を移植すると、ある種の病気の症状が（少なくとも一時的には）改善するという報告もある。今後の研究によって、より詳細な発症メカニズムや治療への道筋が明らかになることが期待される。

あとがき

本書は、読者の皆さんがゲノムDNAにコードされた生命情報を通して生命現象に対する理解を深めていただくためのハンディな教科書や参考書となることを目指して執筆された。内容の範囲は通常の分子生物学の教科書とほぼ同じであるが、最新の知見をふんだんに盛り込み、本書をはじめから読み進めれば、予備知識の少ない方でも大学院レベルの内容まで理解できるようになるはずである。何より、単独の著者が全部を執筆したので、全体のバランスと一貫性は、多数の著者による類書よりも優っている部分があるのではと自負している。

その一方で、著者は生命情報のコンピュータ解析が専門であるが、本書の執筆内容すべてに通じているとは言い難く、内容の正確さについては十分に留意したつもりであるものの、あるいは著者の勘違いなどによる間違いが残っているかもしれない。もしそのような間違いを発見された場合は、ぜひ著者か出版社にご連絡いただきたい。できるだけ更新情報を公開していきたいと考えている。

また、本書では、初心者も含めた幅広い読者にゲノムのことを知ってもらいたいという編集部の考えもあって、ページ数を抑えめにしたため、発生学、進化学、医学・免疫学など、多数の遺伝子がネットワークとして、具体的にどのように重要な生命現象に関わっているのか、またどのようにして現在のシステムが出来上がってきたか等の問題にほとんど触れられなかった。これについては、可能であれば別の書物として出版したいと思うが、本書に興味をもった読者であれば、さらにそれらの内容に関わる情報を自分で調べて理解することも可能であると信じている。

実は、筆者が大学院生としてこの道に入ったとき、何冊かのブルーバックスを読んで、分子生物学を勉強した。中でも柳田充弘先生の『DNA学のすすめ』（1984年刊）には大変感銘を受けた。柳田先生の書物の出版から40年近くが経過し、「DNA学」は大いに発展した。以前、柳田先生御本人に続編の執筆を提案してみたが、残念ながら断られてしまった。そこで浅学非才を顧みず、筆者がその志を少しでも継ぐべく精一杯努力してみた結果が本書である。

その評価は読者に委ねるとして、ここでは今から40年後の「DNA学」がどうなっているのかについて、最後に著者の考えを述べてみたい。1984年と言えば、おそらく一部の先覚者たちがヒトゲノム計画について構想を持ち始めた頃ではないかと思われる。本書にも記したが、これを契機に分子生物学は大きく変容した。

その有様をかつて天気予報の数値予報になぞらえた人がいた。つまり、以前の天気予報では経験を積んだ予報官が天気図と睨めっこして、今後の気圧の変化を予測していた。現在では、非常に多くの地点で気象情報を観測して、そのデータをスーパーコンピュータに入力してやれば、従来よりも高い精度で予報が得られている。

生物学も同じで、大量のオーミクス情報を収集して、スーパーコンピュータで生命現象をシミュレートするスタイルが主流になるのではないかというのである。今のところ、その予言は少なくとも半分は当たっている。すなわち、データサイエンスの重要性を正確に言い当てているが、それらをもとにしたシミュレーションなどは、まだまだ今後の発展を待つ必要があるだろう。

しかし、今から40年もすれば、現在では予想もつかないようなことが計算できるようになって、私達の生活を大きく変えていることは十分考えられるのではないか。天気予報とのアナロジーをさらに進めれば、現在でも天気の長期予報はなかなか難しい。これはカオス現象など、本質的な問題が根本にあって、単に観測網を充実させれば良いというものではないのかもしれない。

しかし、たとえば量子コンピュータが実用化されて、飛躍的に計算能力が増せば、天気予報にせよ、生命現象のシミュレーションにせよ、状況は大きく変わってくるような気がする。本書の読者の中からそのような発展への貢献を志してくれる方が出れば、著者としてこれに過ぎる喜びはない。

本書の執筆にあたっては、講談社の高月順一氏と須藤寿美子氏に大変お世話になった。また、お忙しい中、本書の原稿に目を通してくださり、一部の図の作成に協力していただいた、川本祥子、白井剛、朴聖俊、蒔田由布子、山中総一郎の諸氏、それから研究室のメンバーにも御礼申し上げる。

２０２２年暮れ

中井謙太

マイクロホモロジー媒介末端結合 150
膜間腔 118
マクサム・ギルバート法 228
膜タンパク質 17, 72, 239
膜透過 239
膜輸送 119
膜輸送体 119, 239
マッピング 246
マトリックス 117
マルチドメインタンパク質 71
マルチプレックス法 238
ミオシン 75
ミスマッチ修復 150, 171
ミトコンドリア 35, 89, 117
ミトコンドリアゲノム 35, 119
ミニサテライト 124
メタゲノミクス 269
メタゲノム解析 21, 269
メタボリズム 114
メタボローム 121, 146
メチル化 169, 205
メチル化シトシン 170, 240
メッセンジャーRNA 57
メディエーター複合体 184, 253
免疫機構 137, 253
免疫グロブリン 253
免疫系 137
免疫細胞 150
モータータンパク質 75, 162
モデル生物 107
モノメチル化 173, 256

【や行】

薬剤耐性遺伝子 213
ユークロマチン 106, 165, 196
有糸分裂 161
ユビキチン 87
ユビキチン化 86
ユビキチンリガーゼ 87
溶血素 239
葉緑体 35
四次構造 69
読み枠 83

【ら行】

ライゲーション 214, 260
ライブラリー 218, 235
ラギング鎖 98, 222
ラムダファージ 216
リアルタイムPCR 225
リーダー 172
リーディング鎖 98
リーディング・フレーム 83
リード 238
利己的DNA 132
リピート病 124
リピッド・アンカー 73
リプレッサー 178
リプログラミング 26
リボース 47, 115
リボ核酸 47
リボザイム 48, 76
リボソーム 76, 197
リボソームRNA 76
リボソーム結合配列 216
リボソーム結合部位 80
リボソームタンパク質 76
リボソームフレームシフト 84, 136
両親媒性 15
量的形質 152
リンカーヒストン 159
リン酸 15
リン酸化 86
リン脂質 15
レセプター 73
レトロウイルス 125
レトロトランスポゾン 128
レトロポゾン 128
レポーター遺伝子 186
ロングリード型シークエンサー 240, 256

ピロリ菌 272
ファージ 45, 134
部位特異的ヌクレアーゼ 262
フォールディング 67
複製起点 95, 182, 213
複製フォーク 96
ブックマーキング 167
プライマー 97, 222
プライマー設計 225
プライムド・エンハンサー 188
プラスミド 212
ブリッジPCR 236
プリン塩基 37
フレームシフト変異 84
プロウイルス 138
フローセル 235
プローブ 209
プログラム細胞死 147
プロセシング 76, 136
プロタミン 160
プロテアーゼ 139
プロテアソーム 88
プロテインキナーゼ 86
プロテインホスファターゼ 86
プロテオーム 145
プロトスペーサー 264
プロトスペーサー隣接モチーフ 264
プロトン濃度勾配 118
プロトンポンプ 118
プロモーター 79, 131, 177, 261
プロモーター領域 54, 171
ブロモドメイン 175
分化 23, 44, 114, 165, 251
分化多能性 29
分化万能性 26
分子遺伝学 45
分子機能 141
分子クローニング 211
分子シャペロン 67
分子生物学 36, 50, 102, 204
分子ふるい効果 207
分泌経路 90
ペアード・エンド法 233
ペアエンド・シークエンシング 260
平滑末端 205
ヘイフリック限界 99, 147
ベクター 211
ベシクル 90
ヘテロクロマチン 122, 165
ヘモグロビン 118
ヘモリシン 239
ヘリカーゼ 175
ヘリカーゼ活性 182
変異 147, 211
変動 152
紡錘糸 122
ポストゲノム時代 158
ホモ二量体 178
ポリA 56
ポリAシグナル 56
ポリAテール 58, 218
ポリA配列 129
ポリA付加 57
ポリアデニル化 57
ポリコーム群タンパク質複合体 176
ポリソーム 76
ポリプロテイン 136
ポリペプチド 64
ポリペプチド鎖 65
ポリメラーゼ連鎖反応 221
ポリユビキチン化 87
ポリン 239
ホルムアルデヒド 253
翻訳 50, 113, 177, 216
翻訳開始点 83
翻訳後修飾 85, 169, 216

【ま行】

マーカー遺伝子 214
マイクロRNA 92
マイクロサテライト 124
マイクロタンパク質 72
マイクロバイオーム 269
マイクロビオータ 268

トランスレーション 50
トランスロコン 90
トリプレットリピート病 124
トリメチル化 173

【な行】

内在性膜タンパク質 72, 239
内在性レトロウイルス 130
内部細胞塊 29
内部プロモーター 131
内膜 117
ナンセンスコドン 78
ナンセンス変異 84
ニコチンアミドアデニンジヌクレオチド 116
二重らせん構造 37, 45
二倍体 31
ヌクレアーゼ 98, 257
ヌクレオソーム 159
ヌクレオチド 37, 47, 115, 170, 208
ヌクレオチド除去修復 182
ヌクレオチド配列 40
熱変性 222
ノーザン・ブロッティング 210
ノーザン法 210
ノックアウトマウス 262
ノックイン 266

【は行】

バーコード 248
胚 23
パイオニア転写因子 192
配偶子 149
バイサルファイト法 256
胚性幹細胞 29
胚体外組織 23
胚盤胞 29
ハイブリダイゼーション法 209
ハイブリッド形成法 209
配列ロゴ 56, 178
ハウスキーピング遺伝子 114, 171
バクテリオファージ 134, 204
パスウェイデータベース 248
パッケージング 216
発現 54, 110, 176, 210
発現ベクター 216
発酵 116
発生 24, 92, 165, 236
ハプロイド 33, 126
バリアント 61, 160
パリンドローム 178, 205, 264
パン酵母 18, 104
半数体 33, 149
バンド 122, 208
バンド構造 122
パンドラウイルス 134
反復配列 123, 226
非コードRNA 91, 242
非コードRNA遺伝子 91, 110
非コード鎖 52
非コード領域 63, 127
微小管 75
微小流体力学 248
ヒストン 159, 253
ヒストンH1 192
ヒストンコード仮説 174
ヒストンシャペロン 165
ヒストンテール 173
ヒストンバリアント 160
ヒストンマーク 174, 256
微生物 268
微生物叢 268
非線形現象 191
非相同末端結合 150, 266
必須アミノ酸 111
必須遺伝子 112
ヒトゲノム 35, 102, 170, 232
ヒトゲノム計画 102, 218
ヒトゲノムプロジェクト 102
ヒト免疫不全ウイルス 267
表現型 72, 261
表在性膜タンパク質 73
ピリミジン塩基 37
ピリミジン環 170
ピルビン酸 116

損傷乗り越え複製　150

【た行】

ターゲット遺伝子　183
ターゲティング　89
ターミネーター　56, 230
体細胞　25, 99, 150
体細胞分裂　32, 167
代謝　113, 146
代謝マップ　119
体性幹細胞　28
ダイターミネーター　233
大腸菌　18, 45, 107
対立遺伝子　169, 244
多因子性疾患　144
多型　152, 190
多細胞生物　15, 54, 104
脱分化　25
脱メチル化酵素　172
多糖　115
多様性　152
単一細胞RNAシークエンシング　248
単一細胞トランスクリプトーム解析　242
炭化水素　15
単細胞生物　18
短鎖散在反復配列　125
単数体　33
タンデムリピート　124
単糖　116
タンパク質キナーゼドメイン　86
タンパク質ジスルフィドイソメラーゼ　70
タンパク質前駆体　72
タンパク質の品質管理システム　87
単離　204
チミン　37, 47, 171
中間径フィラメント　75, 198
チューブリン　75
長鎖散在反復配列　125
長鎖非コードRNA　93
長鎖末端反復　129
腸内細菌叢　271
腸内フローラ　271
長腕　122
データ駆動型研究　103
データサイエンス　106
デオキシリボース　37
デオキシリボ核酸　36, 47
デオキシリボヌクレオチド　36, 47, 222
デザイナーベビー問題　268
テロメア　99, 106, 161
テロメラーゼ　99
転移因子　128
転座　195
電子伝達系　116
転写　50, 110, 164, 210
転写因子　51, 143, 178, 206
転写開始点　53, 171
転写開始前複合体　181
転写後修飾　57
転写終結　56
天然変性タンパク質　68, 201
伝令RNA　57
同化　114
同義語コドン　79, 110
動原体　122
突出末端　206
突然変異　44, 125, 210
トポイソメラーゼ　161
ドメイン　71
トラジェクトリー　252
ドラフト配列　105
トランス　182
トランス活性化配列　266
トランスクリプション　50, 145
トランスクリプトーム　145
トランスクリプトーム解析　242
トランスジェニック生物　263
トランス制御因子　182
トランスダクション　218
トランスフェクション　218
トランスフォーメーション　214
トランスポーター　119
トランスポザーゼ　131, 257
トランスポゾン　124, 164, 257

シス 182
シス制御領域 182
システム生物学 121, 142
ジスルフィド結合 70
次世代シークエンサー 151, 234
次世代シークエンシング 228
質量分析法 145
ジデオキシヌクレオチド 228
ジデオキシ法 228
ジデオキシリボヌクレオチド 228
シトシン 37, 170, 205
シトシン塩基 170
ジメチル化 173
姉妹染色分体 122, 149
ジャンクDNA 94, 126
終止コドン 78
縦列反復配列 124
宿主 133, 239
受精卵 23, 150, 165, 263
出芽酵母 18, 104
種分化 19, 87
受容体 73
受容体型チロシンキナーゼ 86
条件的ヘテロクロマチン 123, 165
常染色体 34
小胞 17, 90
小胞体内腔 70, 90
上流 53, 177, 265
ショートリード型シークエンサー 238
初期化 26, 168
ショットガン・シークエンシング法 231
ショットガン法 231
真核細胞 18, 217
真核生物 18, 54, 107, 158, 216
ジンクフィンガー 179
神経伝達物質 272
新興感染症 137
人工染色体 218
人工多能性幹細胞 29
親水性 15、65、119
真正細菌 20, 56, 104, 169, 204
伸長 53, 124, 181, 224
新陳代謝 22, 114
水素結合 39, 69
水平伝播 138
スーパーエンハンサー 190
スプライシング 57, 246
スプライソソーム 60
スペーサー 264
制御ネットワーク 121
制限酵素 204
制限酵素認識部位 213
制限修飾系 204
生合成 64, 242
成熟mRNA 57, 246
生殖細胞 25, 99, 126, 168, 220
性染色体 33
生体防御システム 92, 204
生物学的プロセス 141
精密医療 107
セグメント 135
絶縁近傍領域 194
赤血球 118, 239
セネセンス 147
前駆体 57
全ゲノムショットガン法 105
染色体 32, 44, 121, 158, 208
染色体地図 44
染色体テリトリー 162
センス鎖 52
選択的スプライシング 61, 242
線虫 24, 91
セントラル・ドグマ 49
セントロメア 121, 161, 218
全能性 172
相同遺伝子 209
相同組換え 149, 218, 266
相同染色体 34, 125, 169
相同的組換え 155
相分離 15、68、200
相分離生物学 201
相補鎖 39, 52, 135, 209
ソーティング 89
疎水性 15、65

抗原 150, 253
光合成 116
交叉 149
交差 41
抗酸化防御機構 146
高次クロマチン構造 161
合成生物学 112
構成的ヘテロクロマチン 123, 165
抗生物質 213
酵素 45, 119, 204
構造多型 153, 238
構造タンパク質 74
構造変動 153
抗体 253
抗体遺伝子の組換え 150
高等真核生物 62, 176
高等生物 71
好熱性細菌 224
コード鎖 52
コード領域 63, 126
呼吸鎖 117
呼吸鎖複合体 118
古細菌 20, 71, 107, 204
コザック配列 79, 216
コスミドベクター 216
枯草菌 104
コドン 78
コドン表 78
コハク酸 118
コヒーシン 162, 195
コピー数変動 155
個別化医療 107, 271
コラーゲン 74
ゴルジ装置 90
コンセンサス配列 79
コンタクトマップ 260
コンティグ 231
コンピテントセル 214
コンフォメーション 68

【さ行】

サーコウイルス 136
再生医療 28
再生能力 28
サイトゾル 88
細胞 14
細胞間マトリックス 75
細胞記憶 166
細胞系譜 24
細胞呼吸 116
細胞骨格 75, 114
細胞周期 95, 148
細胞周期チェックポイント 149
細胞種特異的発現遺伝子 176
細胞小器官 18, 72, 111, 197
細胞内共生説 119
細胞内局在 89
細胞の構成要素 141
細胞プロセス 247
細胞分化 24, 123, 164
細胞膜 17
細胞老化 147
サイレンサー 183
サイレンシング 196
サザン・ブロッティング 210
サザン法 210
サテライトDNA 124
サブTAD 163, 194
サブユニット 67, 175
サンガー法 228
酸化ストレス 146
酸化的リン酸化 119
散在反復配列 124
三次構造 69
酸素呼吸 116
シークエンシング 226
シークエンス 226
シーケンス 40
シード領域 93
ジェネティクス 166
シグナル伝達系 86
シグナル認識粒子 89, 131, 197
シグナルペプチド 89
脂質二重層 16, 134

核酸 47, 115, 159, 209
核小体 197
核スペックル 198
獲得形質 49
核内構造体 197
核ラミナ 198
活性化ドメイン 179
活性酸素 146
カプシド 134
下流 53, 183, 264
カルス 25
カルタヘナ議定書 221
カルタヘナ法 221
カルボキシ基 65
がん遺伝子 139
間期 161
環境ゲノミクス 269
環境ストレス 146
がん抑制遺伝子 148
偽遺伝子 110
基質 67
基質特異性 65
キネトコア 122
基本転写因子 181
ギムザ染色法 122
逆位反復 131
逆転写酵素 49, 129, 218
逆反復配列 178
キャップ構造 57
キャップ構造形成 57
キャピラリー電気泳動 233
協同現象 191
共発現 247
共役 115
極性 15
拒絶反応 28
グアニン 37, 170
空間トランスクリプトーム解析 252
クエン酸回路 116
組換えDNA 206
クライオ電子顕微鏡法 69
クラスタリング 247
グルコース 116
クレブス回路 116
クローニング 211
クローニングベクター 213
クローン化 211
クローン生物 25, 211
クローン羊 26
クロスリンク 253
クロマチン 33, 158, 253
クロマチン構造 132, 172, 252
クロマチン・コンフォメーション・
キャプチャー 258
クロマチン状態 173, 253
クロマチン免疫沈降 253
クロマチンリモデリング複合体 165
クロマチンループ 162
群体 23
系統フットプリント法 189
形質 44, 152, 216
形質転換 45, 214
形質導入 218
形質膜 15
ゲノミクス 145
ゲノム 31
ゲノムアセンブリー技術 269
ゲノム科学 145
ゲノム情報 31, 44, 102, 158, 261
ゲノムの初期化 172
ゲノム編集 206
ケラチン 75
ゲル化 207
ゲル電気泳動法 206
ゲルビーズ 248
原核細胞 18
原核生物 18, 107
嫌気呼吸 116
減数分裂 32, 121
コアクティベーター 175
コアヒストン 159
コアプロモーター 177
五員環 41
好気呼吸 116

3ドメイン説　20
5′UTR　63
5′スプライス部位　60
16S rRNA遺伝子　269
30nmクロマチン繊維　161
+（プラス）鎖　52, 135
−（マイナス）鎖　52

【あ行】

アセチルCoA　116
アセチル化　173
アセンブリー　231
アダプター　235
アデニン　37、58、205
アデノウイルス　217
アデノシン三リン酸　115
アデノシン二リン酸　115
アデノ随伴ウイルス　217
アニーリング　210, 222
アポトーシス　147
アミノアシルtRNA　81
アミノアシルtRNA合成酵素　81
アミノ基　65
アミノ酸残基　67
アミノ酸配列　67
アミノ酸配列データベース　227
アメーバ　18, 126
アレル　169, 244
アンチコドン　81
アンチセンス鎖　52
アンフィンセンの仮説　67
アンプリコン　224
異化　114
鋳型　39, 53, 150, 222
鋳型DNA　222
鋳型鎖　53, 172, 236
位置効果　196
一次転写産物　57
遺伝暗号　77
遺伝学　44, 166
遺伝形質　152
遺伝子　22, 44, 102
遺伝子オントロジー　141, 247
遺伝子改変生物　262
遺伝子カスケード　144
遺伝子型　151, 261
遺伝子間領域　109, 178
遺伝子組換え　204
遺伝子組換え技術　220
遺伝子組換え生物　212
遺伝子組換え体　212
遺伝子クローニング　211
遺伝子工学　143, 204
遺伝子座　45
遺伝子重複　125
遺伝子ネットワーク　142
遺伝子ノックアウト　112
遺伝子ノックアウト技術　262
遺伝子破壊技術　262
遺伝子発現　54, 176, 241
遺伝子発現プロフィール　244
遺伝情報　31, 46, 149, 211
遺伝病　84, 210
液−液相分離　200
液滴　200, 248
塩基　37, 44, 115, 170, 222
塩基配列　40, 50, 102, 158, 204
岡崎フラグメント　98
オーミクス　145
オミクス　145
オミックス　145
オリゴヌクレオチド　222
オルガネラ　18

【か行】

開始コドン　79
ガイドRNA　266
解糖系　116
外膜　117
概要配列　105
可逆的ダイターミネーター　235
核　18
核移行シグナル　266
核移植　26

lncRNA 93
LTR 129
LTRレトロトランスポゾン 125
miRNA 92
mRNA 57
mRNA前駆体 57
M期 95, 122, 161
NAD 197
NADH 116, 197
ncRNA 91
NGS 234
NHEJ 150, 266
NMR（核磁気共鳴）法 69
N末端 65, 172
ORF 72, 110
p53 147
PAM 265
PAX-6 142
pBR322 213
PCR 221
PDI 71
PHDドメイン 175
PIC 181
PIWIタンパク質／piRNA複合体 132
pol 129
Pol I 91
Pol II 91, 131
Pol III 91, 131
pro 139
P因子 132
RAN翻訳 124
RISC 93
RNAi 91
RNA干渉 91
RNA-seq 246
RNAエディティング 93
RNAシークエンシング法 246
RNAスプライシング 58, 94, 198
RNAプロセシング 57, 177
RNA編集 93
RNAポリメラーゼ 53, 177
RNAポリメラーゼI 91
RNAポリメラーゼII 91
RNAポリメラーゼIII 91
RNAワールド仮説 49
rRNA 76, 197
RT-qPCR 225
SARS-CoV2ウイルス 226
scATAC-seq 258
scRNA-seq法 248
SINE 125, 232
siRNA 92
SRP 89
SRタンパク質 62
SS結合 70
SV 153, 238
S期 95
TAD 162, 260
Taqポリメラーゼ 224
TATAボックス 55, 181
TBP 55, 181
TCA回路 116
Tn5 257
tRNA 80
UMAP法 251
uORF 63
VNTR 155, 226
Xist 94
X線結晶構造解析 36
X線結晶構造解析法 69
X染色体 33, 168
X染色体の不活性化 34, 94, 123
YACベクター 218
Y染色体 34
Z型 36
αプロテオバクテリア 119
αヘリックス 69, 179
α炭素 64
βストランド 69, 179

【数字・記号】

3C 258
3′UTR 63
3′スプライス部位 60

さくいん

【アルファベット】

A：Tペア　39, 225
ADP　115
Alu配列　132
ATAC-seq法　257
ATP　115, 161
ATP合成酵素　119
A型　36
BAC　218
BRCA1　149
BRCA2　149
B型　36
cas　264
Cas9　263
cDNA　218
cDNAライブラリー　218
ChIP　253
ChIP-seq法　253
CNV　155
CpG　170
CpGアイランド　171
CPSF　56
CRISPR　263
CRISPR/Cas　206
CRISPR/Cas9　263
CRISPR/Casシステム　263
CTCF　162
C値　126
C値パラドックス　126
C末端　65, 182
DHS　257
DNase I高感受性領域　257
DNA型鑑定　226
DNA鑑定　125, 226
DNAクローニング　211
DNA結合ドメイン　179
DNAシークエンサー　228
DNAシークエンス　40
DNA修復　147
DNA修復機構　147
DNA修復システム　151
DNAチップ　242
DNAトランスポゾン　131, 257
DNAヌクレアーゼ　164
DNAのメチル化　169, 256
DNA配列　40
DNAプライマーゼ　97
DNAヘリカーゼ　95, 239
DNAポリメラーゼ　96, 136, 164, 222
DNAマイクロアレイ　242
DNAメチル化酵素　172
DNAリガーゼ　98, 206
E3　87
env　130
EST　103
ES細胞　29
eyeless　142
G：Cペア　39, 225
G1期　95
G2期　95
gag　129
GMO　212
GO　141
GPCR　73
gRNA　266
GU-AGルール　60
Gタンパク質共役受容体　73
H3K4me1　188, 256
Hi-C法　162, 258
HIV　139, 267
HLA型　30
HR　149, 266
HTLV　139
*in situ*ハイブリダイゼーション（ISH）　210
in vitro　224
iPS細胞　29
KEGG　248
lacZ　214
LAD　198
LINE　125, 232
LLPS　200

N.D.C.461　286p　18cm

ブルーバックス　B-2221

新《あたら》しいゲノムの教科書《きょうかしょ》

DNAから探る最新・生命科学入門

2023年 1 月20日　第 1 刷発行
2024年 6 月 7 日　第 2 刷発行

著者　中井謙太《なかいけんた》
発行者　森田浩章
発行所　株式会社講談社
〒112-8001　東京都文京区音羽2-12-21
電話　出版　03-5395-3524
販売　03-5395-4415
業務　03-5395-3615
印刷所　（本文印刷）株式会社ＫＰＳプロダクツ
（カバー表紙印刷）信毎書籍印刷株式会社
本文データ制作　ブルーバックス
製本所　株式会社国宝社

定価はカバーに表示してあります。

ISBN978－4－06－530572－0

発刊のことば

科学をあなたのポケットに

二十世紀最大の特色は、それが科学時代であるということです。科学は日に日に進歩を続け、止まるところを知りません。ひと昔前の夢物語もどんどん現実化しており、今やわれわれの生活のすべてが、科学によってゆり動かされているといっても過言ではないでしょう。

そのような背景を考えれば、学者や学生はもちろん、産業人も、セールスマンも、ジャーナリストも、家庭の主婦も、みんなが科学を知らなければ、時代の流れに逆らうことになるでしょう。

ブルーバックス発刊の意義と必然性はそこにあります。このシリーズは、読む人に科学的に物を考える習慣と、科学的に物を見る目を養っていただくことを最大の目標にしています。そのためには、単に原理や法則の解説に終始するのではなくて、政治や経済など、社会科学や人文科学にも関連させて、広い視野から問題を追究していきます。科学はむずかしいという先入観を改める表現と構成、それも類書にないブルーバックスの特色であると信じます。

一九六三年九月　　野間省一